U0250533

建筑与市政工程施工现场专业人员职业标准培训教材

劳务员岗位知识与专业技能

（第三版）

中国建设教育协会　组织编写
尤　完　主　编

中国建筑工业出版社

图书在版编目（CIP）数据

劳务员岗位知识与专业技能 / 中国建设教育协会组织编写；尤完主编. — 3版. — 北京：中国建筑工业出版社，2024.3（2024.8重印）

建筑与市政工程施工现场专业人员职业标准培训教材

ISBN 978-7-112-28183-1

Ⅰ. ①劳… Ⅱ. ①中… ②尤… Ⅲ. ①建筑工程—劳务—管理—职业培训—教材 Ⅳ. ①F407.94

中国版本图书馆CIP数据核字（2022）第219536号

本书依据《建筑与市政工程施工现场专业人员职业标准》JGJ/T 250—2011和《建筑与市政工程施工现场专业人员考核评价大纲》编写。

本次修订后，岗位知识部分包括劳务员岗位相关的标准和管理规定、劳动定额的基本知识、劳动力需求计划的基本知识、劳动合同的基本知识、劳务分包管理的相关知识、劳务用工实名制管理的基本知识、劳务纠纷处理的基本知识、社会保险的基本知识等。专业技能部分包括劳务管理计划与实施、劳务资格审查、劳务分包款及人员工资管理、劳务纠纷处理和劳务资料管理等。

本书可以作为相关技术人员参加劳务员测试的复习用书，也可供相关专业技术人员参考。

责任编辑：李　慧　李　明　李　杰

责任校对：赵　菲

建筑与市政工程施工现场专业人员职业标准培训教材

劳务员岗位知识与专业技能

（第三版）

中国建设教育协会　组织编写

尤　完　主　编

*

中国建筑工业出版社出版、发行（北京海淀三里河路9号）

各地新华书店、建筑书店经销

北京红光制版公司制版

建工社（河北）印刷有限公司印刷

*

开本：787毫米×1092毫米　1/16　印张：13¾　字数：335千字

2023年3月第三版　2024年8月第四次印刷

定价：**45.00**元

ISBN 978-7-112-28183-1

（40231）

建筑与市政工程施工现场专业人员职业标准培训教材
编审委员会

出版说明

建筑与市政工程施工现场专业人员队伍素质是影响工程质量和安全生产的关键因素。我国从20世纪80年代开始，在建设行业开展关键岗位培训考核和持证上岗工作。对于提高建设行业从业人员的素质起到了积极的作用。进入本世纪，在改革行政审批制度和转变政府职能的背景下，建设行业教育主管部门转变行业人才工作思路，积极规划和组织职业标准的研发。在住房和城乡建设部人事司的主持下，由中国建设教育协会、苏州二建建筑集团有限公司等单位主编了建设行业的第一部职业标准——《建筑与市政工程施工现场专业人员职业标准》，已由住房和城乡建设部发布，作为行业标准于2012年1月1日起实施。为推动该标准的贯彻落实，进一步编写了配套的14个考核评价大纲。

该职业标准及考核评价大纲有以下特点：(1) 系统分析各类建筑施工企业现场专业人员岗位设置情况，总结归纳了8个岗位专业人员核心工作职责，这些职业分类和岗位职责具有普遍性、通用性。(2) 突出职业能力本位原则，工作岗位职责与专业技能相互对应，通过技能训练能够提高专业人员的岗位履职能力。(3) 注重专业知识的完整性、系统性，基本覆盖各岗位专业人员的知识要求，通用知识具有各岗位的一致性，基础知识、岗位知识能够体现本岗位的知识结构要求。(4) 适应行业发展和行业管理的现实需要，岗位设置、专业技能和专业知识要求具有一定的前瞻性、引导性，能够满足专业人员提高综合素质和适应岗位变化的需要。

为落实职业标准，规范建设行业现场专业人员岗位培训工作，我们依据与职业标准相配套的考核评价大纲，组织编写了《建筑与市政工程施工现场专业人员职业标准培训教材》。

本套教材覆盖《建筑与市政工程施工现场专业人员职业标准》涉及的施工员、质量员、安全员、标准员、材料员、机械员、劳务员、资料员8个岗位14个考核评价大纲。每个岗位、专业，根据其职业工作的需要，注意精选教学内容、优化知识结构、突出能力要求，对知识、技能经过合理归纳，编写为《通用与基础知识》和《岗位知识与专业技能》两本，供培训配套使用。本套教材共28本，作者基本都参与了《建筑与市政工程施工现场专业人员职业标准》的编写，使本套教材的内容能充分体现《建筑与市政工程施工现场专业人员职业标准》的要求，促进现场专业人员专业学习和能力的提高。

第三版教材在上版教材的基础上，依据考核评价大纲，总结使用过程中发现的不足之处，参照最新法律法规及现行标准、规范，结合“四新内容”，对教材内容进行了调整、修改、补充，使之更加贴近学员需求，方便学员顺利通过培训测试。

我们的编写工作难免存在不足，因此，我们恳请使用本套教材的培训机构、教师和广大学员多提宝贵意见，以便进一步的修订，使其不断完善。

建筑与市政工程施工现场专业人员职业标准培训教材编审委员会

第三版前言

本书是建筑与市政工程施工现场专业人员培训和考试复习统编教材，依据住房和城乡建设部颁布的《建筑与市政工程施工现场专业人员考核评价大纲》编写。

党的十九大以来，党中央国务院和建设行政主管部门制定并颁布了多项政策和法规，以期进一步改革建筑业劳务用工制度，加强建筑产业工人权益保护。习近平总书记在十九大报告中提出的“建设知识型、技能型、创新型劳动者大军，弘扬劳模精神和工匠精神，营造劳动光荣的社会风尚和精益求精的敬业风气”，为新时代建筑产业工人队伍的建设和发展指明了方向。自 2020 年 5 月 1 日起施行的《保障农民工工资支付条例》（国务院令第 724 号），2020 年 11 月 30 日住房和城乡建设部印发的《建设工程企业资质管理制度改革方案》（建市〔2020〕94 号），2020 年 12 月 18 日住房和城乡建设部等 12 部门印发的《关于加快培育新时代建筑产业工人队伍的指导意见》（建市〔2020〕105 号），以及 2022 年 1 月 19 日住房和城乡建设部印发的《“十四五”建筑业发展规划》（建市〔2022〕11 号）等重要法规和政策文件，对建筑业劳务管理未来的发展提出了明确的目标和要求。同时，也进一步丰富了劳务员管理工作的内容。

劳务员是在房屋建筑与市政基础设施等工程建设施工现场，从事劳务管理计划、劳务人员资格审查与培训，劳动合同与工资管理、劳务纠纷处理等工作的专业管理人员。本次修订的内容主要包括：一是根据劳务员职业标准和建筑劳务管理标准，进一步完善劳务员岗位知识与专业技能的内容。二是对涉及近几年来建筑行业政策和相关法规、标准变动较大的内容进行了删减和更换。三是强化了培育新时代建筑产业工人队伍建设和权益保障等内容。四是调整了部分章节的顺序，增加了部分案例。

本书由北京建筑大学尤完教授担任主编，浙江环宇建设集团有限公司董志健、中国石化工程建设有限公司郭中华担任副主编，负责全部内容的修订。全国市长研修学院（住房和城乡建设部干部学院）董爱、国能龙源蓝天节能技术有限公司刘春，以及北京建筑大学硕士研究生陈静、李梦、常琼、黄婷婷参与了部分资料的整理和核对工作。在本教材第三版的修订过程中，我们参考了相关专家的观点和研究成果，在此一并表示感谢！

限于编者水平，书中疏漏和错误难免，敬请读者批评指正。

第二版前言

《劳务员岗位知识与专业技能》是全国各省（直辖市、自治区）贯彻实施《建筑与市政工程施工现场专业人员职业标准》JGJ/T 250—2011 的培训教材。该教材自从 2013 年初出版以来，得到了建筑行业各级劳务管理机构、培训机构以及广大劳务管理工作者的充分肯定，同时，也提出了许多宝贵的修改建议。在此，向他们表示衷心感谢！

近几年来，建筑业在适应和引领经济发展新常态、推进新型城镇化建设和“一带一路”倡议进程中，工程建造能力、国际市场竞争实力大幅提升，产业规模逐年增长，支柱产业地位进一步增强。工程建设五方主体项目负责人质量终身责任的落实和工程总承包制的推进，切实保障了工程质量、安全生产和项目管理水平的提高。所有这些成绩的取得离不开劳务管理的基础性作用。

2017 年 2 月 21 日，国务院办公厅印发了《关于促进建筑业持续健康发展的意见》（国办发〔2017〕19 号），其中，针对改革建筑用工制度、促进建筑工人稳定就业、培养高素质建筑工人、推动建筑业劳务企业转型、逐步实现建筑工人公司化和专业化管理以及开展建筑工人实名制管理等方面提出了明确的目标要求，这些政策导向的意蕴，实质上也是进一步强调劳务层管理的重要性。因此，我们对《劳务员岗位知识和专业技能》第一版进行了修订。本次修订的内容主要包括以下几方面：

1. 遵循劳务员职业标准的总体结构，更加明确区分岗位知识与专业技能的内容。岗位知识包括劳务员岗位相关的标准和管理规定、劳动定额的基本知识、劳动力需求计划的基本知识、劳动合同的基本知识、劳务分包管理的相关知识、劳务用工实名制管理的基本知识、劳务纠纷处理的基本知识、社会保险的基本知识等。专业技能包括劳务管理计划与实施、劳务资格审查、劳务分包款及人员工资管理、劳务纠纷处理、劳务资料管理等。

2. 对于近几年来政策变动较大的内容进行了调整，例如，用 2014 版建筑业企业资质标准替换原来的 2001 版标准，并保持了两者的连贯性。

3. 删除了第一版中部分超出《建筑与市政工程施工现场专业人员职业标准考核评价大纲》的内容以及阐述过于详尽和偏重于专业性技术方面的内容。

4. 对部分内容的顺序进行了重新编排。

本教材第二版由北京建筑大学工程管理研究所所长尤完教授负责全部内容的修订，北京建筑大学硕士研究生刘春同学参与了部分资料的核对工作。在本教材第二版的修订过程中，我们参考了相关专家的观点和研究成果，在此一并表示感谢！

限于编者水平，书中疏漏和错误难免，敬请读者批评指正。

第一版前言

根据国家统计局披露的数据，我国建筑行业劳务作业层面的用工数量达4400多万人，这支数千万大军的业务素质和管理状况，直接关系到建筑产品的工程质量和施工安全。因此，以农民工为主体的施工劳务队伍已经成为我国工程建设领域中的一支重要力量。在我国建筑行业由施工总承包企业、专业承包企业、劳务作业分包企业构成的企业组织结构中，无论是公司管理部门、还是项目经理部、现场作业队伍都不同程度地存在着面向施工作业过程进行劳务用工管理的问题。正是因为施工劳务管理的重要性，2011年7月，住房和城乡建设部在发布的《建筑与市政工程施工现场专业人员职业标准》JGJ/T 250—2011中，专门设置了从事劳务管理的劳务员岗位。

根据《建筑与市政工程施工现场专业人员职业标准考核评价大纲》的要求，在住房城乡建设部、中国建设教育协会的指导下，我们组织国内高等院校、建筑企业和行业协会的相关专家，编写了《劳务员岗位知识和专业技能》一书，作为全国各省（自治区、直辖市）实施《建筑与市政工程施工现场专业人员职业标准》的培训教材。

本教材内容由岗位知识和专业技能两部分组成。岗位知识部分的主要内容包括劳务员岗位相关的标准和管理规定、劳动定额的基本知识、劳动力需求计划、劳动合同的基本知识、劳务分包管理的相关知识、劳务用工实名制管理、劳务纠纷处理办法、社会保险的基本知识等。专业技能部分包括劳务管理计划、劳务资格审查与培训、劳动合同管理、劳务纠纷处理、劳务资料管理等。

本教材由北京建筑大学尤完教授、北京建筑业人力资源协会刘哲生会长担任主编，北京建筑业人力资源协会李红意、重庆建工第七建筑工程有限公司李洪、北方工业大学刘丽苹担任副主编，北京建筑业人力资源协会林思聪、顾庆福、北京万科企业有限公司尤天翔、北方工业大学崔万朋、李建立、周京等参加了编写工作。

贾宏俊教授担任本书主审。

在本教材的编写过程中，我们参考了相关专家学者的研究成果和观点，在此一并表示感谢！

限于编者水平，书中疏漏和错误难免，敬请读者批评指正。

目 录

上篇 岗位知识

一、劳务员岗位相关的标准和管理规定

（一）劳务员及其岗位职责

根据中国建筑业协会团体标准《建筑劳务管理标准》T/CCIAT0015—2020（2020年1月10日发布）的规定，劳务员（laborer supervisor）是指在房屋建筑与市政基础设施工程建设施工现场，从事劳务管理计划、劳务人员资格审查与培训、劳动合同与工资管理、劳务纠纷处理等工作的专业管理人员。劳务员及其岗位职责的相关内容如下：

1. 一般规定

（1）劳务员应按建筑企业和项目经理部的职能分工，对劳务用工承担管理责任。

（2）施工总承包企业、专业承包企业、劳务作业分包企业必须根据施工规模和劳务用工数量配备相应的劳务员。

（3）建筑企业应根据行业标准规定，确定与劳务员管理岗位相适应的任职条件。

2. 劳务员任职条件和职业素养

（1）劳务员应满足以下任职条件

1）具备从事施工现场劳务管理工作的基本身体条件。

2）具有中等职业（高中）教育及以上学历，并具有一定的实际工作经验，身心健康。

3）具备行业标准规定的基本专业技能，掌握基本专业知识。

4）上岗前必须持有相关主管机构颁发的岗位培训考核合格证书。

（2）劳务员应具备的职业素养

1）遵守法律法规，讲求诚信。

2）维护施工现场生产秩序。

3）善于发现产生各类纠纷的不稳定因素。

4）主动协商解决纠纷和矛盾。

5）注重职业安全健康管理和环境保护。

3. 劳务员岗位职责

（1）建筑企业和项目经理部应根据实际情况规定劳务员岗位职责。

（2）劳务员岗位职责应包括以下内容：

1）参与建立工程项目劳务管理体系。

2）参与制定项目劳务管理计划。

3）参与建立建筑工人教育培训制度、考勤制度、工资结算及发放制度、安全生产管理制度、社会保险缴纳管理制度等。

4）参与劳动合同管理，包括劳动合同的签订、变更、解除、终止及社会保险等工作，参与劳务分包合同的评审。

5）审核劳务分包队伍进场等相关协议的签订情况。

6）对施工现场的建筑工人实行动态管理，对进出场建筑工人信息及时跟踪。

7）监督或建立建筑工人个人考勤表和工资台账。

8）参与编制和组织实施劳务纠纷应急预案。

9）参与调解、处理劳务纠纷和工伤事故的善后工作。

10）编制和落实建筑工人培训计划。

11）参与对劳务作业分包企业进行考核评价，主要包括分包队伍的整体素质、工期、工程质量、安全生产、文明施工、环境保护、建筑工人工资支付、遵纪守法等情况。

12）监督劳务分包队伍的退场，对相关物资进行清算，协助办理劳务分包队伍退场时各项手续。

13）汇总、整理、移交劳务作业分包企业和建筑工人管理资料。

（二）劳务用工基本规定

1. 对劳务工人的规定

（1）年龄和身体条件

1）从事建筑业施工现场劳动的劳务工人，必须是年满十六周岁以上，国家规定的正常退休年龄以下，具有劳动能力的人员；从事繁重体力劳动和接触有毒有害物质的必须年满十八周岁以上。

2）由于建筑业的工作大多是强体力劳动，因此劳务工人必须身体健康。凡患有高血压、心脏病、贫血、慢性肝炎、癫痫（羊角风）等症的人不宜从事建筑业的工作。

（2）劳务工人上岗前应具备的岗位知识

劳务工人上岗前应接受相应的岗前培训，掌握一定的技术技能，提高文明施工、安全生产及法律法规意识，以适应相应的工作岗位的需要。

1）基本技能和技术操作规程的培训

不同行业、不同工种、不同岗位的技能培训要求各不相同。基本技能和技术操作规程的培训可以使务工者掌握一定的操作技能，满足相应岗位的基本要求。

2）安全生产和工程质量常识培训

培训内容有建筑施工安全常识、典型事故案例分析、施工质量基本知识。通过培训，使务工人员了解施工现场主要工种和辅助工种的工作关系，熟悉本工种有关的安全操作技术规程，正确使用个人防护用品和认真落实安全防护措施，增强质量意识，确保施工安全。

3）政策、法律法规知识培训

劳务工人需要具备一些基本的法律知识，如《劳动法》《劳动合同法》《建筑法》《安全生产法》《建设工程安全生产管理条例》《建设工程质量管理条例》《治安管理处罚法》等。了解这些法律法规能够增强劳务工人遵纪守法和利用法律保护自身合法权益的意识。

4）职业道德和城市生活常识培训

这方面培训的内容包括城市公共道德、职业道德、城市生活常识等。培训的目的是增强务工者适应城市工作和生活的能力，养成良好的公民道德意识，树立建设城市、爱护城市、保护环境、遵纪守法、文明礼貌的社会风尚。

（3）职业资格证书

职业资格证书是反映劳动者具备某种职业所需要的专业知识和技能的证明，它是劳动者求职、从业的资格凭证，是用人单位招聘录用劳动者的重要依据之一，也是就业时证明劳动者技能水平的有效证件。职业资格证书与职业劳动活动密切相连，是根据特定职业的实际工作内容、特点、标准和规范等规定的技能水平确定等级，其等级分为初级工、中级工、高级工、技师和高级技师五级。从事特殊工种的人员，还必须经过专门培训并取得相应特种作业资格后才能上岗。

2. 对劳务企业的规定

（1）资质要求

1）根据《公司法》的相关规定，劳务企业应办理工商注册并取得《企业法人营业执照》；

2）2020年11月30日，住房和城乡建设部印发《建设工程企业资质管理制度改革方案》（建市〔2020〕94号），其中，将劳务企业资质调整为专业作业资质，由审批制改为备案制，专业作业资质不分等级。

2021年6月29日，住房和城乡建设部办公厅印发《关于做好建筑业“证照分离”改革衔接有关工作的通知》（建办市〔2021〕30号），其中，具体规定了备案制的实施要求，即自2021年7月1日起，建筑业企业施工劳务资质由审批制改为备案制，由企业注册地省区市住房和城乡建设主管部门负责办理备案手续。企业提交企业名称、统一社会信用代码、办公地址、法定代表人姓名及联系方式、企业净资产、技术负责人、技术工人等信息材料后，备案部门应当场办理备案手续，并核发建筑业企业施工劳务资质证书。企业完成备案手续并取得资质证书后，即可承接施工劳务作业。

2020年1月10日，中国建筑业协会发布团体标准《建筑劳务管理标准》T/CCIAT 0015—2020，其中规定：从事建筑施工的劳务作业企业必须是依法独立经营的企业或组织，具有独立的法人地位和必要的资格及能力，必须依法经营、诚信履约。

（2）管理要求

1）劳务管理原则

根据中国建筑业协会团体标准《建筑劳务管理标准》T/CCIAT 0015—2020（2020年1月10日发布）的规定，劳务管理的原则包括：

① 遵守法律的原则。劳务管理应严格遵守建筑法、劳动法、劳动合同法、民法典、招标投标法等国家法律法规。应签订劳动合同，合法用工，依法分包。

② 以人为本的原则。劳务管理应坚持以人为本。应按照国家规定和合同约定为建筑

工人支付工资、缴纳社会保险，提供必要的施工作业条件和生活环境，维护建筑工人合法权益。

③ 防范风险的原则。劳务管理应注重防范风险。应针对劳务管理全过程识别风险源，开展风险管控，消除不和谐因素，化解劳务纠纷。

2）劳务管理职责

施工总承包企业劳务管理职责如下：

① 应拥有一定数量的与其建立稳定劳动关系的骨干技术工人。

② 应制定劳务作业分包管理与考核制度。

③ 负责监督专业承包企业、劳务作业企业的劳务管理，维护稳定的工作秩序，并留存相关资料。

④ 负责做好劳务实名制管理工作，对劳务作业分包单位提供的建筑工人信息资料、劳动合同和岗位技能证书等进行审核，禁止不符合要求的建筑工人进入施工现场。

⑤ 根据劳务分包合同约定范围、相关规定及劳务作业分包企业完成工作量结算劳务费。负责监督劳务作业分包企业建筑工人工资发放情况，对劳务作业分包企业的工资支付负连带责任。

⑥ 建立劳务作业分包企业数据库，根据其管理实力、作业人员技能、规模、业绩、违约记录等指标，建立劳务作业分包企业信用评价体系及风险防范机制。负责组织实施劳务作业队伍考评工作。

⑦ 直接使用自有建筑工人时，按《建筑劳务管理标准》T/CCIAT0015—2020 中 4.2.3 条款的规定进行管理。

专业承包企业劳务管理职责如下：

① 专业承包企业应拥有一定数量的与其建立稳定劳动关系的骨干技术工人。

② 应制定劳务作业分包管理与考核制度。负责做好劳务实名制管理工作。

③ 建立劳务作业分包企业数据库，根据其管理实力、建筑工人技能、规模、业绩、违约记录等指标，建立劳务作业分包企业信用评价体系及风险防范机制。

④ 监督劳务作业分包企业工资支付情况，对劳务作业分包企业未按合同约定支付工资的行为负连带责任。

⑤ 直接使用自有建筑工人时，按《建筑劳务管理标准》T/CCIAT0015—2020 中 4.2.3 条款的规定进行管理。

劳务分包企业（包括劳务作业分包企业）劳务管理职责如下：

① 制定建筑工人管理办法以及相关的专业管理制度。

② 建立建筑工人花名册，核验建筑工人身份，留存身份证复印件。

③ 在进入施工现场前需要将进场建筑工人信息报送总承包单位备案。

④ 负责做好实名制管理工作，汇总申报施工现场建筑工人的身份信息、劳动考勤、工资结算等信息。

⑤ 负责组织建筑工人进行现场施工作业活动，并达到劳务分包合同约定的要求。

⑥ 依据有关法律法规的规定和劳动合同的约定，以货币形式向建筑工人支付工资。必须按约定支付建筑工人的基本工资，且支付数额不得低于工程项目所在地区最低工资标准。

3）劳务管理过程

① 启动过程。劳务分包企业应通过劳务合同确定劳务作业范围。

② 策划过程。劳务分包企业应识别劳务作业相关方需求，明确劳务作业目标，配置劳务作业资源。

③ 实施过程。劳务分包企业应按照策划和劳务作业交底的要求，组织进行具体的劳务操作活动。

④ 监控过程。劳务分包企业应对照劳务作业目标，监督劳务作业活动，分析劳务施工进展情况，必要时实施纠偏。

⑤ 收尾过程。劳务分包企业应完成劳务合同约定的全部作业内容，正式结束劳务作业活动。

（3）人员要求

1）根据住房和城乡建设部办公厅印发的《关于开展施工现场技能工人配备标准制定工作的通知》（建办市〔2021〕29号）的要求，新建、改建、扩建房屋建筑与市政基础设施工程建设项目，均应制定相应的施工现场技能工人配备标准。

技能工人包括一般技术工人和建筑施工特种作业人员。一般技术工人等级分为初级工、中级工、高级工、技师、高级技师；工种类别包括砌筑工、钢筋工、模板工、混凝土工等，具体内容可参照住房和城乡建设部办公厅《关于印发住房城乡建设行业职业工种目录的通知》（建办人〔2017〕76号）。

建筑施工特种作业人员包括建筑电工、建筑架子工、建筑起重信号司索工、建筑起重机械司机、建筑起重机械安装拆卸工、高处作业吊篮安装拆卸工和经省级以上人民政府住房和城乡建设主管部门认定的其他特种作业人员等。

2）《关于开展施工现场技能工人配备标准制定工作的通知》（建办市〔2021〕29号）中，提出了到2025年、2035年在建项目施工现场力争实现中级工占技能工人比例、高级工及以上等级技能工人占技能工人比例的目标。如表1-1所示。

中高级技能工人配备目标 **表1-1**

年份	技能工等级	配备目标要求
2025年	中级工	25%
	高级工及以上	5%
2035年	中级工	30%
	高级工及以上	10%

该通知还要求各地区可根据工程建设管理和建筑工人技能实际水平情况，按照工作目标及项目类型、规模和实施阶段，制定相应的配备标准，明确施工现场技能工人占工人总数比例及不同工种、技能等级工人配备比例要求。同时在配备标准中明确不同等级工人之间相应的代换计算方法，在计算工人配备时，高等级技能工人可按一定比例代换低等级技能工人。逐步提高本地区高等级技能工人在所有技能工人中的占比。

3）劳务分包企业以及专业作业企业除了配备相关工种的技能工人、特种作业人员、劳务普工之外，还应当配置劳务施工管理人员，包括技术管理、劳务管理、工程质量、安全生产、施工组织等方面的管理人员。

(三) 建筑劳务企业上岗证书的规定及种类

1. 持证上岗的制度规定

(1) 劳务分包企业必须配备相应的管理人员，管理人员应100%持有国家相关部门颁发的管理岗位证书。

(2) 管理人员配备应符合以下标准：

1) 每个注册的劳务分包企业的法人代表、劳务施工项目负责人、专职安全员必须具有安全资格证书。

2) 施工队伍人数在百人以上的劳务分包企业，必须配备一名专职劳务员，不足百人的可配备兼职管理人员，劳务员必须持有岗位资格证书。

(3) 一般技术工人、特种作业人员、劳务普工注册人员必须100%持有相应工种的岗位证书。

(4) 劳务分包企业中的初级工、中级工、高级工等均须取得相应资格证书。

2. 岗位证书的种类

(1) 管理人员岗位证书

管理人员须持《住房和城乡建设部××岗位管理人员岗位证书》。

(2) 职业技能岗位证书

技术工人、普工须持《××工种国家职业资格证书》或住房和城乡建设部《××工种职业技能岗位证书》。住房城乡建设行业职业工种目录见表1-2。

住房城乡建设行业工种目录　　表1-2

序号	职业（工种）名称	代码	序号	职业（工种）名称	代码
1	砌筑工（建筑瓦工、瓦工）	010	13	机械设备安装工	060
2	窑炉修筑工	011	14	通风工	070
3	钢筋工	020	15	安装起重工（起重工、起重装卸机械操作工）	080
4	架子工	030			
5	附着升降脚手架安装拆卸工	031	16	安装钳工	090
6	高处作业吊篮操作工	032	17	电气设备安装调试工	100
7	高处作业吊篮安装拆卸工	033	18	管道工（管工）	110
8	混凝土工	040	19	变电安装工	120
9	混凝土搅拌工	041	20	建筑电工	130
10	混凝土浇筑工	042	21	弱电工	131
11	混凝土模具工	043	22	司泵工	140
12	模板工（混凝土模板工）	050	23	挖掘铲运和桩工机械司机	150

续表

序号	职业（工种）名称	代码	序号	职业（工种）名称	代码
24	推土（铲运）机驾驶员（推土机司机）	151	56	古建筑传统木工（木雕工、匾额工）	350
25	挖掘机驾驶员（土石方挖掘机司机）	152	57	古建筑传统油工（推光漆工、古建油漆）	360
26	桩工（打桩工）	153	58	金属工	380
27	桩机操作工	160	59	水暖工	401
28	起重信号工（起重信号司索工）	170	60	沥青混凝土推铺机操作工	404
29	建筑起重机械安装拆卸工	180	61	沥青工	405
30	装饰装修工	190	62	筑炉工	406
31	抹灰工	191	63	工程机械修理工	407
32	油漆工	192	64	道路巡视养护工（道路养护工）	408
33	镶贴工	193	65	桥隧巡视养护工	409
34	涂裱工	194	66	中小型机械操作工	410
35	装饰装修木工	195	67	管涵顶进工	411
36	室内装饰设计师	196	68	盾构机操作工	412
37	室内成套设施安装工	200	69	筑路工	413
38	建筑门窗幕墙安装工	210	70	桥隧工	414
39	幕墙安装工（建筑幕墙安装工）	211	71	城市管道安装工	415
40	建筑门窗安装工	212	72	起重驾驶员（含塔式、门式、桥式等起重机驾驶员）	416
41	幕墙制作工	220			
42	防水工	230	73	试验工	418
43	木工	240	74	中央空调系统运行操作员	419
44	手工木工	241	75	智能楼宇管理员	420
45	精细木工	242	76	电梯安装维修工	421
46	石工（石作业工）	250	77	建筑模型制作工	422
47	电焊工（焊工）	270	78	接触网工	423
48	爆破工	280	79	物业管理员	424
49	除尘工	290	80	房地产经纪人	425
50	测量放线工（测量工、工程测量员）	300	81	房地产策划师	426
51	质检员	305	82	雕塑翻制工	427
52	线路架设工	310	83	司钻员	428
53	古建筑传统石工（石雕工、砧细工）	320	84	描述员	429
54	古建筑传统瓦工（砧刻工、砌花街工、泥塑工、古建瓦工）	330	85	土工试验员	430
			86	建筑外墙保温安装工	431
55	古建筑传统彩画工（彩绘工）	340	87	仪表安装调试工	432

续表

序号	职业（工种）名称	代码	序号	职业（工种）名称	代码
88	空调安装调试工	433	124	燃气化验工	711
89	安装铆工	434	125	燃气调压工	712
90	消防安装工	435	126	燃气表装修工	713
91	防腐保温工	436	127	燃气用具安装检修工	714
92	构件装配工	437	128	燃气供应服务员/供气营销员	715
93	构件制作工	438	129	管道燃气客服员	716
94	预埋工	439	130	瓶装气客服员	717
95	灌浆工	440	131	燃气储运工	718
96	绿化工（园林绿化工）	501	132	液化天然气储运工	719
97	花卉工（花卉园艺工）	502	133	燃气管网运行工	720
98	园林植保工	503	134	燃气用户安装检修工	721
99	盆景工	504	135	压缩天然气场站运行工	722
100	育苗工	505	136	燃气输配场站运行工	723
101	展出动物保育员（观赏动物饲养员）	506	137	配煤工	724
102	假山工	507	138	焦炉调温工	725
103	花艺环境设计师	508	139	炼焦煤气炉工	726
104	保洁员	601	140	热力司炉工	727
105	机动清扫工（道路清扫工）	602	141	热力运行工	728
106	垃圾清运工	603	142	焦炉维护工	729
107	垃圾处理工	604	143	机械煤气发生炉工	730
108	环卫垃圾运输装卸工	605	144	煤焦车司机	731
109	环卫机动车修理工	606	145	胶带机输送工	732
110	环卫化验工	607	146	冷凝鼓风工	733
111	环卫公厕管理保洁工	608	147	水煤气炉工	734
112	环卫船舶轮机员	609	148	生活燃煤供应工	735
113	环卫机动车驾驶员	610	149	煤制气工	736
114	液化石油气罐工	701	150	重油制气工（油制气工）	737
115	液化石油气机械修理工	702	151	锅炉操作工	738
116	液化石油气钢瓶检修工	703	152	供热管网系统运行工	739
117	液化石油气库站运行工	704	153	热力管网运行工	740
118	液化石油气罐区运行工	705	154	供热生产调度工	741
119	燃气压力容器焊工	706	155	热力站运行工	742
120	燃气输送工	707	156	中继泵站运行工	743
121	燃气管道工	708	157	变配电运行工	801
122	燃气用具修理工	709	158	泵站机电设备维修工	802
123	燃气净化工	710	159	水生产处理工	803

续表

序号	职业（工种）名称	代码	序号	职业（工种）名称	代码
160	自来水生产工	804	171	水表装修工	815
161	水质检验工	805	172	排水管道工	816
162	水井工	806	173	排水巡查员	817
163	供水调度员	807	174	排水调度工	818
164	供水管道工	808	175	排水泵站运行工	819
165	供水泵站运行工	809	176	排水客户服务员	820
166	供水营销员	810	177	排水仪表工	821
167	供水仪表工	811	178	城镇污水处理工（污水处理工）	822
168	供水稽查员	812	179	排水化验检测工	823
169	供水客户服务员	813	180	污泥处理工	824
170	供水设备维修钳工	814	181	白蚁防治工	901

（3）特种作业人员操作证书

特种作业人员须持住房和城乡建设部或应急管理部颁发的《××工种特种作业人员操作证书》；建筑行业起重设备操作人员须持住房和城乡建设部核发的《××工种建筑施工特种作业人员操作资格证》。

（4）特种设备作业人员证书

特种设备作业人员须持国家市场监督管理总局核发的《××工种特种设备作业人员证》。

（四）建筑企业资质制度的相关规定

1. 建筑业企业的概念

根据住房和城乡建设部22号令（《建筑业企业资质管理规定》）的规定，建筑业企业是指从事土木工程、建筑工程、线路管道设备安装工程、装修工程的新建、扩建、改建等施工活动的企业。

2. 建筑业企业资质的法律依据

根据《建筑法》第十三条的规定，从事建筑活动的建筑施工企业、勘察单位、设计单位和工程监理单位，按照其拥有的注册资本、专业技术人员、技术装备和已完成的建筑工程业绩等资质条件，划分为不同的资质等级，经资质审查合格，取得相应等级的资质证书后，方可在其资质等级许可的范围内从事建筑活动。

劳务企业的作业活动属于建筑施工的范畴。

3. 建筑业企业资质的分类

根据住房和城乡建设部印发的《建设工程企业资质管理制度改革方案》（建市〔2020〕

94号)，施工资质分为综合资质、施工总承包资质、专业承包资质和专业作业资质。

(1) 施工综合资质

1) 将原先的10类施工总承包企业特级资质调整为施工综合资质。

2) 施工综合资质可承担各行业、各等级施工总承包业务。

3) 施工综合资质不分等级。

(2) 施工总承包资质

1) 施工总承包资质分为13类：建筑工程、公路工程、铁路工程、港口与航道工程、水利水电工程、电力工程、矿山工程、冶金工程、石油化工工程、市政公用工程、通信工程、机电工程、民航工程。

2) 施工总承包资质等级分为甲、乙两级。

3) 施工总承包甲级资质在本行业内承揽业务规模不受限制。

(3) 专业承包资质

1) 专业承包资质分为18类：建筑装修装饰工程、建筑机电工程、公路工程、港口与航道工程、铁路电务电气化工程、水利水电工程、地基基础工程、起重设备安装工程、预拌混凝土、模板脚手架、防水防腐保温工程、桥梁工程、隧道工程、消防设施工程、古建筑工程、输变电工程、核工程、通用工程。

2) 专业承包资质等级原则上分为甲、乙两级。

3) 预拌混凝土、模板脚手架、通用工程等部分专业承包资质不分等级。

(4) 专业作业资质

1) 将劳务企业资质调整为专业作业资质，由审批制改为备案制。

2) 专业作业资质不分等级。

(五) 培育新时代建筑产业工人队伍和权益保障的有关规定

1. 习近平总书记高度重视产业工人队伍建设和权益保障

党的十八大以来，以习近平同志为核心的党中央始终高度重视我国产业工人队伍建设和关心维护农民工权益。

(1) 2017年10月18日，习近平总书记在党的十九大报告中明确指出，“建设知识型、技能型、创新型劳动者大军，弘扬劳模精神和工匠精神，营造劳动光荣的社会风尚和精益求精的敬业风气”，把劳模精神、工匠精神写入党的全国代表大会报告，充分体现了党和国家对弘扬劳模精神、劳动精神、工匠精神的高度重视。

(2) 习近平总书记多次指出，农民工是改革开放以来涌现出的一支新型劳动大军，是建设国家的重要力量，全社会一定要关心农民工、关爱农民工。2013年2月，习近平总书记在甘肃东乡灾后重建工地视察时就细致询问了农民工的工资和日常生活保障等问题，指出“全面建成小康社会离不开农民工的辛勤劳动和奉献，全社会都要关心关爱农民工，要坚决杜绝拖欠、克扣农民工工资现象，切实保障农民工合法权益”。

(3) 2018年10月，习近平总书记在中央政治局会议上强调，做好冬季各项民生工作，必须“保障农民工工资及时足额发放”。

习近平总书记的重要指示，充分肯定了农民工为我国现代化建设作出的重大贡献，体现了党对农民工的高度重视和深切关怀，为我们做好农民工工作提供了根本遵循。

2. 住房和城乡建设部等 12 部门加快培育新时代建筑产业工人队伍的规定

2020 年 12 月 18 日，住房和城乡建设部等 12 部门印发《关于加快培育新时代建筑产业工人队伍的指导意见》(建市〔2020〕105 号)。主要内容如下：

党中央、国务院历来高度重视产业工人队伍建设工作，制定出台了一系列支持产业工人队伍发展的政策措施。建筑产业工人是我国产业工人的重要组成部分，是建筑业发展的基础，为经济发展、城镇化建设作出重大贡献。同时也要看到，当前我国建筑产业工人队伍仍存在无序流动性大、老龄化现象突出、技能素质低、权益保障不到位等问题，制约建筑业持续健康发展。为深入贯彻落实党中央、国务院决策部署，加快培育新时代建筑产业工人（以下简称建筑工人）队伍，提出如下意见。

一、总体思路

以习近平新时代中国特色社会主义思想为指导，全面贯彻党的二十大、十九大和十九届二中、三中、四中、五中全会精神，统筹推进“五位一体”总体布局和协调推进“四个全面”战略布局，牢固树立新发展理念，坚持以人民为中心的发展思想，以推进建筑业供给侧结构性改革为主线，以夯实建筑产业基础能力为根本，以构建社会化专业化分工协作的建筑工人队伍为目标，深化“放管服”改革，建立健全符合新时代建筑工人队伍建设要求的体制机制，为建筑业持续健康发展和推进新型城镇化提供更有力的人才支撑。

二、工作目标

到 2025 年，符合建筑行业特点的用工方式基本建立，建筑工人实现公司化、专业化管理，建筑工人权益保障机制基本完善；建筑工人终身职业技能培训、考核评价体系基本健全，中级工以上建筑工人达 1000 万人以上。

到 2035 年，建筑工人就业高效、流动有序，职业技能培训、考核评价体系完善，建筑工人权益得到有效保障，获得感、幸福感、安全感充分增强，形成一支秉承劳模精神、劳动精神、工匠精神的知识型、技能型、创新型建筑工人大军。

三、主要任务

（一）引导现有劳务企业转型发展。改革建筑施工劳务资质，大幅降低准入门槛。鼓励有一定组织、管理能力的劳务企业引进人才、设备等向总承包和专业承包企业转型。鼓励大中型劳务企业充分利用自身优势搭建劳务用工信息服务平台，为小微专业作业企业与施工企业提供信息交流渠道。引导小微型劳务企业向专业作业企业转型发展，进一步做专做精。

（二）大力发展专业作业企业。鼓励和引导现有劳务班组或有一定技能和经验的建筑工人成立以作业为主的企业，自主选择 1～2 个专业作业工种。鼓励有条件的地区建立建筑工人服务园，依托“双创基地”、创业孵化基地，为符合条件的专业作业企业落实创业相关扶持政策，提供创业服务。政府投资开发的孵化基地等创业载体应安排一定比例的场地，免费向创业成立专业作业企业的农民工提供。鼓励建筑企业优先选择当地专业作业企业，促进建筑工人就地、就近就业。

（三）鼓励建设建筑工人培育基地。引导和支持大型建筑企业与建筑工人输出地区建立合作关系，建设新时代建筑工人培育基地，建立以建筑工人培育基地为依托的相对稳定的建筑工人队伍。创新培育基地服务模式，为专业作业企业提供配套服务，为建筑工人谋划职业发展路径。

（四）加快自有建筑工人队伍建设。引导建筑企业加强对装配式建筑、机器人建造等新型建造方式和建造科技的探索和应用，提升智能建造水平，通过技术升级推动建筑工人从传统建造方式向新型建造方式转变。鼓励建筑企业通过培育自有建筑工人、吸纳高技能技术工人和职业院校（含技工院校，下同）毕业生等方式，建立相对稳定的核心技术工人队伍。鼓励有条件的企业建立首席技师制度、劳模和工匠人才（职工）创新工作室、技能大师工作室和高技能人才库，切实加强技能人才队伍建设。项目发包时，鼓励发包人在同等条件下优先选择自有建筑工人占比大的企业；评优评先时，同等条件下优先考虑自有建筑工人占比大的项目。

（五）完善职业技能培训体系。完善建筑工人技能培训组织实施体系，制定建筑工人职业技能标准和评价规范，完善职业（工种）类别。强化企业技能培训主体作用，发挥设计、生产、施工等资源优势，大力推行现代学徒制和企业新型学徒制。鼓励企业采取建立培训基地、校企合作、购买社会培训服务等多种形式，解决建筑工人理论与实操脱节的问题，实现技能培训、实操训练、考核评价与现场施工有机结合。推行终身职业技能培训制度，加强建筑工人岗前培训和技能提升培训。鼓励各地加大实训基地建设资金支持力度，在技能劳动者供需缺口较大、产业集中度较高的地区建设公共实训基地，支持企业和院校共建产教融合实训基地。探索开展智能建造相关培训，加大对装配式建筑、建筑信息模型（BIM）等新兴职业（工种）建筑工人培养，增加高技能人才供给。

（六）建立技能导向的激励机制。各地要根据项目施工特点制定施工现场技能工人基本配备标准，明确施工现场各职业（工种）技能工人技能等级的配备比例要求，逐步提高基本配备标准。引导企业不断提高建筑工人技能水平，对使用高技能等级工人多的项目，可适当降低配备比例要求。加强对施工现场作业人员技能水平和配备标准的监督检查，将施工现场技能工人基本配备标准达标情况纳入相关诚信评价体系。建立完善建筑职业（工种）人工价格市场化信息发布机制，为建筑企业合理确定建筑工人薪酬提供信息指引。引导建筑企业将薪酬与建筑工人技能等级挂钩，完善激励措施，实现技高者多得、多劳者多得。

（七）加快推动信息化管理。完善全国建筑工人管理服务信息平台，充分运用物联网、计算机视觉、区块链等现代信息技术，实现建筑工人实名制管理、劳动合同管理、培训记录与考核评价信息管理、数字工地、作业绩效与评价等信息化管理。制定统一数据标准，加强各系统平台间的数据对接互认，实现全国数据互联共享。加强数据分析运用，将建筑工人管理数据与日常监管相结合，建立预警机制。加强信息安全保障工作。

（八）健全保障薪酬支付的长效机制。贯彻落实《保障农民工工资支付条例》，工程建设领域施工总承包单位对农民工工资支付工作负总责，落实工程建设领域农民工工资专用账户管理、实名制管理、工资保证金等制度，推行分包单位农民工工资委托施工总承包单位代发制度。依法依规对列入拖欠农民工工资“黑名单”的失信违法主体实施联合惩戒。加强法律知识普及，加大法律援助力度，引导建筑工人通过合法途径维护自身权益。

（九）规范建筑行业劳动用工制度。用人单位应与招用的建筑工人依法签订劳动合同，严禁用劳务合同代替劳动合同，依法规范劳务派遣用工。施工总承包单位或者分包单位不得安排未订立劳动合同并实名登记的建筑工人进入项目现场施工。制定推广适合建筑业用工特点的简易劳动合同示范文本，加大劳动监察执法力度，全面落实劳动合同制度。

（十）完善社会保险缴费机制。用人单位应依法为建筑工人缴纳社会保险。对不能按用人单位参加工伤保险的建筑工人，由施工总承包企业负责按项目参加工伤保险，确保工伤保险覆盖施工现场所有建筑工人。大力开展工伤保险宣教培训，促进安全生产，依法保障建筑工人职业安全和健康权益。鼓励用人单位为建筑工人建立企业年金。

（十一）持续改善建筑工人生产生活环境。各地要依法依规及时为符合条件的建筑工人办理居住证，用人单位应及时协助提供相关证明材料，保障建筑工人享有城市基本公共服务。全面推行文明施工，保证施工现场整洁、规范、有序，逐步提高环境标准，引导建筑企业开展建筑垃圾分类管理。

不断改善劳动安全卫生标准和条件，配备符合行业标准的安全帽、安全带等具有防护功能的工装和劳动保护用品，制定统一的着装规范。施工现场按规定设置避难场所，定期开展安全应急演练。鼓励有条件的企业按照国家规定进行岗前、岗中和离岗时的职业健康检查，并将职工劳动安全防护、劳动条件改善和职业危害防护等纳入平等协商内容。

大力改善建筑工人生活区居住环境，根据有关要求及工程实际配置空调、淋浴等设备，保障水电供应、网络通信畅通，达到一定规模的集中生活区要配套食堂、超市、医疗、法律咨询、职工书屋、文体活动室等必要的机构设施，鼓励开展物业化管理。

将符合当地住房保障条件的建筑工人纳入住房保障范围。探索适应建筑业特点的公积金缴存方式，推进建筑工人缴存住房公积金。加大政策落实力度，着力解决符合条件的建筑工人子女城市入托入学等问题。

四、保障措施

（一）加强组织领导。各地要充分认识建筑工人队伍建设的重要性和紧迫性，强化部门协作、建立协调机制、细化工作措施，扎实推进建筑工人队伍建设。要强化建筑工人队伍的思想政治引领。加强宣传思想文化阵地建设，深化理想信念教育，培育和践行社会主义核心价值观，坚持不懈用习近平新时代中国特色社会主义思想教育和引导广大建筑工人。要按照《建筑工人施工现场生活环境基本配置指南》《建筑工人施工现场劳动保护基本配置指南》《建筑工人施工现场作业环境基本配置指南》要求，结合本地区实际进一步细化落实，加强监督检查，切实改善建筑工人生产生活环境，提高劳动保障水平。

（二）发挥工会组织和社会组织积极作用。充分发挥工会组织作用，着力加强源头（劳务输出地）建会、专业作业企业建会和用工方建会，提升建筑工人入会率。鼓励依托现有行业协会等社会组织，建设建筑工人培育产业协作机制，搭建施工专业作业用工信息服务平台，助力小微专业作业企业发展。

（三）加大政策扶持和财税支持力度。对于符合条件的建筑企业，继续落实在税收、行政事业性收费、政府性基金等方面的相关减税降费政策。落实好职业培训、考核评价补贴等政策，结合实际情况，明确一定比例的建筑安装工程费专项用于施工现场工人技能培训、考核评价。对达到施工现场技能工人配备比例的工程项目，建筑企业可适当减少该项目建筑工人技能培训、考核评价的费用支出。引导建筑企业建立建筑工人培育合作伙伴关系，组建建筑工人培育平台，共同出资培训建筑工人，归集项目培训经费，统筹安排资金使用，提高资金利用效率。指导企业足额提取职工教育经费用于开展职工教育培训，加强监督管理，确保专款专用。对符合条件人员参加建筑业职业培训以及高技能人才培训的，按规定给予培训补贴。

（四）大力弘扬劳模精神、劳动精神和工匠精神。鼓励建筑企业大力开展岗位练兵、技术交流、技能竞赛，扩大参与覆盖面，充分调动建筑企业和建筑工人参与积极性，提高职业技能；加强职业道德规范素养教育，不断提高建筑工人综合素质，大力弘扬和培育工匠精神。坚持正确的舆论导向，宣传解读建筑工人队伍建设改革的重大意义、目标任务和政策举措，及时总结和推广建筑工人队伍建设改革的好经验、好做法。加大建筑工人劳模选树宣传力度，大力宣传建筑工人队伍中的先进典型，营造劳动最光荣、劳动最崇高、劳动最伟大、劳动最美丽的良好氛围。

3. 国务院《保障农民工工资支付条例》的相关规定

2019年12月30日，国务院发布第724号令，《保障农民工工资支付条例》于2019年12月4日国务院第73次常务会议通过，自2020年5月1日起施行。主要内容如下：

第一章　总则

第一条　为了规范农民工工资支付行为，保障农民工按时足额获得工资，根据《中华人民共和国劳动法》及有关法律规定，制定本条例。

第二条　保障农民工工资支付，适用本条例。

本条例所称农民工，是指为用人单位提供劳动的农村居民。

本条例所称工资，是指农民工为用人单位提供劳动后应当获得的劳动报酬。

第三条　农民工有按时足额获得工资的权利。任何单位和个人不得拖欠农民工工资。

农民工应当遵守劳动纪律和职业道德，执行劳动安全卫生规程，完成劳动任务。

第四条　县级以上地方人民政府对本行政区域内保障农民工工资支付工作负责，建立保障农民工工资支付工作协调机制，加强监管能力建设，健全保障农民工工资支付工作目标责任制，并纳入对本级人民政府有关部门和下级人民政府进行考核和监督的内容。

乡镇人民政府、街道办事处应当加强对拖欠农民工工资矛盾的排查和调处工作，防范和化解矛盾，及时调解纠纷。

第五条　保障农民工工资支付，应当坚持市场主体负责、政府依法监管、社会协同监督，按照源头治理、预防为主、防治结合、标本兼治的要求，依法根治拖欠农民工工资问题。

第六条　用人单位实行农民工劳动用工实名制管理，与招用的农民工书面约定或者通过依法制定的规章制度规定工资支付标准、支付时间、支付方式等内容。

第七条　人力资源社会保障行政部门负责保障农民工工资支付工作的组织协调、管理指导和农民工工资支付情况的监督检查，查处有关拖欠农民工工资案件。

住房城乡建设、交通运输、水利等相关行业工程建设主管部门按照职责履行行业监管责任，督办因违法发包、转包、违法分包、挂靠、拖欠工程款等导致的拖欠农民工工资案件。

发展改革等部门按照职责负责政府投资项目的审批管理，依法审查政府投资项目的资金来源和筹措方式，按规定及时安排政府投资，加强社会信用体系建设，组织对拖欠农民工工资失信联合惩戒对象依法依规予以限制和惩戒。

财政部门负责政府投资资金的预算管理，根据经批准的预算按规定及时足额拨付政府投资资金。

公安机关负责及时受理、侦办涉嫌拒不支付劳动报酬刑事案件，依法处置因农民工工资拖欠引发的社会治安案件。

司法行政、自然资源、人民银行、审计、国有资产管理、税务、市场监管、金融监管等部门，按照职责做好与保障农民工工资支付相关的工作。

第八条　工会、共产主义青年团、妇女联合会、残疾人联合会等组织按照职责依法维护农民工获得工资的权利。

第九条　新闻媒体应当开展保障农民工工资支付法律法规政策的公益宣传和先进典型的报道，依法加强对拖欠农民工工资违法行为的舆论监督，引导用人单位增强依法用工、按时足额支付工资的法律意识，引导农民工依法维权。

第十条　被拖欠工资的农民工有权依法投诉，或者申请劳动争议调解仲裁和提起诉讼。

任何单位和个人对拖欠农民工工资的行为，有权向人力资源社会保障行政部门或者其他有关部门举报。

人力资源社会保障行政部门和其他有关部门应当公开举报投诉电话、网站等渠道，依法接受对拖欠农民工工资行为的举报、投诉。对于举报、投诉的处理实行首问负责制，属于本部门受理的，应当依法及时处理；不属于本部门受理的，应当及时转送相关部门，相关部门应当依法及时处理，并将处理结果告知举报、投诉人。

第二章　工资支付形式与周期

第十一条　农民工工资应当以货币形式，通过银行转账或者现金支付给农民工本人，不得以实物或者有价证券等其他形式替代。

第十二条　用人单位应当按照与农民工书面约定或者依法制定的规章制度规定的工资支付周期和具体支付日期足额支付工资。

第十三条　实行月、周、日、小时工资制的，按照月、周、日、小时为周期支付工资；实行计件工资制的，工资支付周期由双方依法约定。

第十四条　用人单位与农民工书面约定或者依法制定的规章制度规定的具体支付日期，可以在农民工提供劳动的当期或者次期。具体支付日期遇法定节假日或者休息日的，应当在法定节假日或者休息日前支付。

用人单位因不可抗力未能在支付日期支付工资的，应当在不可抗力消除后及时支付。

第十五条　用人单位应当按照工资支付周期编制书面工资支付台账，并至少保存3年。

书面工资支付台账应当包括用人单位名称，支付周期，支付日期，支付对象姓名、身份证号码、联系方式，工作时间，应发工资项目及数额，代扣、代缴、扣除项目和数额，实发工资数额，银行代发工资凭证或者农民工签字等内容。

用人单位向农民工支付工资时，应当提供农民工本人的工资清单。

第三章　工资清偿

第十六条　用人单位拖欠农民工工资的，应当依法予以清偿。

第十七条　不具备合法经营资格的单位招用农民工，农民工已经付出劳动而未获得工资的，依照有关法律规定执行。

第十八条　用工单位使用个人、不具备合法经营资格的单位或者未依法取得劳务派遣许可证的单位派遣的农民工，拖欠农民工工资的，由用工单位清偿，并可以依法进行追偿。

第十九条　用人单位将工作任务发包给个人或者不具备合法经营资格的单位，导致拖欠所招用农民工工资的，依照有关法律规定执行。

用人单位允许个人、不具备合法经营资格或者未取得相应资质的单位以用人单位的名义对外经营，导致拖欠所招用农民工工资的，由用人单位清偿，并可以依法进行追偿。

第二十条　合伙企业、个人独资企业、个体经济组织等用人单位拖欠农民工工资的，应当依法予以清偿；不清偿的，由出资人依法清偿。

第二十一条　用人单位合并或者分立时，应当在实施合并或者分立前依法清偿拖欠的农民工工资；经与农民工书面协商一致的，可以由合并或者分立后承继其权利和义务的用人单位清偿。

第二十二条　用人单位被依法吊销营业执照或者登记证书、被责令关闭、被撤销或者依法解散的，应当在申请注销登记前依法清偿拖欠的农民工工资。

未依据前款规定清偿农民工工资的用人单位主要出资人，应当在注册新用人单位前清偿拖欠的农民工工资。

第四章　工程建设领域特别规定（见上篇第五部分：劳务分包管理的相关知识）

第五章　监督检查

第三十八条　县级以上地方人民政府应当建立农民工工资支付监控预警平台，实现人力资源社会保障、发展改革、司法行政、财政、住房城乡建设、交通运输、水利等部门的工程项目审批、资金落实、施工许可、劳动用工、工资支付等信息及时共享。

人力资源社会保障行政部门根据水电燃气供应、物业管理、信贷、税收等反映企业生产经营相关指标的变化情况，及时监控和预警工资支付隐患并做好防范工作，市场监管、金融监管、税务等部门应当予以配合。

第三十九条　人力资源社会保障行政部门、相关行业工程建设主管部门和其他有关部门应当按照职责，加强对用人单位与农民工签订劳动合同、工资支付以及工程建设项目实行农民工实名制管理、农民工工资专用账户管理、施工总承包单位代发工资、工资保证金存储、维权信息公示等情况的监督检查，预防和减少拖欠农民工工资行为的发生。

第四十条　人力资源社会保障行政部门在查处拖欠农民工工资案件时，需要依法查询相关单位金融账户和相关当事人拥有房产、车辆等情况的，应当经设区的市级以上地方人民政府人力资源社会保障行政部门负责人批准，有关金融机构和登记部门应当予以配合。

第四十一条　人力资源社会保障行政部门在查处拖欠农民工工资案件时，发生用人单位拒不配合调查、清偿责任主体及相关当事人无法联系等情形的，可以请求公安机关和其他有关部门协助处理。

人力资源社会保障行政部门发现拖欠农民工工资的违法行为涉嫌构成拒不支付劳动报酬罪的，应当按照有关规定及时移送公安机关审查并作出决定。

第四十二条　人力资源社会保障行政部门作出责令支付被拖欠的农民工工资的决定，

相关单位不支付的，可以依法申请人民法院强制执行。

第四十三条　相关行业工程建设主管部门应当依法规范本领域建设市场秩序，对违法发包、转包、违法分包、挂靠等行为进行查处，并对导致拖欠农民工工资的违法行为及时予以制止、纠正。

第四十四条　财政部门、审计机关和相关行业工程建设主管部门按照职责，依法对政府投资项目建设单位按照工程施工合同约定向农民工工资专用账户拨付资金情况进行监督。

第四十五条　司法行政部门和法律援助机构应当将农民工列为法律援助的重点对象，并依法为请求支付工资的农民工提供便捷的法律援助。

公共法律服务相关机构应当积极参与相关诉讼、咨询、调解等活动，帮助解决拖欠农民工工资问题。

第四十六条　人力资源社会保障行政部门、相关行业工程建设主管部门和其他有关部门应当按照“谁执法谁普法”普法责任制的要求，通过以案释法等多种形式，加大对保障农民工工资支付相关法律法规的普及宣传。

第四十七条　人力资源社会保障行政部门应当建立用人单位及相关责任人劳动保障守法诚信档案，对用人单位开展守法诚信等级评价。

用人单位有严重拖欠农民工工资违法行为的，由人力资源社会保障行政部门向社会公布，必要时可以通过召开新闻发布会等形式向媒体公开曝光。

第四十八条　用人单位拖欠农民工工资，情节严重或者造成严重不良社会影响的，有关部门应当将该用人单位及其法定代表人或者主要负责人、直接负责的主管人员和其他直接责任人员列入拖欠农民工工资失信联合惩戒对象名单，在政府资金支持、政府采购、招标投标、融资贷款、市场准入、税收优惠、评优评先、交通出行等方面依法依规予以限制。

拖欠农民工工资需要列入失信联合惩戒名单的具体情形，由国务院人力资源社会保障行政部门规定。

第四十九条　建设单位未依法提供工程款支付担保或者政府投资项目拖欠工程款，导致拖欠农民工工资的，县级以上地方人民政府应当限制其新建项目，并记入信用记录，纳入国家信用信息系统进行公示。

第五十条　农民工与用人单位就拖欠工资存在争议，用人单位应当提供依法由其保存的劳动合同、职工名册、工资支付台账和清单等材料；不提供的，依法承担不利后果。

第五十一条　工会依法维护农民工工资权益，对用人单位工资支付情况进行监督；发现拖欠农民工工资的，可以要求用人单位改正，拒不改正的，可以请求人力资源社会保障行政部门和其他有关部门依法处理。

第五十二条　单位或者个人编造虚假事实或者采取非法手段讨要农民工工资，或者以拖欠农民工工资为名讨要工程款的，依法予以处理。

第六章　法律责任

第五十三条　违反本条例规定拖欠农民工工资的，依照有关法律规定执行。

第五十四条　有下列情形之一的，由人力资源社会保障行政部门责令限期改正；逾期不改正的，对单位处 2 万元以上 5 万元以下的罚款，对法定代表人或者主要负责人、直接负责的主管人员和其他直接责任人员处1万元以上3万元以下的罚款：

（一）以实物、有价证券等形式代替货币支付农民工工资；

（二）未编制工资支付台账并依法保存，或者未向农民工提供工资清单；

（三）扣押或者变相扣押用于支付农民工工资的银行账户所绑定的农民工本人社会保障卡或者银行卡。

第五十五条　有下列情形之一的，由人力资源社会保障行政部门、相关行业工程建设主管部门按照职责责令限期改正；逾期不改正的，责令项目停工，并处5万元以上10万元以下的罚款；情节严重的，给予施工单位限制承接新工程、降低资质等级、吊销资质证书等处罚：

（一）施工总承包单位未按规定开设或者使用农民工工资专用账户；

（二）施工总承包单位未按规定存储工资保证金或者未提供金融机构保函；

（三）施工总承包单位、分包单位未实行劳动用工实名制管理。

第五十六条　有下列情形之一的，由人力资源社会保障行政部门、相关行业工程建设主管部门按照职责责令限期改正；逾期不改正的，处5万元以上10万元以下的罚款：

（一）分包单位未按月考核农民工工作量、编制工资支付表并经农民工本人签字确认；

（二）施工总承包单位未对分包单位劳动用工实施监督管理；

（三）分包单位未配合施工总承包单位对其劳动用工进行监督管理；

（四）施工总承包单位未实行施工现场维权信息公示制度。

第五十七条　有下列情形之一的，由人力资源社会保障行政部门、相关行业工程建设主管部门按照职责责令限期改正；逾期不改正的，责令项目停工，并处5万元以上10万元以下的罚款：

（一）建设单位未依法提供工程款支付担保；

（二）建设单位未按约定及时足额向农民工工资专用账户拨付工程款中的人工费用；

（三）建设单位或者施工总承包单位拒不提供或者无法提供工程施工合同、农民工工资专用账户有关资料。

第五十八条　不依法配合人力资源社会保障行政部门查询相关单位金融账户的，由金融监管部门责令改正；拒不改正的，处2万元以上5万元以下的罚款。

第五十九条　政府投资项目政府投资资金不到位拖欠农民工工资的，由人力资源社会保障行政部门报本级人民政府批准，责令限期足额拨付所拖欠的资金；逾期不拨付的，由上一级人民政府人力资源社会保障行政部门约谈直接责任部门和相关监管部门负责人，必要时进行通报，约谈地方人民政府负责人。情节严重的，对地方人民政府及其有关部门负责人、直接负责的主管人员和其他直接责任人员依法依规给予处分。

第六十条　政府投资项目建设单位未经批准立项建设、擅自扩大建设规模、擅自增加投资概算、未及时拨付工程款等导致拖欠农民工工资的，除依法承担责任外，由人力资源社会保障行政部门、其他有关部门按照职责约谈建设单位负责人，并作为其业绩考核、薪酬分配、评优评先、职务晋升等的重要依据。

第六十一条　对于建设资金不到位、违法违规开工建设的社会投资工程建设项目拖欠农民工工资的，由人力资源社会保障行政部门、其他有关部门按照职责依法对建设单位进行处罚；对建设单位负责人依法依规给予处分。相关部门工作人员未依法履行职责的，由有关机关依法依规给予处分。

第六十二条 县级以上地方人民政府人力资源社会保障、发展改革、财政、公安等部门和相关行业工程建设主管部门工作人员，在履行农民工工资支付监督管理职责过程中滥用职权、玩忽职守、徇私舞弊的，依法依规给予处分；构成犯罪的，依法追究刑事责任。

第七章 附则

第六十三条 用人单位一时难以支付拖欠的农民工工资或者拖欠农民工工资逃匿的，县级以上地方人民政府可以动用应急周转金，先行垫付用人单位拖欠的农民工部分工资或者基本生活费。对已经垫付的应急周转金，应当依法向拖欠农民工工资的用人单位进行追偿。

4. 住房和城乡建设部对做好建筑工人就业服务和权益保障工作的要求

2022年8月29日，住房和城乡建设部发布《关于进一步做好建筑工人就业服务和权益保障工作的通知》（建办市〔2022〕40号），该通知指出，为深入贯彻落实党中央、国务院决策部署，促进建筑工人稳定就业，保障建筑工人合法权益，统筹做好房屋市政工程建设领域安全生产和民生保障工作，各地住房和城乡建设主管部门要提高思想认识，加强组织领导，明确目标任务，利用多种形式宣传相关政策，积极回应社会关切和建筑工人诉求，合理引导预期，切实做好建筑工人就业服务和权益保障工作。并提出做好以下工作要求：

一、加强职业培训，提升建筑工人技能水平

（一）提升建筑工人专业知识和技能水平。各地住房和城乡建设主管部门要积极推进建筑工人职业技能培训，引导龙头建筑企业积极探索与高职院校合作办学、建设建筑产业工人培育基地等模式，将技能培训、实操训练、考核评价与现场施工有机结合。鼓励建筑企业和建筑工人采用师傅带徒弟、个人自学与集中辅导相结合等多种方式，突出培训的针对性和实用性，提高一线操作人员的技能水平。引导建筑企业将技能水平与薪酬挂钩，实现技高者多得、多劳者多得。

（二）全面实施技能工人配备标准。各地住房和城乡建设主管部门要按照《关于开展施工现场技能工人配备标准制定工作的通知》（建办市〔2021〕29号）要求，全面实施施工现场技能工人配备标准，将施工现场技能工人配备标准达标情况作为在建项目建筑市场及工程质量安全检查的重要内容，推动施工现场配足配齐技能工人，保障工程质量安全。

二、加强岗位指引，促进建筑工人有序管理

（三）强化岗位风险分析和工作指引。各地住房和城乡建设主管部门要统筹房屋市政工程建设领域行业特点和农民工个体差异等因素，针对建筑施工多为重体力劳动、对人员健康条件和身体状况要求较高等特点，强化岗位指引，引导建筑企业逐步建立建筑工人用工分类管理制度。对建筑电工、架子工等特种作业和高风险作业岗位的从业人员要严格落实相关规定，确保从业人员安全作业，减少安全事故隐患；对一般作业岗位，要尊重农民工就业需求和建筑企业用工需要，根据企业、项目和岗位的具体情况合理安排工作，切实维护好农民工就业权益。

（四）积极拓宽就业渠道。各地住房和城乡建设主管部门要主动作为，积极配合人力资源社会保障、工会等部门，为不适宜继续从事建筑活动的农民工，提供符合市场需求、易学易用的培训信息，开展有针对性的职业技能培训和就业指导，引导其在环卫、物业等劳动强度低、安全风险小的领域就业，拓宽就业渠道。

三、加强纾困解难，增加建筑工人就业岗位

（五）以工代赈促进建筑工人就业增收。各地住房和城乡建设主管部门要配合人力资源社会保障部门严格落实阶段性缓缴农民工工资保证金要求，提高建设工程进度款支付比例，进一步降低建筑企业负担，促进建筑企业复工复产，有效增加建筑工人就业岗位。依托以工代赈专项投资项目，在确保工程质量安全和符合进度要求等前提下，结合本地建筑工人务工需求，充分挖掘用工潜力，通过以工代赈帮助建筑工人就近务工实现就业增收。

四、加强安全教育，保障建筑工人合法权

（六）压实安全生产主体责任。各地住房和城乡建设主管部门要督促建筑企业建立健全施工现场安全管理制度，严格落实安全生产主体责任，对进入施工现场从事施工作业的建筑工人，按规定进行安全生产教育培训，不断提高建筑工人的安全生产意识和技能水平，减少违规指挥、违章作业和违反劳动纪律等行为，有效遏制生产安全事故，保障建筑工人生命安全。

（七）改善建筑工人安全生产条件。各地住房和城乡建设主管部门要督促建筑企业认真落实《建筑施工安全检查标准》JGJ 59—2011、《建设工程施工现场环境与卫生标准》JGJ 146—2013 等规范标准，配备符合行业标准的安全帽、安全带等具有防护功能的劳动保护用品，持续改善建筑工人安全生产条件和作业环境。落实好建筑工人参加工伤保险政策，进一步扩大工伤保险覆盖面。

（八）持续规范建筑市场秩序。各地住房和城乡建设主管部门要依法加强行业监管，严厉打击转包挂靠等违法违规行为，持续规范建筑市场秩序。联合人力资源社会保障等部门用好工程建设领域工资专用账户、农民工工资保证金、维权信息公示等政策措施，保证农民工工资支付，维护建筑工人合法权益。加强劳动就业和社会保障法律法规政策宣传，帮助建筑工人了解自身权益，提高维权和安全意识，依法理性维权。

5. 相关法律法规对涉及劳动者权益保障的规定

(1)《劳动法》的相关规定

第三条　劳动者享有平等就业和选择职业的权利、取得劳动报酬的权利、休息休假的权利、获得劳动安全卫生保护的权利、接受职业技能培训的权利、享受社会保险和福利的权利、提请劳动争议处理的权利以及法律规定的其他劳动权利。

第七条　劳动者有权依法参加和组织工会。

第八条　劳动者依照法律规定，通过职工大会、职工代表大会或者其他形式，参与民主管理或者就保护劳动者合法权益与用人单位进行平等协商。

第五十四条　用人单位必须为劳动者提供符合国家规定的劳动安全卫生条件和必要的劳动防护用品，对从事有职业危害作业的劳动者应当定期进行健康检查。

第五十六条　劳动者对用人单位管理人员违章指挥、强令冒险作业，有权拒绝执行；对危害生命安全和身体健康的行为，有权提出批评、检举和控告。

第七十二条　用人单位和劳动者必须依法参加社会保险，缴纳社会保险费。

(2)《劳动合同法》的相关规定

第四条　用人单位应当依法建立和完善劳动规章制度，保障劳动者享有劳动权利、履行劳动义务。用人单位在制定、修改或者决定有关劳动报酬、工作时间、休息休假、劳动安全卫生、保险福利、职工培训、劳动纪律以及劳动定额管理等直接涉及劳动者切身利益的规章制度或者重大事项时，应当经职工代表大会或者全体职工讨论，提出方案和意见，与工会或者职工代表平等协商确定。

第十七条　劳动合同应当具备以下条款：

（一）用人单位的名称、住所和法定代表人或者主要负责人；

（二）劳动者的姓名、住址和居民身份证或者其他有效身份证件号码；

（三）劳动合同期限；

（四）工作内容和工作地点；

（五）工作时间和休息休假；

（六）劳动报酬；

（七）社会保险；

（八）劳动保护、劳动条件和职业危害防护；

（九）法律、法规规定应当纳入劳动合同的其他事项。

第三十八条　用人单位有下列情形之一的，劳动者可以解除劳动合同：

（一）未按照劳动合同约定提供劳动保护或者劳动条件的；

（二）未及时足额支付劳动报酬的；

（三）未依法为劳动者缴纳社会保险费的；

（四）用人单位的规章制度违反法律、法规的规定，损害劳动者权益的；

（五）因本法第二十六条第一款规定的情形致使劳动合同无效的；

（六）法律、行政法规规定劳动者可以解除劳动合同的其他情形。

用人单位以暴力、威胁或者非法限制人身自由的手段强迫劳动者劳动的，或者用人单位违章指挥、强令冒险作业危及劳动者人身安全的，劳动者可以立即解除劳动合同，不需事先告知用人单位。

第八十五条　用人单位有下列情形之一的，由劳动行政部门责令限期支付劳动报酬、加班费或者经济补偿；劳动报酬低于当地最低工资标准的，应当支付其差额部分；逾期不支付的，责令用人单位按应付金额百分之五十以上百分之一百以下的标准向劳动者加付赔偿金：

（一）未按照劳动合同的约定或者国家规定及时足额支付劳动者劳动报酬的；

（二）低于当地最低工资标准支付劳动者工资的；

（三）安排加班不支付加班费的；

（四）解除或者终止劳动合同，未依照本法规定向劳动者支付经济补偿的。

第八十八条　用人单位有下列情形之一的，依法给予行政处罚；构成犯罪的，依法追究刑事责任；给劳动者造成损害的，应当承担赔偿责任：

（一）以暴力、威胁或者非法限制人身自由的手段强迫劳动的；

（二）违章指挥或者强令冒险作业危及劳动者人身安全的；

（三）侮辱、体罚、殴打、非法搜查或者拘禁劳动者的；

（四）劳动条件恶劣、环境污染严重，给劳动者身心健康造成严重损害的。

(3)《工伤保险条例》的相关规定

第四条　用人单位应当将参加工伤保险的有关情况在本单位内公示。职工发生工伤时，用人单位应当采取措施使工伤职工得到及时救治。

第十条　用人单位应当按时缴纳工伤保险费。职工个人不缴纳工伤保险费。

第三十条　职工因工作遭受事故伤害或者患职业病进行治疗，享受工伤医疗待遇。治疗工伤所需费用符合工伤保险诊疗项目目录、工伤保险药品目录、工伤保险住院服务标准的，从工伤保险基金支付。

第六十二条　用人单位依照本条例规定应当参加工伤保险而未参加的，由社会保险行政部门责令限期参加，补缴应当缴纳的工伤保险费，并自欠缴之日起，按日加收万分之五的滞纳金；逾期仍不缴纳的，处欠缴数额1倍以上3倍以下的罚款。

依照本条例规定应当参加工伤保险而未参加工伤保险的用人单位职工发生工伤的，由该用人单位按照本条例规定的工伤保险待遇项目和标准支付费用。

（六）工伤事故处理程序

1. 工伤与伤亡事故分类、认定及工伤保险

（1）工伤与伤亡事故分类

1）工伤的概念

工伤，又称为职业伤害、工作伤害，是指劳动者在从事职业活动或者与职业活动有关的活动时所遭受的事故伤害和职业病伤害。

《中国职业安全卫生百科全书》将工伤认定为："企业职工在生产岗位上，从事与生产劳动有关的工作中，发生的人身伤害事故、急性中毒事故"。但职工即使不是在生产、劳动岗位上，而由于企业设施不安全或劳动条件、作业环境不良引起的人身伤害事故，也属工伤。

2）伤亡事故分类

① 事故类别

伤亡事故类别主要分为以下几种：

物体打击；车辆伤害；机械伤害；起重伤害；触电；淹溺；灼烫；火灾；高处坠落；坍塌；冒顶片帮；透水；放炮；火药爆炸；瓦斯爆炸；锅炉爆炸；容器爆炸；其他爆炸；中毒和窒息；其他伤害。

② 伤害程度分类

A. 轻伤：指损失工作日低于105日的失能伤害。

B. 重伤：指相当于表定损失工作日等于和超过105日的失能伤害。

C. 死亡。

③ 事故严重程度分类

A. 轻伤事故：指只有轻伤的事故。

B. 重伤事故：指有重伤无死亡的事故。

C. 死亡事故

a. 重大伤亡事故：指一次事故死亡1～2人的事故。

b. 特大伤亡事故：指一次事故死亡 3 人以上（含 3 人）的事故。

（2）工伤认定及工伤保险

1）工伤认定相关问题

① 工伤认定的概念

工伤认定，是指劳动保障行政部门依据国家有关法律、政策的规定，依法作出劳动者受伤是否属于工伤范围的决定的行政行为。工伤认定是劳动者能否享受工伤待遇、获得工伤赔偿的前提，经认定为工伤的劳动者才可以依法主张享受工伤待遇、获得工伤赔偿。

② 工伤的类型

按照《工伤保险条例》第十四条的规定，工伤主要有以下类型：

A. 在工作时间和工作场所内，因工作原因受到事故伤害的；

B. 工作时间前后在工作场所内，从事与工作有关的预备性或者收尾性工作受到事故伤害的；

C. 在工作时间和工作场所内，因履行工作职责受到暴力等意外伤害的；

D. 患职业病的；

E. 因工外出期间，由于工作原因受到伤害或者发生事故下落不明的；

F. 在上下班途中，受到机动车事故伤害的；

G. 法律、行政法规规定应当认定为工伤的其他情形。

③ 视同工伤的情形

A. 在工作时间和工作岗位，突发疾病死亡或者在 48 小时之内经抢救无效死亡的；

B. 在抢险救灾等维护国家利益、公共利益活动中受到伤害的；

C. 职工原在军队服役，因战、因公负伤致残，已取得革命伤残军人证，到用人单位后旧伤复发的。

④ 不得认定为工伤或者视同工伤的情形

A. 因犯罪或者违反治安管理伤亡的；

B. 醉酒导致伤亡的；

C. 自残或者自杀的。

⑤ 工伤认定的主体及时效

工伤认定的主体为：

A. 职工所在单位；

B. 职工或者其直系亲属；

C. 职工所在单位的工会组织。

工伤认定的时效：

职工发生事故伤害或者按照职业病防治法规定被诊断、鉴定为职业病，所在单位应当自事故伤害发生之日或者被诊断、鉴定为职业病之日起 30 日内，向统筹地区劳动保障行政部门提出工伤认定申请。遇有特殊情况，经报劳动保障行政部门同意，申请时限可以适当延长。

用人单位未按前款规定提出工伤认定申请的，工伤职工或者其直系亲属、工会组织在事故伤害发生之日或者被诊断、鉴定为职业病之日起 1 年内，可以直接向用人单位所在地统筹地区劳动保障行政部门提出工伤认定申请。按照本条第一款规定应当由省级劳动保障行政部门进行工伤认定的事项，根据属地原则由用人单位所在地的设区的市级劳动保障行政部门办理。

⑥ 工伤认定的条件

工作时间、工作场所和工作原因是工伤认定条件。

“工作时间”，是指劳动合同规定的工作时间或者用人单位规定的工作时间以及加班加点的时间。其中的“因工外出期间”，是指职工受单位指派或根据工作性质要求并经单位授权在公共场所以外从事与职务相关活动的时间；

“工作场所”，是指用人单位能够对从事日常生产经营活动进行有效管理的区域和职工为完成某项特定工作所涉及的单位内或单位以外的相关区域。“上下班途中”则是指职工在合理时间内往返于工作单位和居住地的合理路线；

“因工作原因受到事故伤害”，是指职工因从事生产经营活动导致的伤害和在工作过程中临时解决必需的生理需要时由于单位设施不安全因素造成的意外伤害。

具体说来，因工造成职工人身伤害（轻伤、重伤、死亡、急性中毒）和职业病或因其他原因造成伤亡的符合下列情况之一的应认定为工伤：

A. 从事本单位日常生产、工作或者本单位负责人临时指定的工作的，在紧急情况下，虽未经本单位负责人指定但从事直接关系本单位重大利益的工作的；

B. 经本单位负责人安排或者同意，从事与本单位有关的科学试验、发明创造和技术改进工作的；

C. 在生产工作环境中接触职业性有害因素造成职业病的；

D. 在生产工作的时间和区域内，由于不安全因素造成意外伤害的，或者由于工作紧张突发疾病造成死亡或经第一次抢救治疗后全部丧失劳动能力的；

E. 因履行职责招致人身伤害的；

F. 从事抢险、救灾、救人等维护国家、社会和公众利益的活动的；

G. 因公、因战致残的军人复员转业到企业工作后旧伤复发的；

H. 因公外出期间，由于工作原因，遭受交通事故或其他意外事故造成伤害或者失踪的，或因突发疾病造成死亡，或者经第一次抢救治疗后全部丧失劳动能力的；

I. 在上下班的规定时间和路线上，发生无本人责任或者非本人主要责任的道路交通机动车事故的。

⑦ 工伤认定所需的材料

提出工伤认定申请应当填写《工伤认定申请表》，并提交下列材料：(a) 劳动合同文本或其他建立劳动关系的有效证明；(b) 医疗机构出具的受伤后诊断证明或者职业病诊断证明书（职业病诊断鉴定书）。

属于用人单位提出工伤认定申请的还应提交本单位的营业执照复印件。属于下列情形的还需提供以下相关证明材料，且因取得这些证明材料所需时间不计算在申请工伤认定的时效内：(a) 因履行工作职责受到暴力等意外伤害的，提交公安机关或人民法院的证明或判决书；(b) 因工外出期间发生事故或者在抢险救灾中失踪，下落不明认定因工死亡的，应提交人民法院宣告死亡的结论；(c) 因工外出或在上下班途中，受到机动车事故伤害的，提交公安交通管理部门的责任认定书或相关处理证明；(d) 在维护国家利益、公众利益活动中受到伤害的，提交相关职能部门出具的证明；(e) 复退、转业军人旧伤复发的，提交《革命伤残军人证》及劳动能力鉴定委员会旧伤复发的鉴定证明；（f）其他特殊情形，依据有关法律、法规规定应当提供的相关证明材料。

⑧ 工伤认定的办理程序

A. 职工所在用人单位应当自事故发生之日或者被诊断、鉴定为职业病之日起 30 日内，向统筹地区劳动保障行政部门提出工伤认定申请。

B. 劳动保障行政部门收到申请人的工伤认定申请后，应及时进行审核，申请人提供材料不完整的，劳动保障行政部门应当当场或者在 5 个工作日内一次性书面告知申请人需要补正的全部材料。

C. 劳动保障行政部门受理工伤认定申请后，根据需要可以指派两名以上工作人员对事故伤害进行调查核实。对依法取得职业病诊断证明书或者职业病诊断鉴定书的，劳动保障行政部门不再进行调查核实。

D. 劳动保障行政部门受理工伤认定申请后，应当自受理之日起 60 日内作出工伤认定决定，并在工伤认定决定做出之日起 10 个工作日内以书面形式通知用人单位、职工或者其直系亲属，并抄送经办机构。

⑨ 工伤认定行政案件注意事项

A. 时效问题。目前，大部分务工人员认为在工作中受伤，单位就要认定他为工伤，不知道要向有关部门提出申请工伤认定。有些单位的老板在工人受伤后不及时申请工伤认定，员工也不去申请，待时效过后工人才到处上访。法官提醒，劳动者通过行政复议、行政诉讼等法律途径维护自身合法权益，或者申请工伤认定、职业病诊断与鉴定等，一定要注意在法定的时限内提出申请。如果超过了法定时限，有关申请可能不会被受理，致使自身权益难以得到保护。

B. 尽量与用人方订立书面合同。目前，在一些地区，有 95％的劳务工人没有与用人单位签订劳动合同。尽管与用人单位存在事实劳动关系的劳动者，也依法享有劳动保障权利，但是，如果劳动者与用人单位之间没有签订劳动合同，劳动者的权益仍然有可能难以得到全面保护。

《劳动法》明确规定，劳动合同是劳动者与用人单位确立劳动关系、明确双方权利和义务的协议，建立劳动关系应当订立劳动合同。一是由于双方没有签订劳动合同，劳动者必须通过其他途径证明其与用人单位之间存在劳动关系，如果劳动者不能证明其与用人单位之间存在劳动关系，则其各种劳动保障权益将难以得到保护。二是如果劳动者与用人单位没有签订劳动合同，则劳动者难以证明双方有关工资等事项的一些口头约定，致使这些双方口头约定的劳动保障权益难以得到保护。

C. 复议前置。劳动者对劳动行政部门作出的工伤认定结论不服的，应先向作出工伤认定结论的劳动行政部门的上级行政机关申请行政复议，对复议决定不服的，再向人民法院起诉。

《工伤保险条例》第五十三条的规定，申请工伤认定的职工或者其直系亲属、该职工所在单位对工伤认定结论不服的，有关单位和个人可以依法申请行政复议；对复议决定不服的，可以依法提起行政诉讼。

2）工伤保险相关问题

① 工伤保险概念

工伤保险是指国家或社会为生产、工作中遭受事故伤害和患职业性疾病的劳动者及家属提供医疗救治、生活保障、经济补偿、医疗和职业康复等物质帮助的一种社会保障制度。

具体来说，工伤保险是员工因在生产经营活动中所发生的或在规定的某些特殊情况下，遭受意外伤害、职业病以及因这两种情况造成死亡，在员工暂时或永久丧失劳动能力时，员工或其遗属能够从国家、社会得到必要的物质补偿。是劳动者因工作原因遭受意外伤害或患职业病而造成死亡、暂时或永久丧失劳动能力时，劳动者及其遗属能够从国家、社会得到必要的物质补偿的一种社会保险制度。这种补偿既包括受到伤害的职工医疗、康复的费用，也包括生活保障所需的物质帮助。工伤保险是社会保险制度的重要组成部分，也是建立独立于企事业单位之外的社会保障体系的基本制度之一。

② 工伤保险与商业保险的区别

目的不同。工伤保险作为一种社会保险是国家强制实行的，企业必须参加。雇主责任险、人身意外险是商业保险，用人单位可以自愿选择参加。

保险对象不同。工伤保险的实施对象是所有企业的各类职工，只要是与属于工伤保险实施对象的企业有劳动关系的职工都是工伤保险的实施对象。所以，工伤保险的被保险人与企业之间的关系是一种劳动关系。商业保险的实施对象是符合保险合同规定条件的任何人，保险人与被保险人之间的关系是一种等价交换关系，双方根据保险合同产生权利与义务。

实施方式不同。工伤保险属于强制实施的一种保险制度，而商业保险的实施方式则是自愿的。

③ 工伤保险的作用

工伤保险是维护职工合法权利的重要手段。工伤事故与职业病严重威胁广大职工的健康和生命，影响工伤职工工作、经济收入、家庭生活，关系到社会稳定。参加工伤保险，一旦发生工伤，职工可以得到及时救治、医疗康复和必要的经济补偿。

工伤保险是分散用人单位风险，减轻用人单位负担的重要措施。工伤保险通过基金的互济功能，分散不同用人单位的工伤风险，避免用人单位一旦发生工伤事故便不堪重负，严重影响生产经营，甚至导致破产，有利于企业的正常经营和生产活动。

工伤保险是建立工伤事故和职业病危害防范机制的重要条件。工伤保险可以促进职业安全，通过强化用人单位工伤保险缴费责任，通过实行行业差别费率和单位费率浮动机制，建立工伤保险费用与工伤发生率挂钩的预防机制，有效地促进企业的安全生产。

④ 工伤保险赔偿的几种特殊情况

工伤职工有下列情形之一的，停止享受工伤保险待遇：

A. 丧失享受待遇条件的；

B. 拒不接受劳动能力鉴定的；

C. 拒绝治疗的。

用人单位未参加工伤保险的，职工因工作遭受事故伤害或者患职业病的情形：

根据《工伤保险条例》第六十条的规定，用人单位依照本条例规定应当参加工伤保险而未参加的，由社会保险行政部门责令改正；未参加工伤保险期间用人单位职工发生工伤的，由该用人单位按照本条例规定的工伤保险待遇项目和标准支付费用。用人单位对于参保和未参保职工的所负责任是一样的，只不过责任承担的方式不同，用人单位如果未承担缴纳工伤保险费的责任，就要承担受伤职工工伤待遇的全部责任，同时保证参保和未参保职工在发生工伤时，享有工伤待遇的标准一致。

⑤ 我国工伤保险的范围

现行《工伤保险条例》的覆盖范围是：中华人民共和国境内的企业和有雇工的个体工商户，以及与企业形成劳动关系的劳动者和个体工商户的雇工。外籍员工在华工作也应该参加工伤保险，我国与该国在社会保障方面签有相关协议的除外。

根据《工伤保险条例》第二条规定："中华人民共和国境内的各类企业、有雇工的个体工商户应当依照本条例规定参加工伤保险。"作为企业的一种类型，乡镇企业也应该按照《工伤保险条例》的规定，参加工伤保险。

⑥ 工伤认定申请应当提交的材料

A. 填写《工伤认定申请表》，包括事故发生的时间、地点、原因以及职工受伤情况等基本情况，一式两份；

B. 医疗诊断证明（或者病历复印件），或者职业病诊断证明书（或者职业病诊断鉴定书）；

C. 省社会保险基金管理局的工伤保险参保证明；

D. 劳动合同复印件或者其他建立劳动关系的有效证明；

E. 用人单位的伤害事故调查报告（应包括事故时间、地点场所、受伤职工、受伤经过、伤情诊断、原因分析、整改措施等基本内容；导致重伤或死亡的伤害事故，应同时出具当地安全生产监督管理部门的事故调查报告）。属机动车事故的需同时提供交通事故责任认定书；如果属暴力、刑事等伤害事故，需同时提交公安机关证明材料；如果符合视同工伤情形条件第三条的，另外要求出具县级以上卫生防疫部门的验证报告；

F. 申请人身份证复印件。如果员工本人死亡的，同时提交直系亲属关系证明材料（户口本、结婚证等复印件）。

3）劳动能力鉴定相关问题

① 职工发生工伤，经治疗伤情相对稳定后存在残疾、影响劳动能力的，应当进行劳动能力鉴定。劳动能力鉴定是指利用医学科学方法和手段，依据鉴定标准，对伤病劳动者的伤、病、残程度和丧失劳动能力的综合评定，它能够准确认定职工的伤残、病残程度，是确定工伤保险待遇的基础，有利于保障伤残、病残职工的合法权益。中国的劳动能力鉴定工作的范围包括对因工负伤和患职业病或因疾病或非因工而导致的劳动能力鉴定问题。

提出劳动能力鉴定申请需提交下列材料：

A. 填写《伤病职工劳动能力鉴定表》一式三份；

B. 工伤认定决定书复印件；

C. 在医疗机构救治期间的诊疗病历复印件，诊断证明书或者职业病诊断证明书（或者职业病诊断鉴定书）复印件；

D. 相关的检查报告复印件（如X光、B超、肝功能、肾功能等）、影像检查（X光片、CT、MRI（核磁共振））等。

② 提出劳动能力重新鉴定申请，除上述4项材料外，还需当面提交下列材料：

A. 职工所在的统筹地区劳动能力鉴定委员会作出的劳动能力鉴定结论；

B. 职工所在的统筹地区劳动能力鉴定委员会作出的劳动能力复查鉴定结论，以及签收时间证明材料；

C. 申请人（单位）的申请报告；

D. 申请人身份证复印件。

③ 因伤病申请提前退休而要求进行劳动能力鉴定的，需要提交以下材料：

A. 填写《伤病职工劳动能力鉴定表》，一式三份；

B. 省社会保险基金管理局核定的职工连续工龄核定表或养老保险对账单（1998 年 7 月 1 日前参加工作，1998 年 7 月 1 日后申请退休的累计缴费年限（含视同缴费年限）满 10 年；1998 年 7 月 1 日后参加工作的，累计缴费年限满 15 年）；

C. 诊疗病历复印件，诊断证明书或者职业病诊断证明书（或者职业病诊断鉴定书）复印件；

D. 相关的检查报告复印件，如肝功能、B 超、血象、肾功能等；影像检查，X 光片、CT、MRI（核磁共振）等；

E. 身份证复印件（要求男职工达到 50 周岁，女职工达到 45 周岁）。

④ 申请劳动能力鉴定的程序

提出申请。工伤发生后初次申请鉴定的，用人单位应当在职工医疗终结期满三十日内提出。申请重新鉴定的，应当在自收到所在参保统筹地区的复查鉴定结论之日起，十五日内凭书面材料当面提出（邮寄函件不受理）。因伤病要求提前退休申请劳动能力鉴定的，应在达到规定年龄和缴费年限（含视同缴费年限）后再提出（建议在提出申请前带上伤病诊疗资料、身份证、养老保险对账单等，先到相关部门进行初步审核）。

审查受理。申请人提供材料不完整的，劳动保障行政部门应当及时告知劳动能力鉴定申请人需要补正的全部材料。申请人提供的申请材料完整且符合规定要求，属于劳动保障行政部门管辖范围且在受理时效内的，予以受理。

组织鉴定。劳动保障行政部门受理劳动能力鉴定申请之后，应当在规定时间内，按照规定的办法、程序和标准，作出劳动能力鉴定结论。

结论送达。劳动能力鉴定结论作出后，应当及时送达劳动能力鉴定申请的单位和个人。

2. 抢救伤员与保护现场

(1) 常见工伤事故抢救伤员的方法

1) 抢救烧伤伤员的方法

现场抢救是救活烧伤伤员的起点，非常重要。其方法可概括为灭、查、防、包、送 5 个字。灭：熄灭伤员身上的火，使其尽快脱离热源，缩短烧伤时间。查：查伤员呼吸、心跳、中毒、颅脑损伤、胸腹腔内脏损伤和呼吸道烧伤。防：防休克、窒息、创面污染。包：用较干净的衣服，把创伤面包裹起来，防止再次污染。在现场，除化学烧伤可用大量流动的清水持续冲洗外，对创伤面一般不作处理，尽量不弄破水泡，保护皮肤表面。送：就是迅速离开现场，把严重烧伤的伤员送往医院。

2) 抢救高温中暑伤员方法

在处理矿井火灾事故中遇到高温中暑的伤员，必须因地制宜、及时进行抢救。应当将伤员迅速转送至阴凉通风而安全的巷道解开衣服，脱掉胶靴，让其平卧，头部不要垫高。

然后用凉水或酒精擦伤员全身直至使皮肤发红、血管扩张以促进散热。也可放在风筒口吹或放在巷道凉水沟中浸湿降温。对于能饮水的伤员，应使其喝足凉盐水和其他饮料。处理呼吸、循环衰竭的伤员时，一般现场有困难，应在现场人员的精心护理下，迅速转送到地面医院。

3）抢救中毒、窒息伤员方法

在有毒有害的环境中抢救遇险人员时，抢救人员应佩戴自救器，对被抢救的伤员要立即给他们戴好自救器，迅速救出灾区。把伤员运送到有新鲜风流的安全地点，并立即检查伤员的心跳、脉搏、呼吸及瞳孔情况，并注意保暖。同时解开领口、放松腰带，口腔有杂物、痰液、假牙或是呼吸道不畅通，应将污物等清理取出、使呼吸道畅通。如一氧化碳中毒，中毒者还没有停止呼吸或呼吸虽已经停止但心脏仍有跳动，要立即搓抹他的皮肤，将他的皮肤搓热后立即进行人工呼吸。如心脏停止，应迅速进行体外心脏按压，同时做人工呼吸。如果因瓦斯或二氧化碳等窒息，情况不重时，抬到新鲜风流中稍作休息，即会苏醒。如窒息时间较长，就要在皮肤摩擦后进行人工呼吸。

4）井下发生冒顶埋压人时抢救方法

在抢险救灾中，发现因冒顶、片帮，人员被煤和矸石埋压时，应按以下方法进行抢救：处理冒顶事故的主要任务就是采取一切办法扒通冒落区抢救出遇险遇难人员。查明事故地点顶板两帮情况及人员埋压的位置、人数和埋压的状况。采取措施，加固支护，确保在抢救中不会再次冒落后，小心地搬运开遇险人员身上的煤、岩，把他救出。如煤岩块等较大，无法搬开时，可用千斤顶等工具抬起救出伤员，绝不可用镐刨、锤砸破岩等方法扒人。对救出的伤员，要立即抬到安全地点，根据伤情妥善救护：对轻伤破口出血者，要先止血包扎；对重伤或骨折人员，如无医护人员在现场，要及时转送到医院，转送前对骨折要进行临时固定，小心搬运。对失去知觉，停止呼吸时间不长的伤员，要及时进行输氧和人工呼吸抢救。

5）抢救触电人员方法

发生触电时，最重要的抢救措施是先迅速切断电源，然后再抢救伤者。切断电源拨开电线时，救助者应穿上胶鞋或站在干的木板凳子上，戴上塑胶手套，用干的木棍等不导电的物体挑开电线。人工呼吸和胸外心脏按压不得中途停止，一直等到急救医务人员到达，由他们采取进一步的急救措施，具体分为以下情况：

症状较轻者：即神志清醒，呼吸心跳均自主者可就地平卧，严密观察，暂时不要站立或走动，防止继发休克或心衰。

呼吸停止、心搏存在者：将伤者就地平卧，解松衣扣，通畅气道，立即进行口对口人工呼吸，有条件的可实施气管插管，加压氧气人工呼吸。亦可针刺人中、涌泉等穴，或给予呼吸兴奋剂（如山梗菜碱、咖啡因、尼可刹米）。

心搏停止、呼吸存在者：应立即作胸外心脏按压。

呼吸心跳均停止者：现场抢救最好能两人分别施行口对口人工呼吸及胸外心脏按压，以2∶15的比例进行，即人工呼吸2次，心脏按压15次。如现场抢救仅有1人，也应按2∶15的比例进行人工呼吸和胸外心脏按压。

处理电击伤时，应注意有无其他损伤。如触电后弹离电源或自高空跌下，常并发颅脑伤、血气胸、内脏破裂、四肢和骨盆骨折等。如有外伤、灼伤均需同时处理。

现场抢救中，不要随意移动伤员。移动伤员或将其送医院，除应使伤员平躺在担架上并在背部垫以平硬阔木板外，应继续抢救，心跳呼吸停止者要继续人工呼吸和胸外心脏按压，在医院医务人员未接替前救治不能中止。

如果触电者有皮肤灼伤，可用净水冲洗拭干，再用纱布或手帕等包扎好，以防感染。

6）抢救溺水人员原则

井下发生突水事故时，由于水势急，冲力大，人员躲避不及，就会被水冲走，遭致水淹。有时人员在水仓或水井附近工作，不慎失足，也会造成溺水。溺水时，大量的水由口鼻灌入肺部和胃里，引起窒息，使呼吸心跳停止。在井下发现有人溺水时，应该尽快把溺水者捞出水，并以最快的速度撬开他的牙齿，清除堵塞在嘴中的煤渣和泥土，并把他的舌头拉出来，使呼吸道畅通。救护者取半跪的姿势，把溺水的人员的腹部放在自己的膝盖上，头部下垂，并不断地压迫他的背部，把灌入胃里的水控出来。也可抱住溺水者的腰部，使他的背部向上，头部下垂，使积水从溺水者的胃里控出。还可以抱起溺水者，把腹部放在急救者的肩膀上，快步奔跑或不断上下耸肩，以达到使积水者不断控出的目的。把溺水者胃里的水控出以后，如心跳已经停止，要立即进行人工呼吸，且必须连续进行，直到确实无效后才能停止。在整个的抢救过程中，要特别注意使溺水的人员身体保温。如果条件允许的话，可给伤员输氧。

7）抢救高处坠物砸伤伤员方法

高处坠物包括由地面 2m 以上高度坠落和由地面向地坑、地井坠落。坠落产生的伤害主要是脊椎损伤、内脏损伤和骨折。为避免施救方法不当使伤情扩大，抢救时应注意以下几点：

① 发现坠落伤员，首先看其是否清醒，能否自主活动。若能站起来或移动身体，则要让其躺下用担架抬送医院，或是用车送往医院。因为某些内脏伤害，当时可能感觉不明显。

② 若已不能动，或不清醒，切不可乱抬，更不能背起来送医院，这样极容易拉脱伤者脊椎，造成永久性伤害，此时应进一步检查伤者是否骨折。若有骨折，应首先采用夹板固定。找两到三块比骨折骨头稍长一点的木板，托住骨折部位，然后绑三道绳，使骨折处由夹板依托不产生横向受力。绑绳不能太紧，以能够在夹板上左右移动 1～2cm 为准。

③ 送医院时应先找一块能使伤者平躺下的木板，然后在伤者一侧将小臂伸入伤者身下，并有人分别托住头、肩、腰、胯、腿等部位，同时用力，将伤者平稳托起，再平稳放在木板上，抬着木板送医院。

④ 若坠落在地坑内，也要按上述程序救护。若地坑内杂物太多，应有几个人小心抬抱，放在平板上抬出。若坠落地井中，无法让伤者平躺，则应小心将伤者抱入筐中吊上来。施救时应注意无论如何也不能让伤者脊椎、颈椎受力。

8）人工呼吸和人工胸外心脏按压的方法

人工呼吸是现场急救的重要手段。人工呼吸有多种办法，但最好的办法就是口对口或口对鼻人工呼吸法。

口对口人工呼吸法：

对因触电、溺水及其他意外事故导致伤者无知觉、无呼吸的，应迅速采用口对口人工呼吸法抢救。具体做法如下：

① 解开伤者衣领，松开上衣扣子及裤带，使其胸部能自由扩张，不影响呼吸。

② 使伤者平卧，侧脸清除伤者口腔内妨碍呼吸的食物、血块、杂物、脱落的假牙等，舌根下陷时应拉出。

③ 使伤者头部后仰，鼻孔朝天，口部张开，保持呼吸道畅通。

④ 救护者在伤者头部一侧，一只手捏住伤者的两个鼻孔，另一只手将其下颌拉向下方或托住其后颈，使其嘴巴张开，然后深吸一口气，紧贴伤者嘴巴用力吹气，大约2秒钟一次。吹气时应注意观察其胸部是否鼓起。

⑤ 救护者换气时，要迅速离开伤者嘴巴，同时松开捏鼻孔的手，让其自动换气，并观察其胸部下陷。

吹气时的力量和次数要适中，开始应快一些，逐渐地保持5秒钟一次。对儿童进行人工呼吸时，可不捏鼻子，其胸部鼓起不可过分膨胀，以免引起肺泡破裂。

口对鼻人工呼吸法：

伤者因牙关紧闭等原因，不能进行口对口人工呼吸，可采用口对鼻人工呼吸法。方法与口对口呼吸法基本相同，只是把捏鼻改成捏口，对住鼻孔吹气，吹气量要大，时间要长。

人工胸外心脏按压：

在触电、溺水等意外事故中，受伤者如果心脏停止跳动，除进行人工呼吸外，还必须做人工胸外心脏按压。判断心脏是否停止跳动，现场主要是“听”“摸”“看”。听，就是听心跳音；摸，摸就是摸脉搏，其部位在喉结旁边脉血管，这个部位较腕部明显；看，主要是看强光无收缩反应，说明心脏已停止跳动。施救时的具体做法如下：

① 受伤者朝上平卧，松开衣服，清除口内杂物，后背处应是平整硬地板或垫上木板。

② 救护者位于伤者一侧或跨骑在其股部，左手掌叠放于右手掌背上（对儿童可以一只手），下面一只手的掌根放在伤者胸骨下部三分之一处，中指尖位与其颈部下端凹陷处的下边缘，势力点恰好在胸骨中部与腹部连接处的活动端。要注意，找准正确的压点位置是抢救成功的关键。

③ 找到正确的压点后，自上而下稳当而迅速地按压。按压时手指分开，手掌用力，目的是把心脏里的血向外挤。成年人可压下3～4cm，儿童用力稍小。

④ 按压后，掌根要突然放松（手指不要离开），使心脏恢复原状，血液回流。

上述步骤按每秒钟一次的频率持续进行。若一个救护者既要做人工呼吸，又要做心脏按压，则可采取每进行115～120次心脏按压后，再进行2～3次人工呼吸的方法，如此循环。当伤者面色开始好转，口唇潮红，瞳孔缩小，自主心跳和呼吸逐步恢复时，可暂停数秒，进行观察。若已能维持自主心跳和呼吸，则应停止。

注意：抢救中绝对禁止给昏迷不醒的人强行灌入任何药物或液体。禁止对瞳孔尚未扩大（心脏位停）或肋骨骨折的伤者施行胸外心脏按压，应迅速送医院抢救。

（2）保护现场

1）保护现场的意义

发生工伤事故后，当事人必须履行保护现场的义务。这里所说的当事人，是指与某种法律事实有直接关系的人，即与违反规定造成事故或者过失造成事故这一法律事实有直接关系的人。当事人在事故发生后，事故处理人员尚未到达现场之前，必须互相主动出示证件，证明身份、姓名、单位，以防有人为逃避责任乘乱溜走，给现场勘查和事故处理带来麻烦。然后，设法保护现场。保护现场是保证现场勘查工作顺利进行，取得客观准确材料的前提，也为准确地认定事故责任，依法处理交通事故创造有利条件。既然发生了交通事故，一般都会遗留大量的痕迹和物证，如不保护好现场，将给勘查工作带来很大困难。影响事故责任的认定。因此，当事人要很好地保护现场。

2）事故发生后如何保护现场

① 事故发生后，应立即组织营救伤员，之后要排除事故再次发生的危险源，除此之外，对于现场一般不予搬动。

② 制作现场图及照片：除了警方例行的绘图外，建议现场负责人自行制作现场图及事故情况说明，将事故发生的情况尽可能地详细记录。

③ 寻找现场目击证人，并留下证人资料、以供日后联络之用。

3. 工伤事故报告、调查与处理

（1）工伤事故报告

1）事故报告程序

事故发生后，事故现场有关人员应当立即向本单位负责人报告；单位负责人接到报告后，应当于 1 小时内向事故发生地县级以上人民政府安全生产监督管理部门和负有安全生产监督管理职责的有关部门报告。情况紧急时，事故现场有关人员可以直接向事故发生地县级以上人民政府安全生产监督管理部门和负有安全生产监督管理职责的有关部门报告。安全生产监督管理部门和负有安全生产监督管理职责的有关部门接到事故报告后，应当依照下列规定上报事故情况，并通知公安机关、人力资源和社会保障部门、工会和人民检察院：①特别重大事故、重大事故逐级上报至国务院安全生产监督管理部门和负有安全生产监督管理职责的有关部门；②较大事故逐级上报至省、自治区、直辖市人民政府安全生产监督管理部门和负有安全生产监督管理职责的有关部门；③一般事故上报至设区的市级人民政府安全生产监督管理部门和负有安全生产监督管理职责的有关部门。安全生产监督管理部门和负有安全生产监督管理职责的有关部门依照上述规定上报事故情况，应当同时报告本级人民政府。国务院安全生产监督管理部门和负有安全生产监督管理职责的有关部门以及省级人民政府接到发生特别重大事故、重大事故的报告后，应当立即报告国务院。必要时安全生产监督管理部门和负有安全生产监督管理职责的有关部门可以越级上报事故情况。安全生产监督管理部门和负有安全生产监督管理职责的有关部门逐级上报事故情况，每级上报的时间不得超过 2 小时。

2）事故报告内容

报告事故应当包括下列内容：①事故发生单位概况；②事故发生的时间、地点以及事故现场情况；③事故的简要经过；④事故已经造成或者可能造成的伤亡人数；⑤已经采取的措施；⑥其他应当报告的情况。

事故报告后出现的新情况，应当及时补报。自事故发生起 30 日内，事故造成的伤亡人数发生变化的，应当及时补报，火灾事故自发生之日起 7 日内，事故造成的伤亡人数发生变化的，应当及时补报。

（2）工伤事故的调查与处理

在进行伤亡事故调查分析和处理时，可以参照以下的程序、步骤、方法和要求。

1）事故调查程序

① 死亡、重伤事故，应按如下要求进行调查。轻伤事故的调查，可参照执行。

现场处理：a. 事故发生后，应尽快救护受伤害者，并采取措施制止事故蔓延扩大；b. 认真保护事故现场。凡与事故有关的物体、痕迹、状态，不得破坏；c. 为抢救受伤害者需要移动现场某些物体时，必须做好现场标志。

② 物证搜集：a. 搜集现场物证，包括：破损部件，碎片、残留物、致害物的位置等；b. 在现场搜集到的所有物件均应贴上标签、注明地点、时间、管理者；c. 所有物件应保持原样，不准冲洗擦拭；d. 对健康有危害的物品，应采取不损坏原始证据的安全防护措施。

③ 事故事实材料的搜集。

A. 与事故鉴别、记录有关的材料：

a. 发生事故的单位、地点、时间；

b. 受害人和肇事者的姓名、性别、年龄、文化程度、职业、技术等级、工龄、本工种工龄、支付工资的形式；

c. 受害人和肇事者的技术状况，接受安全教育情况；

d. 出事当天，受害人和肇事者什么时间开始工作，工作内容、工作量、作业程序、操作时的动作或位置；

e. 受害人和肇事者过去的事故记录。

B. 调查事故发生的有关事实：

a. 事故发生前设备、设施等的性能和质量状况；

b. 使用的材料情况，必要时进行物理性能和化学性能实验与分析；

c. 有关设计和工艺方面的技术文件、工作指令和规章制度方面的资料及执行情况；

d. 关于工作环境方面的状况，包括照明、湿度、温度、通风、声响、色彩度、道路、工作面状况以及工作环境中的有毒、有害物质取样分析记录；

e. 个人防护措施状况，应注意防护用具的有效性、质量、使用范围；

f. 出事前受害人和肇事者的健康状况；

g. 其他可能与引发事故有关的细节或因素。

④ 证人材料搜集

尽快找有关证人作为被调查者，并认真考证证人的口述和其他提供材料的真实程度，这样就可以搜集到真实的重要证明材料。

⑤ 现场摄影。主要包括下列内容：

A. 显示残骸和受害者原始存息地的所有照片；

B. 可能被清除或被践踏的痕迹，如刹车痕迹、地面和建筑物的伤痕、火灾引起损害的照片、冒顶下落物的空间等；

C. 事故现场全貌；

D. 利用摄影或录像等手段摄录下重点的情景，以提供较完善的信息内容。

⑥ 绘制报告中的事故图

事故图包括了解事故情况所必需的信息。如：事故现场示意图、流程图、受害者位置图等。

2）事故分析程序

① 事故分析步骤

A. 整理和阅读调查材料；

B. 全面、详细地分析下列内容：受害者的受伤部位和受伤性质、引发事故的起因物和致害物、伤害方式、不安全状态和不安全行为等；

C. 确定事故的直接原因；

D. 确定事故的间接原因；

E. 确定事故的责任者。

② 分析事故原因

属于下列情况者为直接原因：

A. 机械、物质或环境的不安全状态导致事故；

B. 人的不安全行为导致事故。

属于下列情况者为间接原因：

A. 技术和设计上有缺陷，主要是工业构件、建筑物、机械设备、仪器仪表工艺过程、操作方法、维修检验等的设计、施工和材料使用存在问题；

B. 教育培训不够，未经培训或无证上岗，缺乏或不懂安全操作技术知识，安全生产意识差；

C. 劳动组织不合理。主要是工作安排不合理、随意加班加点；

D. 对现场工作缺乏检查或指导错误；

E. 没有安全操作规程，或操作规程和管理制度不健全；

F. 没有或不认真实施事故防范措施，对事故隐患整改不力；

G. 其他非直接原因引发事故的因素。

进行事故原因分析时，应从直接原因入手，逐步深入到间接原因，从而掌握事故的全部原因，再分清主次，进行事故责任分析。

③ 分析事故责任

A. 根据事故调查所确认的事实，通过对直接原因和间接原因的分析，确定事故中的直接责任和领导责任者；

B. 在直接责任者和领导责任者中，根据其在事故发生过程中的作用，确定主要责任者；

C. 根据事故的后果和事故责任者应负的责任提出处理意见。

3）事故结案归档材料的要求

事故处理结案后，下列事故资料应整理归档：

① 职工工伤事故登记表；

② 职工死亡、重伤事故调查报告书及当地安全生产监察行政管理部门的批复；

③ 现场调查记录、图纸、照片；

④ 技术鉴定和试验报告；

⑤ 物证、人证材料；

⑥ 直接或间接经济损失材料；

⑦ 事故责任者的自述材料；

⑧ 医疗部门对伤亡人员的诊断书及有关检验报告；

⑨ 发生事故时的工艺条件、操作情况和设计资料；

⑩ 处分决定和受处分人员的检查材料；

⑪ 有关事故的通报、简报及文件；

⑫ 注明参加调查组的人员姓名、职务、单位。

4）工伤事故的调查方法

① 成立职工伤亡事故调查组。

② 保护好现场。根据刑事诉讼法和人民检察院有关规定，任何单位和个人都有义务保护好现场。尤其是参加现场勘查的人员更有义务做好现场保护工作。一是必须严格服从领导，一切行动听指挥，按照分工的职责进行勘查；二是对现场上发现的各种痕迹物证，都要注意保护，不得随意移动或破坏；三是对现场上的公私财物，要注意保护，不得私自拿走。

③ 详细了解工伤事故发生经过。在实施现场勘查前，调查人员应先了解伤亡事故发生的详细经过，了解现场有无变动，有无危及调查人员的隐患，再进行勘查工作。

④ 实施现场勘查。

⑤ 做好现场勘查记录。

⑥ 做好现场勘查资料归类分析，报告处理。

5）工伤事故的结案与处理

事故调查组提出事故处理意见和整改、防范措施建议，由发生事故的企业及其主管部门负责处理。在处理事故时，应结合各级安全生产责任制的规定，分清事故的直接责任者、主要责任者和领导责任者。此外，还应当追究对安全生产的有关事项负有审查批准和监督职责的行政部门的责任。

因忽视安全生产、违章指挥、违章作业、玩忽职守或者发现事故隐患、危害情况而不采取有效措施以致造成伤亡事故的，由企业主管部门或者企业按照国家有关规定，对企业负责人或直接责任人员给予行政处分；构成犯罪的，由司法机关依法追究刑事责任。

在伤亡事故发生后隐瞒不报、谎报、故意迟延不报、故意破坏事故现场，或者无正当理由拒绝接受调查以及拒绝提供有关情况和资料的，由有关部门按照国家规定，对有关单位负责人和直接责任人员给予行政处分；构成犯罪的，由司法机关依法追究刑事责任。

伤亡事故处理工作应当在 90 日内结案，特殊情况不得超过 180 日。伤亡事故处理结案后，应当公布处理结果。

6）伤亡事故的善后事项处理

伤亡事故的赔偿主要涉及对于受伤或者死者的赔偿，具体内容详见第八章。

二、劳动定额的基本知识

（一）劳动定额基本原理

1. 劳动定额的概念

劳动定额，也称人工定额。它是在正常的施工（生产）技术组织条件下，为完成一定量的合格产品或完成一定量的工作所必需的劳动消耗量的标准，或预先规定在单位时间内合格产品的生产数量。

2. 劳动定额的表达形式

劳动定额的表现形式分为时间定额和产量定额两种。采用复式表示时，其分子为时间定额，分母为产量定额，详见表 2-1（本表摘自 1985 年《全国建筑安装工程统一劳动定额》）。

每立方米砌体的劳动定额　　表 2-1

项目		混水内墙					混水外墙					序号
		0.25 砖	0.5 砖	0.75 砖	1 砖	1.5 砖及 1.5 砖以外	0.5 砖	0.75 砖	1 砖	1.5 砖	2 砖及 2 砖以外	
综合	塔吊	2.05/0.448	1.32/0.758	1.27/0.787	0.972/1.03	0.045/1.06	1.42/0.704	1.37/0.73	1.04/0.962	0.985/1.02	0.955/1.05	一
综合	机吊	2.26/0.442	1.51/0.662	1.47/0.68	1.18/0.847	1.15/0.87	1.62/0.617	1.57/0.637	1.24/0.806	1.19/0.84	1.16/0.862	二
砌砖		1.54/0.65	0.822/1.22	0.774/1.29	0.458/2.18	0.426/2.35	0.931/1.07	0.869/1.15	0.522/1.92	0.466/2.15	0.435/2.3	三
运输	塔吊	0.433/2.31	0.412/2.43	0.415/2.41	0.418/2.39	0.418/2.39	0.412/2.43	0.415/2.41	0.418/2.39	0.418/2.39	0.418/2.39	四
运输	机吊	0.64/1.56	0.61/1.64	0.613/1.63	0.621/1.61	0.621/1.61	0.61/1.64	0.613/1.63	0.619/1.62	0.619/1.62	0.619/1.62	五
调制砂浆		0.081/12.3	0.081/12.3	0.085/11.8	0.096/10.4	0.101/9.9	0.081/12.3	0.085/11.8	0.096/10.4	0.101/9.9	0.102/9.8	六
编号		13	14	15	16	17	18	19	20	21	22	

（1）时间定额

时间定额是指在一定的生产技术和生产组织条件下，某工种、某种技术等级的工人小组或个人，完成符合质量要求的单位产品所必需的工作时间。

时间定额以工日为单位，每个工日工作时间按现行制度规定为 8 小时。其计算方法如下：

单位产品时间定额（工日）=1÷每日产量　　(2-1)

或　单位产品时间定额（工日）=小组成员工日数的总和÷台班产量　　(2-2)

（2）产量定额

产量定额是指在一定的生产技术和生产组织条件下，某工种、某种技术等级的工人小组或个人，在单位时间内（工日）应完成合格产品的数量。其计算方法如下：

每工产量=1÷单位产品时间定额（工日）　　(2-3)

或　台班产量=小组成员工日数的总和÷单位产品的时间定额（工日）　　(2-4)

时间定额与产量定额互为倒数，成反比例关系，即：

时间定额×产量定额 = 1

时间定额 = 1 ÷ 产量定额

产量定额 = 1 ÷ 时间定额

按定额标定的对象不同，劳动定额又分为单项工序定额、综合定额。综合定额表示完成同一产品中的各单项（工序或工种）定额的综合。按工序综合的用“综合”表示，如表 2-1，按工种综合的一般用“合计”表示，计算方法如下：

综合时间定额（工日）=各单项（工序）时间定额的总和　　(2-5)

综合产量定额=1÷综合时间定额（工日）　　(2-6)

［例］如表 2-1 所示，一砖厚混水内墙，塔式起重机作垂直和水平运输，每立方米砌体的综合时间定额是 0.972 工日，它是由砌砖、运输、调制砂浆三个工序的时间定额之和得来的，即：

0.458+0.418+0.096=0.972 工日

其综合产量定额=1÷0.972=1.03m^3

同样，综合时间定额×综合产量定额=1

即：0.972 ×1.03=1

（二）劳动定额的制定方法

劳动定额一般常用的方法有四种，即：经验估工法、统计分析法、比较类推法和技术测定法。如图 2-1 所示。

1. 经验估工法

经验估工法，是根据具有较高等级技能的老工人、施工技术人员和定额员的实践经验，并参照有关技术资料，结合施工图纸、施工工艺、施工技术组织条件和操作方法等进行分析、座谈讨论、反复平衡制定定额的方法。

由于参与估工的上述人员之间存在着经验和水平的差异，同一个项目往往会提出一组

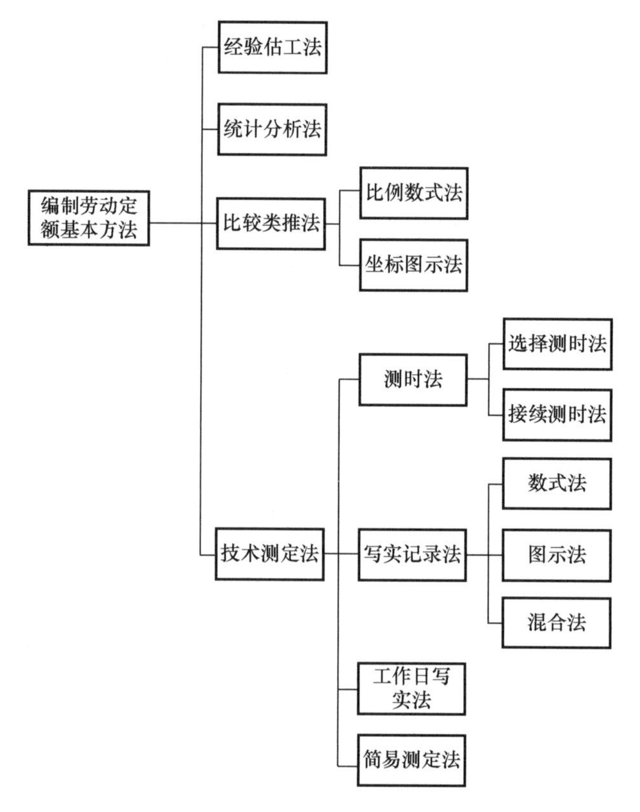

图 2-1　劳动定额制定方法

不同的定额数值，此时应根据统筹法原理，进行优化以确定出平均先进的定额指标。计算公式：

$$t=(a+4m+b)\div 6 \tag{2-7}$$

式中　t——表示定额优化时间（平均先进水平）；

a——表示先进作业时间（乐观估计）；

m——表示一般的作业时间（最大可能）；

b——表示后进作业时间（保守估计）。

［例］　用经验估工法确定某一个施工过程单位合格产品工时消耗，通过座谈讨论估计出了三种不同的工时消耗，分别是0.45、0.6、0.7，计算其定额时间。

［解］　$t=(0.45+4\times0.6+0.7)\div6=0.59$

经验估工法具有制定定额工作过程较短，工作量较小，省时，简便易行的特点。但是其准确程度在很大程度上取决于参加评估人员的经验，有一定的局限性。因而它只适用于产品品种多，批量小，不易计算工作量的施工（生产）作业。

2. 统计分析法

统计分析法，是把过去一定时期内实际施工中的同类工程或生产同类产品的实际工时消耗和产量的统计资料（如施工任务书、考勤报表和其他有关的统计资料），与当前生产技术组织条件的变化结合起来，进行分析研究制定定额的方法。统计分析法简便易行，较经验估工法有较多的原始资料，更能反映实际施工水平。它适合于施工（生产）条件正常、产品稳定、批量大、统计工作制度健全的施工（生产）过程。

3. 比较类推法

比较类推法，也称典型定额法。它是以同类型工序、同类型产品定额典型项目的水平或技术测定的实耗工时为准，经过分析比较，以此类推出同一组定额中相邻项目定额的一种方法。

采用这种方法编制定额时，对典型定额的选择必须恰当，通常采用主要项目和常用项目作为典型定额比较类推。用来对比的工序、产品的施工（生产）工艺和劳动组织的特征，必须是“类似”或“近似”，具有可比性的。这样可以提高定额的准确性。

这种方法简便、工作量小，适用产品品种多、批量小的施工（生产）过程。

比较类推法常用的方法有两种：

（1）比例数示法

比例数示法，是在选择好典型定额项目后，经过技术测定或统计资料确定出它们的定额水平，以及和相邻项目的比例关系，再根据比例关系计算出同一组定额中其余相邻项目水平的方法。例如挖地槽、地沟的时间定额水平的确定就采用了这种方法，见表 2-2。

挖地槽、地沟时间定额确定表（单位：工日/m^3） **表 2-2**

项目	比例关系	挖地槽、地沟在 1.5m 以内		
		上口宽在（米以内）		
		0.8	1.5	3
一类土	1.00	0.167	0.144	0.133
二类土	1.43	0.239	0.206	0.190
三类土	2.50	0.418	0.360	0.333
四类土	3.76	0.628	0.541	0.500

在制定表 2-2 所示一组定额时，首先测定出一类土上口宽在 0.8m、1.5m、3m 以内各项目的时间定额：0.167、0.144 和 0.133。然后测定出一类土和二、三、四类土的比例关系。最后用公式计算出二、三、四类土各项目的时间定额，填入表内。其公式为：

$$t = p \times t_0 \tag{2-8}$$

式中 t——比较类推相邻定额项目的时间定额；

t_0——典型项目的时间定额；

p——比例关系。

［**例**］ 选一类土上口宽 0.8m 以内地槽为典型项目，经测定其时间定额为 0.167 工日，又知挖二类土用工是挖一类土用工的 1.43 倍，试计算出挖二类土，上口宽在 0.8m 以内地槽的时间定额。

［**解**］ 二类土的时间定额（地槽上口宽 0.8m 以内）为：0.167 ×1.43 =0.239 工日

（2）坐标图示法

它是以横坐标表示影响因素值的变化，纵坐标标志产量或工时消耗的变化。选择一组同类型的典型定额项目（一般为四项），并用技术测定或统计资料确定出各典型定额项目的水平，在坐标图上用"点"表示，连接各点成一曲线，即是影响因素与工时（产量）之间的变化关系，从曲线上即可找出所需的全部项目的定额水平。

［**例**］ 在确定机动翻斗车运石子、矿渣的劳动定额指标时，首先画出坐标图，横坐标代表运距（以100m为单位），纵坐标代表产量（以m^3为单位），然后选出运距分别为100m、400m、900m、1600m四个典型项目，并用技术测定法分别确定出它们的产量定额，依次是4.63m^3、3.6m^3、2.84m^3、2.25m^3，根据这几组数据，给出运石子、矿渣的曲线图，如图2-2所示。

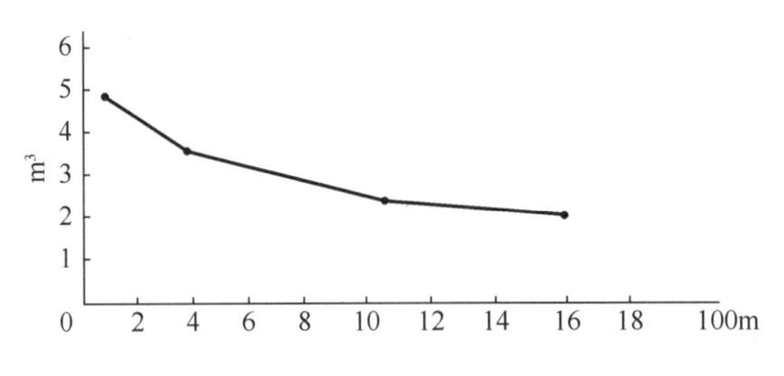

图2-2　机动翻斗车运石子矿渣曲线图

据图中的曲线，可以类推出运距分别为200m、600m、1200m时的产量定额，依次是4.2m^3、3.3m^3、2.25m^3。详见1985年全国统一劳动定额。

4. 技术测定法

技术测定法，是指通过对施工（生产）过程的生产技术组织条件和各种工时消耗进行科学的分析研究后，拟订合理的施工条件、操作方法、劳动组织和工时消耗。在考虑挖掘生产潜力的基础上，确定定额水平的方法。

在正常的施工条件下，对施工过程各工序时间的各个组成要素，进行现场观察测定，分别测定出每一工序的工时消耗，然后对测定的资料进行整理、分析、计算制定定额的一种方法。

根据施工过程的特点和技术测定的目的、对象和方法的不同，技术测定法又分为测时法、写实记录法、工作日写实法和简易测定法等四种。

（1）测时法

测时法主要用来观察研究施工过程某些重复的循环工作的工时消耗，不研究工日休息、准备与结束及其他非循环的工作时间。主要适用于施工机械。可为制定劳动定额提供单位产品所必需的基本工作时间的技术数据。按使用秒表和记录时间的方法不同，测时法又分选择测时和接续测时两种。

（2）写实记录法

写实记录法，是研究各种性质的工作时间消耗的方法。通过对基本工作时间、辅助工作时间、不可避免的中断时间、准备与结束时间、休息时间以及各种损失时间的写实记录，可以获得分析工时消耗和制定定额的全部资料。观察方法比较简便，易于掌握，并能保证必需的精度，在实际工作中得到广泛应用。

按记录时间的方法不同分为数示法、图示法和混合法三种。

（3）工作日写实法

工作日写实法，是对工人在整个工作班组内的全部工时利用情况，按照时间消耗的顺序进行实地的观察、记录和分析研究的一种测定方法。根据工作日写实的记录资料，可以分析哪些工时消耗是合理的、哪些工时消耗是无效的，并找出工时损失的原因，拟定措施，消除引起工时损失的因素，从而进一步促进劳动生产率的提高。因此工作日写实法是一种应用广泛而行之有效的方法。

（4）简易测定法

简易测定法，是简化技术测定的方法，但仍保持了现场实地观察记录的基本原则。在测定时，它只测定定额时间中的基本工作时间，而其他时间则借助“工时消耗规范”来获得所需的数据，然后利用计算公式，计算和确定出定额指标。它的优点是方法简便，容易掌握，且节省人力和时间。企业编制补充定额时常用这种方法。其计算公式是：

$$\text{定额时间} = \frac{\text{基本工作时间}}{(1-\text{规范时间}\ \%)} \tag{2-9}$$

式中，基本工作时间可用简易测定法获得。

规范时间可查“定额工时消耗规范”。

［**例**］ 设测定一砖厚的基础墙，现场测得每立方米砌体的基本工作时间为 140 工分（按分钟计算的工时），试求其时间定额与产量定额。

［**解**］ 查“定额工时消耗规范”得知：

准备与结束时间占工作班时间的 5.45%；

休息时间占工作班时间的 5.84%；

不可避免的中断时间占工作班时间的 2.49%。

则，时间定额＝140÷[1－(5.45%＋5.84%＋2.49%)]＝140÷0.8622＝162.4 工分

折合成工日，则时间定额为：

$$162.4 \div 480 = 0.34\ \text{工日}$$

$$\text{每工产量} = 1 \div 0.34 = 2.94\text{m}^3$$

总之，以上四种测定方法，可以根据施工过程的特点以及测定的目的分别选用。但应遵循的基本程序是：预先研究施工过程，拟定施工过程的技术组织条件，选择观察对象，进行计时观察，拟定和编制定额。同时还应注意与比较类推法、统计分析法、经验估工法结合使用。

（三）工作时间研究

1. 工作时间研究的意义

（1）时间研究的概念

时间研究，是在一定的标准测定条件下，确定人们完成作业活动所需时间总量的一套程序和方法。时间研究用于测量完成一项工作所必需的时间，以便建立在一定生产条件下

的工人或机械的产量标准。

（2）时间研究的作用

时间研究产生的数据可以在很多方面加以利用，除了作为编制人工消耗量定额和机械消耗量定额的依据外，还可用于：

1）在施工活动中确定合适的人员或机械的配置水平，组织均衡生产。

2）制定机械利用和生产成果完成标准。

3）为制定金钱奖励目标提供依据。

4）确定标准的生产目标，为费用控制提供依据。

5）检查劳动效率和定额的完成情况。

6）作为优化施工方案的依据。

必须明确的是，时间研究只有在工作条件（包括环境条件、设备条件、工具条件、材料条件、管理条件等）不变，且都已经标准化、规范化的前提下，才是有效的。时间研究在生产过程相对稳定、各项操作已经标准化了的制造业中得到了较广泛的应用，但在建筑业中应用该技术相对来说要困难得多。主要原因是建筑工程的单件性，大多数施工项目的施工方案和生产组织方式是临时性质的，每个工程项目差不多都是完成独特的工作任务，而其施工过程受到的干扰因素多，完成某项工作时的工作条件和现场环境相对不稳定，操作的标准化、规范化程度低。

虽然在建筑业中应用时间研究的方法有一定的困难，但还是在建筑业的定额管理工作中发挥着重要作用。通过改善施工现场的工作条件来提高操作的标准化和规范化，时间研究将在建筑业的管理工作中发挥越来越重要的作用。

2. 施工过程研究

施工过程是指在施工现场对工程所进行的生产过程。研究施工过程的目的是帮助我们认识工程建造过程的组成及其构造规律，以便根据时间研究的要求对其进行必要的分解。

（1）施工过程的分类

按不同的分类标准，施工过程可以分成不同的类型。

1）按施工过程的完成方法分类，分为手工操作过程（手动过程）、机械化过程（机动过程）和机手并动过程（半机械化过程）。

2）按施工过程劳动分工的特点不同分类，分为个人完成的过程、工人班组完成的过程和施工队完成的过程。

3）按施工过程组织上复杂程度分类，分为工序、工作工程和综合工作过程。

工序是组织上分不开和技术上相同的施工过程。工序的主要特征是：工人班组、工作地点、施工工具和材料均不发生变化。如果其中有一个因素发生了变化，就意味着从一个工序转入了另一个工序。工序可以由一个人来完成，也可以由工人班组或施工队几名工人协同完成；可以由手动完成，也可以由机械操作完成。将一个施工工程分解成一系列工序，是为了分析、研究各工序在施工过程中的必要性和合理性。测定每个工序的工时消耗，分析各工序之间的关系及其衔接时间，最后测定工序上的时间消耗标准。

工作过程是由同一工人或同一工人班组所完成的在技术操作上相互有机联系的工序的总和。其特点是在此过程中生产工人的编制不变、工作地点不变，而材料和工具则可以发生变化。例如，同一组生产工人在工作面上进行铺砂浆、砌砖、刮灰缝等工序的操作，从而完成砌筑砖墙的生产任务，在此过程中生产工人的编制不变、工作地点不变，而材料和工具则发生了变化，由于铺砂浆、砌砖、刮灰缝等工序是砌筑砖墙这一生产过程不可分割的组成部分，它们在技术操作上相互紧密地联系在一起，所以这些工序共同构成一个工作过程。从施工组织的角度看，工作过程是组成施工过程的基本单元。

综合工作过程是同时进行的、在施工组织上有机地联系在一起的、最终能获得一种产品的工作过程的总和。例如，现场浇筑混凝土构件的生产过程，是由搅拌、运送、浇捣及养护混凝土等一系列工作过程组成。

施工过程的工序或其组成部分，如果以同样次序不断重复，并且每经一次重复都可以生产同一种产品，则称为循环的施工过程。反之，若施工过程的工序或其组成部分不是以同样次序重复，或者生产出来产品各不相同，这种施工过程则称为非循环的施工过程。

(2) 施工中工人工作时间的分类

工人在工作班内消耗的工作时间，按其消耗的性质可以分为两大类：必须消耗的时间（定额时间）和损失时间（非定额时间）。

必须消耗的时间是工人在正常施工条件下，为完成一定产品所消耗的时间。它是制定定额的主要依据。必须消耗的时间包括有效工作时间、不可避免的中断所消耗的时间和休息时间。

有效工作时间是从生产效果来看与产品生产直接有关的时间消耗，包括基本工作时间、辅助工作时间、准备与结束工作时间。基本工作时间是工人完成基本工作所消耗的时间，也就是完成能生产一定产品的施工工艺过程所消耗的时间。基本工作时间的长短与工作量的大小成正比。辅助工作时间是为保证基本工作能顺利完成所做的辅助性工作消耗的时间。如工作过程中工具的校正和小修、机械的调整、工作过程中机器上油、搭设小型脚手架等所消耗的工作时间。辅助工作时间的长短与工作量的大小有关。准备与结束工作时间是执行任务前或任务完成后所消耗的工作时间。如工作地点、劳动工具和劳动对象的准备工作时间，工作结束后的调整工作时间等。准备与结束工作时间的长短与所负担的工作量的大小无关，但往往和工作内容有关。这项时间消耗可分为班内的准备与结束工作时间和任务的准备与结束工作时间。

不可避免的中断所消耗的时间是由于施工工艺特点引起的工作中断所消耗的时间。如汽车司机在汽车装卸货时消耗的时间。与施工过程工艺特点有关的工作中断时间，应包括在定额时间内；与工艺特点无关的工作中断所占有的时间，是由于劳动组织不合理引起的，属于损失时间，不能计入定额时间。

休息时间是工人在工作过程中为恢复体力所必需的短暂休息和生理需要的时间消耗，在定额时间中必须进行计算。

损失时间，是与产品生产无关，而与施工组织和技术上的缺点有关，与工作过程中个人过失或某些偶然因素有关的时间消耗。损失时间包括多余和偶然工作、停工、违背劳动纪律所引起的工时损失。多余工作，就是工人进行了任务以外的工作而又不能增加产品数量的工作。如重砌质量不合格的墙体、对已磨光的水磨石进行多余的磨光等。多余工作的工时损失不应计入定额时间中。偶然工作也是工人在任务以外进行的工作，但能够获得一定产品。如电工铺设电缆时需要临时在墙上开洞，抹灰工不得不补上偶然遗留的墙洞等。

在拟定定额时，可适当考虑偶然工作时间的影响。停工时间可分为施工本身造成的停工时间和非施工本身造成的停工时间两种。施工本身造成的停工时间，是由于施工组织不善、材料供应不及时、工作面准备工作做得不好、工作地点组织不良等情况引起的停工时间。非施工本身造成的停工时间，是由于气候条件以及水源、电源中断引起的停工时间。后一类停工时间在定额中可以适当考虑。违背劳动纪律造成的工作时间损失，是指工人迟到、早退、擅自离开工作岗位、工作时间内聊天等造成的工时损失。这类时间在定额中不予考虑。

三、劳动力需求计划的基本知识

（一）劳动力需求计划的编制原则与要求

1. 劳动力需求计划的编制原则

（1）控制人工成本，实现企业劳动力资源的市场化优化配置；

（2）符合企业（项目）施工组织设计和整体进度要求；

（3）根据企业需要遴选专业分包、劳务分包队伍，提供合格劳动力，保证工程进度及工程质量、安全生产；

（4）依据国家及地方政府的法律法规对分包企业的履约及用工行为实施监督管理。

2. 劳动力需求计划的编制要求

（1）要准确计算工程量和施工期限。劳动力管理计划的编制质量，不仅与计算的工程量的准确程度有关，而且与工期计划合理与否有直接的关系。工程量越准确，工期越合理，劳动力使用计划越准确。

（2）根据工程的实物量和定额标准分析劳动力需用总工日，确定生产工人、工程技术人员的数量和比例，以便对现有人员进行调整、组织、培训，以保证现场施工的劳动力供给。

（3）要保持劳动力均衡使用。劳动力使用不均衡，不仅会给劳动力调配带来困难，还会出现过多、过大的需求高峰，同时也增加了劳动力的管理成本，还会带来住宿、交通、饮食、工具等方面的问题。

（二）劳动力总量需求计划的编制方法

1. 劳动力总量需求计划的编制程序

确定建筑工程项目劳动力的需求量，是劳动力管理计划的重要组成部分，它不仅决定了劳动力的招聘计划、培训计划，而且直接影响其他管理计划的编制。劳动力需求计划的编制程序如下：

（1）确定劳动效率

确定劳动力的劳动效率，是劳动力需求计划编制的重要前提，只有确定了劳动力的劳动效率，才能制定出科学、合理的计划。建筑工程施工中，劳动效率通常用“产量/单位时间”或“工时消耗量/单位工作量”来表示。

对于一个具体的工程，分项工程量一般是确定的，它可以通过图纸和工程量清单的规范计算得到，而劳动效率的确定却十分复杂。在建设工程领域，劳动效率可以在地方政府主管机构发布的《劳动定额》中直接查到，它是代表社会平均先进水平的劳动效率。但在实际应用时，必须考虑到具体情况，如环境、气候、地形、地质、工程特点、实施方案的特点、现场平面布置、劳动组合、施工机具等，进行合理调整。通常，建筑企业也会根据本企业的技术和管理水平以及经验积累，编制具有竞争力的劳动定额。

（2）确定劳动力投入总工时

根据劳动力力的劳动效率，可以计算出劳动力投入的总工时，即：

$$劳动力投入总工时 = 工程量 \times 工时消耗量 / 单位工程量 \tag{3-1}$$

（3）确定劳动力投入量

1）计算公式

劳动力投入量也称劳动组合或投入强度，在劳动力投入总工时一定的情况下，假设在持续的时间内，劳动力投入强度相等，而且劳动效率也相等，在确定每日班次及每班次的劳动时间时，可计算：

$$\begin{aligned}劳动力投入量 &= \frac{劳动力投入总工时}{班次/日 \times 工时/班次 \times 活动持续时间}\\ &= \frac{工程量 \times 工时消耗量/单位工程量}{班次/日 \times 工时/班次 \times 活动持续时间}\end{aligned} \tag{3-2}$$

2）案例分析

① 背景：某钢筋工程需要在 20 天内加制作 3000t 钢筋，钢筋制作工效为 5t/人·工作时，每天一个班次。

问题：试计算钢筋制作需要投入的工人数量是多少？

解析：每个工人每天制作钢筋的工作量为 5t，工期为 20 天，则每个工人 20 天的钢筋制作量为 5×20＝100t。完成 3000t 钢筋制作需要投入的工人数量为 3000/100＝30 人

② 背景：某主体结构工程施工工期为 100 天，预计总用工为 6 万个工日，每天安排 1.5 个班次（加班），每个班次工作时间为 8 个小时。

问题：试计算该工程需要投入多少工人？

解析：每个工日标准工作时间为 8 小时。每个工人每天实际工作时间为 1.5×8＝12 小时，每个工人 100 天的工作时间为 12×100＝1200 小时

则该主体结构工程需要投入的工人数量为：

$$60000 \times 8/1200 = 400\ 人$$

（4）劳动力需求计划的编制

根据上述确立的劳动力（工种）投入量以及施工进度计划，可以确立各工种用工数量和工种施工进场时间，并编制出劳动力（工种）需求计划表，见表 3-1。

××工程劳动力（工种）需求量计划表　　表 3-1

序号	分项工程名称	工种名称	2021 年进场时间										合计	备注
			1 月	2 月	3 月	4 月	5 月	6 月	7 月	8 月	9 月	10 月		
……	……													
合计														

在编制劳动力需求量计划时，由于工程量、劳动力投入量、持续时间、班次、劳动效率，每班工作时间之间存在一定的变量关系，因此，在计划中要注意他们之间的相互调节。

在工程项目施工中，经常安排混合班组承担一些工作任务，此时，不仅要考虑整体劳动效率，还要考虑到设备能力的制约，以及与其他班组工作的协调。

劳动力需求量计划还应包括对现场其他人员的使用计划，如为劳动力服务的人员（如医生、厨师、司机等）、工地保安、勤杂人员、工地管理人员等，可根据劳动力投入量计划按比例计算，或根据现场实际需要安排。

2. 劳动力总量需求计划的编制方法

（1）经验比较法

与同类工程进行模拟比较计算。可用产值人工系数或投资人工系数来比较计算。在资料比较少的情况下，仅具有施工方案和生产规模的资料时可用这种方法。

（2）分项综合系数法

利用实物工程量中的综合人工系数计算总工日。例如，机械挖土方，平时定额为 0.2 工时/m^3；设备安装，大型压缩机安装为 20 工时/t。

（3）概算定额法

用概（预）算中的人工含量计算劳动力需求总量。

（三）劳动力计划平衡方法

1. 劳动力负荷曲线

一个施工项目从准备、开工、土建、安装、竣工各阶段所需设计人员、采购人员、施工人员包括各工种工人和管理人员的数量都不相等，而且持续时间也不同。根据资源耗用规律，人力需要量是从少到多，逐渐形成相对平稳的高峰，然后逐渐减少。这一规律，可用函数 $f(x)$ 来表示，这种函数曲线所描述的就是基于劳动力负荷直方图的包络曲线，可称为劳动力负荷曲线，曲线有限点的坐标值就是完成对应工程量所需要的劳动力的数量。

（1）制订劳动力负荷曲线的原始条件

施工项目的工程范围、工作规范、工程设计、施工图设计；施工项目所在地区的环境条件：项目的分部、分项工程量；项目总体施工统筹计划；设备材料的交货方式、交货时间、供货状态等。这些条件在施工准备阶段往往不可能完全具备，所以要根据所掌握的资料，运用不同的方法制订劳动力负荷曲线。

（2）劳动力负荷曲线的绘制方法

1）类比法

分析已经积累的各种类型工程在不同规模下劳动力计划和实际耗用劳动力的高峰系数、高峰持续系数、平均系数、高峰期人数，以及各工种的数据等。剔除虚假数据，列出实施工程与类比工程间的差异，计算出类比系数，如规模系数、投资比例系数、建安估算值比例系数。根据计算出的类比系数，结合实际经验进行修正，绘制出劳动力负荷直方图和劳动力负荷曲线。

2）标准（典型）曲线法

当绘制企业各工程劳动力负荷曲线数据不足时，可以采用此法，即套用已有的同类工程标准（典型）劳动力负荷曲线，根据现有工程情况加以修正。

2. 劳动力计划平衡

要使劳动力计划平衡，应注意以下几个关键：

（1）劳动力计划要具体反映出各月、各工种的需求人数，计划逐月累计投入的总人数、高峰人数、高峰持续时间、高峰系数、总施工周期。

（2）劳动力计划要编制企业按月需求的各工种总计划人数，分部分项施工项目的月度计划使用劳动力总人数等。

（3）劳动力计划一般用表格的形式表达。其制订方法与劳动力需求总量计划直方图基本相同，只是按工种分别计算，汇总制表。

四、劳动合同的基本知识

（一）劳动合同的种类和内容

1. 劳动合同的概念、种类和特征

（1）劳动合同的概念

劳动合同是劳动者和用人单位（企业、事业、机关、团体等）之间关于确立、变更和终止劳动权利和义务的协议。

（2）劳动合同的种类

《劳动合同法》第十二条规定：劳动合同期限分为固定期限、无固定期限和以完成一定工作任务为期限三种。

《劳动合同法》第十条规定：建立劳动关系，应当订立书面劳动合同。已建立劳动关系，未同时订立书面劳动合同的，应当自用工之日起一个月内订立书面劳动合同。用人单位与劳动者在用工前订立劳动合同的，劳动关系自用工之日起建立。

《劳动合同法》第六十八条规定：非全日制用工，是指以小时计酬为主，劳动者在同一用人单位一般平均每日工作时间不超过 4 小时，每周工作时间累计不超过 24 小时的用工形式。

1）按照劳动合同期限划分

① 有固定期限的劳动合同

它是指用人单位与劳动者约定合同终止时间的劳动合同。用人单位与劳动者协商一致，可以订立固定期限劳动合同。它可以是长期的；也可以是短期的，由双方当事人根据工作需要和各自的实际情况确定。

② 无固定期限的劳动合同

它是指用人单位与劳动者约定无确定终止时间的劳动合同，即双方当事人在劳动合同上只规定该合同生效的起始日期，并没有规定其终止日期。订立这种劳动合同，除法律、法规另有规定的情况下，劳动者和用人单位之间能够保持较为长期、稳定的劳动关系。签订这种劳动合同，除了双方当事人协商选择外，在一定条件下，成为用人单位的一项法定义务。如《劳动法》第二十条第二款规定：劳动者在同一用人单位连续工作满十年以上，当事人双方同意延续劳动合同的，如果劳动者提出订立无固定期限的劳动合同，应当订立无固定期限的劳动合同。《劳动合同法》第十四条第二款还明确规定：应当订立无固定期限劳动合同的情形还有……（二）用人单位初次实行劳动合同制度或者国有企业改制重新订立劳动合同时，劳动者在该用人单位连续工作满十年且距法定退休年龄不足十年的；（三）连续订立二次固定期限劳动合同，且劳动者没有本法第三十九条和第四十条第一项、第二项规定的情形，续订劳动合同的。用人单位自用工之日起满一年不与劳动者订立书面

劳动合同的，视为用人单位与劳动者已订立无固定期限劳动合同。

③ 以完成一定工作任务为期限的劳动合同

它是指用人单位与劳动者约定以某项工作的完成为合同期限的劳动合同。当约定的工作或工程完成后，合同即行终止。这是一种特殊的定期劳动合同。

2）按照用工方式的不同划分

① 全日制用工劳动合同，它是指劳动者按照国家法定工作时间，从事全职工作的劳动合同。

② 非全日制用工劳动合同，它是指劳动者按照国家法律的规定，从事部分时间工作的劳动合同。

《劳动合同法》第六十八条至七十二条规定：a. 非全日制用工，是指以小时计酬为主，劳动者在同一用人单位一般平均每日工作时间不超过 4 小时，每周工作时间累积不超过 24 小时的用工形式；b. 非全日制用工双方当事人可以订立口头协议；c. 从事非全日制用工的劳动者可以与一个或一个以上用人单位订立劳动合同，但是后订立的劳动不得影响先订立的劳动合同的履行；d. 非全日制用工双方不得约定试用期；e. 非全日制用工双方当事人任何一方都可以随时通知对方终止用工。终止用工，用人单位不向劳动者支付经济补偿；f. 非全日制用工小时计酬标准不得低于用人单位所在地人民政府规定的最低小时工资标准；g. 非全日制用工劳动报酬结算支付周期不得超过 15 小时。

③ 劳务派遣用工劳动合同

它是指劳务派遣单位与被派遣劳动者之间订立的劳动合同。《劳动合同法》第五十八条至六十七条对劳务派遣专门做了特别规定：a. 劳务派遣用工劳动合同的内容，除应当载明一般劳动合同必须具备的条款外，还应当载明被派遣劳动者的用工单位以及派遣期限、工作岗位等情况；b. 劳务派遣单位应当与被派遣劳动者订立二年以上的固定期限劳动合同，按月支付劳动报酬；c. 被派遣劳动者在无工作期间，劳务派遣单位应当按照所在地人民政府规定的最低工资标准，向其按月支付报酬；d. 劳务派遣单位派遣劳动者应当与用工单位订立劳务派遣协议，劳务派遣单位应当将劳务派遣协议的内容告知被派遣劳动者，不得克扣用工单位按照劳务派遣协议支付给被派遣劳动者的劳动报酬，劳务派遣协议双方也不得向被派遣劳动者收取费用；e. 劳务派遣单位跨地区派遣劳动者的，被派遣劳动者享有的劳动报酬和劳动条件，按照用工单位所在地的标准执行；f. 被派遣劳动者享有与用工单位的劳动者同工同酬的权利；g. 被派遣劳动者有权在劳务派遣单位或用工单位依法参加或者组织工会，维护自身的合法权益。

3）按照劳动合同存在的形式不同划分

① 书面劳动合同

它是指以法定的书面形式订立的劳动合同。此类劳动合同适用于当事人的权利、义务需要明确的劳动关系。《劳动法》第十九条、《劳动合同法》第十条都明确规定：建立劳动关系，应当订立书面劳动合同。已建立劳动关系，未同时订立书面劳动合同的，应当自用工之日起一个月内订立的书面劳动合同。书面劳动合同是由双方当事人达成权利、义务协议后用文字形式固定下来，作为存在劳动关系的凭证。

② 口头劳动合同

它是指由劳动关系当事人以口头约定的形式产生的劳动合同。我国《劳动合同法》第六十九条规定：非全日制用工双方当事人可以订立口头协议。这类劳动合同适用于当事人之间的权利、义务可以短时间内结清的劳动关系。

4）劳动合同的特征

劳动合同是一种比较特殊合同，它除了满足一般民事合同的要件外，还有自身的特殊之处。

① 国家干预下的当事人意思自治

劳动合同是在国家干预下的当事人意思自治，而民事合同是没有国家干预的，体现的是当事人意思自治。也就是说，当两个人在签民事合同的时候，只要合同的内容不侵犯国家利益、公共利益，也不侵害第三者的利益，基本上都不受国家的干预。

但是劳动合同却不同，尽管用人单位和劳动者之间约定的是他们双方之间的事，有时他们也不可以随便任意约定合同内容。比如说，用人单位在与劳动者约定工资条款的时候，就不可以把工资约定在当地政府规定的最低工资以下；在约定时间条款的时候，对于标准工时制的劳动者，用人单位不可以与劳动者协商约定让其每天工作时间超过 8 小时。8 小时之内可以允许当事人随便约定，但 8 小时以上就不可以。

尽管双方当事人把每天的标准工时约定在 8 小时以上，并不侵犯国家的利益，也不侵犯公共利益，但违反了《劳动法》的规定。这就是国家干预的体现，因此，在劳动合同中的当事人意思自治是限定在一定范围内的。

② 合同双方当事人强弱对比悬殊

在民事合同中，当事人之间一般没有强弱之分，而劳动合同的双方当事人之间强弱对比则比较悬殊。在劳动合同当事人中，一方当事人是非常弱小的个体，即劳动者；而另一方则是无论从资本实力还是其他方面来看都较强大的组织，即用人单位。针对这一特点，《劳动合同法》应是一部着重保护劳动者权益的“倾斜法”，因为在劳资双方不对等的条件下，只有倾斜于弱势群体才能达到公平。事实上，在劳动合同立法过程中发生的诸多争论，都可以归结到一个较为实质和本源的分歧——《劳动合同法》究竟应该是平等保护劳资双方利益的“平等法”，还是侧重保护劳动者权益的“倾斜法”。

“倾斜法”的立法理念，认为劳动关系是一种不平等的关系，必须通过法律的强制来弥补劳动者的弱势地位。侧重保护劳动者，是具有社会法品格的劳动法律与生俱来的使命。《劳动合同法》向劳动者倾斜，追求的正是实质上的公正。这一理念在《劳动合同法》中的确有了一定的体现。

③ 劳动合同具有人身性

用人单位与劳动者建立劳动合同关系，目的是使用劳动力。马克思曾经说过：“我们把劳动力或劳动能力，理解为人的身体即活的人体中存在的、每当人生产某种使用价值时就运用的体力和智力的总和。”因此可以说，劳动力是蕴涵在劳动者的肌肉和大脑里，与劳动者人身密不可分。这样一来，劳动合同的履行，对于劳动者来说，就具有了所谓的人身性。

④ 劳动合同同时具有平等性和隶属性

劳动合同关系的平等性主要表现为双方权利义务的表面上的对等。在市场经济条件下，这主要体现在以下两个方面：

第一，管理方和劳动者双方都是劳动力市场的主体，双方都要遵循平等自愿协商的原则订立劳动合同，缔结劳动关系。任何一方在单方决定与对方解除劳动关系时，都要遵循一定的法律规定。

第二，双方各自遵守自己的权利与义务，发生争议时法律地位平等。劳动合同关系具有人身让渡的特征，劳动者同用人单位签订劳动合同，缔结劳动关系之后，就有义务在工作场所接受用人单位的管理和监督，按照用人单位所规定的纪律或要求付出劳动。《劳动合同法》第四条规定，“用人单位应当依法建立和完善劳动规章制度”；《劳动法》第三条中规定，劳动者应当遵守劳动纪律和职业道德。换句话说，企业依法制定的规章制度和劳动纪律，劳动者应当遵守和执行，这就形成了所谓的隶属性，也就是不平等性。

实践中，企业内部规章制度和劳动纪律往往是其行使隶属管理权的主要工具之一。因此依法制定出适宜的规章制度是企业对员工进行管理所必需的。

【案例】

柳某是某国有企业的职工，与该企业签有无固定期限劳动合同。几年前，由于行业不景气，企业生产任务不重，柳某作为销售部的司机像其他工人一样，没有多少活儿，经常是早上来厂里转一圈就走，有时甚至根本不来。企业领导考虑到厂里的事又不多，工人的收入较低，于是对此现象听之任之，未进行严格管理。

去年下半年，企业效益开始好转，生产逐步走上了正轨。为了严格执行劳动纪律，企业向所有职工发出通知：“以前由于管理不严，一些职工有违反企业考勤和管理规定的行为，可以既往不咎。但从今以后，我们要严格考勤纪律，每个职工都必须按时上下班，如有违者，将按有关规定处理，绝不手软。”

柳某接到通知后的第一个星期，每天还能坚持出勤，并能完成企业交给的送货任务，即驾车将产品送到客户手里。但一周后，他的懒惰性又上来了，时常让有驾照的弟弟驾车替他为客户送货，而他自己却有时闲逛，有时在另外一家企业兼职做推销产品的工作，从中获得兼职收入。后来，柳某请他人代自己上班的情况被企业发现了。企业经过调查，获得了柳某在一个月内让其弟替班送货 10 天的证据，按照该企业考勤制度的规定，柳某的行为应按旷工处理。最后，根据本企业规章制度第六章第二条的规定：“犯有下列严重违纪行为之一的，予以解除劳动合同……2. 旷工累计三天以上……5. 擅自从事第二职业或为其他企业提供兼职工作的。”作出了解除柳某劳动合同的决定。

柳某对企业解除劳动合同的决定十分不满，两天后就向劳动争议仲裁委员会提出了仲裁申请。要求撤销企业以严重违纪为理由作出的解除劳动合同的决定，并支付解除劳动合同的经济补偿金 8000 元（相当于柳某四个月的工资），同时另支付违约金 10 万元。仲裁庭最终认可公司的处罚决定，驳回了柳某的仲裁申请。

2. 劳动合同的格式与必备条款

（1）劳动合同的格式

劳动合同的签订需在双方当事人协商一致的基础上进行，并且严格按照《劳动合同法》规定的形式签订，合同签订后也会出现变更、解除和终止的情形。

协商一致原则是我国签订劳动合同的基本原则。合同双方在就劳动合同的内容、条款，在法律法规允许的范围内，由双方当事人共同讨论、协商、在取得完全一致的意思表示后确定。只有双方当事人就合同的主要条款达成一致意见后，合同才成立和生效。在实践中，常见的是用人单位事先拟好的劳动合同，由劳动者作出是否签约的决定。根据我国《民法典》的有关规定，采用格式条款订立合同的，提供格式条款的一方应遵循公平原则确定当事人之间的权利和义务，并采取合理的方式提请对方注意免除或者限制其责任的条款，按照对方的要求，对该条款予以说明。

（2）劳动合同的必备条款

劳动合同的内容是指劳动者与用人单位双方，通过平等协商所达成的关于劳动权利和劳动义务的具体条款。它是劳动合同的核心部分，双方当事人必须认真对待，一经签订，即应遵守执行，不得任意违反。它包括的条款有：

1）劳动合同期限和试用期限

劳动合同期限，是合同的有效时间，起于劳动合同生效之时，终于劳动合同终止或解除之时。劳动合同可以有固定期限，也可以无固定期限，或者以完成一定的工作为期限。劳动合同期满即终止。劳动合同终止要出现终止的条件，劳动合同的终止条件是指在劳动合同履行过程中，当出现某种事件或某种行为时，劳动合同即终止。劳动合同终止的条件只能是时间之外的某种事件或行为。劳动合同中应有规定期限的条款，若没有规定又不能通过其他方法明确必要的期限时，劳动合同不能成立。就具体的劳动合同而言，当事人在不违背法律禁止性规定的前提下，可自行协商解除合同期限。

试用期限，根据我国《劳动合同法》的规定，试用期限有以下几种情况：其一，劳动合同期限三个月以上不满一年，试用期不得超过一个月；劳动合同期限一年以上不满三年的，试用期不得超过三个月；三年以上固定期限和无固定期限的劳动合同，试用期不得超过六个月。其二，同一用人单位与同一劳动者只能约定一次试用期。其三，以完成一定工作任务为期限的劳动合同或劳动合同期限不满三个月的，不得约定试用期。其四，试用期包含在劳动合同期限内，劳动合同仅约定试用期的，试用期不成立，该期限视为劳动合同期限。

2）工作内容和工作时间

工作内容，主要是指劳动者为用人单位提供的劳动，是劳动者应履行的主要义务。劳动者被录用到用人单位以后，应担任何种工作或职务，工作上应达到什么要求等，应在劳动合同中加以明确。双方在协商一致的基础上明确劳动者所应从事工作的类型及其应达到的数量指标、质量指标等，也可以参照同行业的通常情形来执行，关于劳动或工作的时间、地点、方法和范围等，法律有统一规定的，依照法律执行；没有统一规定的，可由双方协商，但不能违背法律的基本原则。

工作时间，是指劳动者在用人单位应从事劳动的时间，包括每日应工作的时间和每周应工作的天数。根据《国务院关于职工工作时间的规定》，我国目前实行的是每日工作 8 小时，每周工作 40 小时的标准工作制。因工作性质或生产特点的限制，不能实行每日 8 小时，每周工作 40 小时的标准工时制度的，可以实行缩短工时制、综合计算工时制、不定时工时制等。劳动者和用人单位都要遵守劳动法规定的工时制度，用人单位不得随意延长工作时间，依法延长劳动时间的，应按国家规定的标准支付劳动报酬。

3）劳动报酬和保险、福利待遇

① 劳动报酬

用人单位向劳动者支付劳动报酬，这是用人单位的主要义务。与此相对应，获得劳动报酬是劳动者的主要权利。劳动报酬，专指在劳动法中所调整的劳动者基于劳动关系而取得的各种劳动收入，其主要支付形式是工资，此外还有津贴、奖金等。在劳动合同中应明确劳动报酬的数额，支付方法，奖金、津贴的数额及获得的条件等。根据《劳动合同法》第十八条的规定，劳动合同对劳动报酬约定不明确，引发争议的，用人单位与劳动者可以重新协商。协商不成的适用集体合同规定，没有集体合同规定或者集体合同未作规定的，实行同工同酬。

② 保险、福利待遇

在我国，劳动者享受社会保险的权利受到法律保护。在《劳动合同法》颁布以前，《劳动法》虽然没有将社会保险条款规定为劳动合同的必备条款，但是根据其七十二条的规定，用人单位和劳动者必须依法参加社会保险，缴纳社会保险费。用人单位参加社会保险并缴纳社会保险费是法律的强制性规定，用人单位不能以劳动合同中没有约定为由拒绝劳动者缴纳社会保险费。为了强化用人单位的社会责任和劳动者的社会保险意识并起到明示作用，《劳动合同法》突出了社会保险条款，规定在劳动合同中应当具备的社会保险的内容。

职工福利，是指用人单位和有关社会服务机构为满足劳动者生活的共同需要和特殊需要，在工资和社会保险之外向职工及其亲属提供一定的货币、实物、服务等形式的物质帮助。其中包括：为减少劳动者生活费用开支和解决劳动者生活困难而提供的各种补贴；为方便劳动者生活和减轻劳动职工家务负担而提供各种生活设施和服务；为活跃劳动者文化而提供的各种文化设施和服务。

4）生产条件或工作条件

劳动者各项具体权利的实现，通常依赖于用人单位提供条件保障或者给予必要的配合，并执行劳动安全卫生章程，为劳动者提供劳动保护义务。用人单位应根据劳动安全卫生规章和有关劳动保护法规，为劳动者提供安全卫生的劳动条件和生产设备，加强安全卫生的管理工作，发放安全卫生防护用品，保证劳动过程中劳动者的安全和健康，并做好职业危害的防护工作，保障女职工和未成年劳动者特殊的劳动保护待遇的实现。

5）劳动纪律和政治待遇

劳动纪律，是指用人单位依法制定的，全体职工在劳动过程中必须遵守的行为规则。它要求每个职工都必须按照规定的时间、地点、质量、方法和程序等方面的统一规则完成自己的劳动任务、实现全体职工在劳动过程中的行为方式和联系方式的规范化，以维护正常的生产、工作秩序。劳动纪律的内容一般应当包括：①时间纪律，即职工在作息时间、考勤、请假方面的规则。②组织纪律，即职工在服从人事调配、听从指挥、保守秘密、接受监督方面的规则。③岗位纪律，即职工在完成劳动任务、履行岗位职责、遵循操作规程、遵守职业道德方面的规则。④职场纪律，即职工在工作场所遵守公共秩序，协作配合方面的规则。⑤安全卫生纪律，即职工在劳动安全卫生、环境保护方面的规则。⑥品行纪律，即职工在廉洁奉公、爱护财产、厉行节约、关心集体方面的规则。⑦其他纪律。

政治待遇，是指职工直接或间接管理所在企业内部事务。主要有以下四种形式：①机构参与，或称组织参与，即职工通过组织一定的代表性专门机构参与企业管理，如我国职工代表大会。②代表参与，即职工通过合法程序产生的职工代表参与企业管理，如职工代表参加企业有关机构或监督企业日常管理活动等等。③岗位参与，即职工通过在劳动岗位上实行自治来参与企业管理，如我国的班组自我管理等。④个人参与，即职工本人以个人行为参与企业管理，如职工个人向企业提出合理化建议，向企业有关管理机构进行查询等。

6）劳动合同的变更和解除

劳动合同变更，是指劳动合同在履行过程中，由于法定原因或约定条件发生变化，对已生效的劳动合同条款进行修改或补充。劳动合同双方应对适用劳动合同变更的情形进行约定，以维护自身合法权利。

劳动合同解除，是指劳动合同订立后，尚未全部履行以前，由于某种原因导致劳动合同当事人一方或双方提起消灭劳动关系的法律行为。劳动合同解除有法定解除和约定解除两种情况。

3. 劳动合同的其他条款及当事人约定事项

（1）劳动合同的其他必备条款

1）协商约定保守商业秘密的条款

用人单位与劳动者可以在劳动合同中约定保守用人单位的商业秘密和知识产权相关的保密事项。根据我国劳动合同法的相关规定：其一，在竞业限制期限内按月给予劳动者经济补偿。劳动者违反竞业限制约定的，应当按照约定向用人单位支付违约金。其二，竞业限制的人员限于用人单位的高级管理人员、高级技术人员和其他负有保密义务的人员。竞业限制的范围、地域、期限由用人单位与劳动者约定，竞业限制的约定不得违反法律、法规的规定。其三，竞业限制期限，不得超过两年。其四，竞业期内可以到非竞业单位就业。除本法上述的情形外，用人单位不得与劳动者约定由劳动者承担违约金。

2）协商约定专业技术培训的规定

用人单位与劳动者提供专业培训费用，对其进行专业技术培训的，可以与劳动者订立协议，约定服务期。劳动者违反服务期约定的，应当按照约定向用人单位支付违约金。违约金的数额不得超过用人单位提供的培训费用。培训费按照服务期，逐年摊销，余额部分为违约金。其一，培训费用，包括用人单位为了对劳动者进行专业技术培训而支付的有凭证的培训费用、培训期间的差旅费用以及因培训产生的用于该劳动者的其他直接费用。其二，劳动合同期满，但是用人单位与劳动者依照劳动合同法第二十二条的规定约定的服务期尚未到期的，劳动合同应当续延至服务期满；双方另有约定的，从其约定。其三，用人单位与劳动者约定了服务期，劳动者依照《劳动合同法》第三十八条的规定（单位过错）解除劳动合同的，不属于违反服务期的约定，用人单位不得要求劳动者支付违约金。其四，有劳动者过错情形，导致用人单位与劳动者解除约定服务期的劳动合同的，劳动者应当按照劳动合同的约定向用人单位支付违约金。

【案例】

张某曾担任广州某电脑科技公司某区域总经理，由于不满该公司的工资待遇，便于2019年3月加入了另一家电脑科技公司。张某作为广州某电脑科技公司的高级管理人员，曾与该公司签订了为期2年的竞业限制协议，竞业限制的范围是中国所有的电脑科技公司，于是张某在离职后不得不向原公司支付了竞业限制补偿金。因为他违反了竞业限制约定，应当按照协议支付违约金。

（2）当事人约定的其他事项

除上述内容外，劳动合同的当事人还可以在充分协商一致的基础上约定其他内容。当事人约定的其他内容并不是每一个劳动合同所必须具备，如果欠缺这些内容，合同仍可以成立，但也并不是说对劳动合同而言当事人约定的其他内容是可有可无的。当事人约定的其他内容对于明确当事人的权利、义务和责任，同必备内容一样有着重要意义。当事人约定的内容同样不得违背法律的有关规定。

4. 劳动合同的变更、解除及违约责任

（1）劳动合同的变更

劳动合同的变更指在劳动合同履行过程中，因某种原因或法律规定，劳动者和用人单位协商一致，对原合同进行修改或补充。《劳动法》第十七条规定：订立和变更劳动合同，应当遵循平等自愿、协商一致的原则，不得违反法律、行政法规的规定。《劳动合同法》第三十五条规定：用人单位与劳动者协商一致，可以变更劳动合同约定的内容。变更劳动合同，应当采用书面形式。变更后的劳动合同文本由用人单位和劳动者各执一份。

劳动合同的变更，仅限于劳动合同内容的变更，不包括当事人主体的变更。劳动合同依法订立后，即具有法律效力，双方当事人必须履行劳动合同规定的义务，任何一方当事人不得擅自改变劳动合同的内容，但是，在劳动合同的履行过程中，由于客观条件的变化，依法允许变更劳动合同。变更劳动合同时，一般经过以下三个程序：

第一，提出要求。要求变更劳动合同的一方当事人，应事先向对方提出，并说明情况和理由，请对方在限期内答复。

第二，做出答复。接到变更劳动合同要求的另一方当事人，应在规定的限期内给予答复，表示同意或不同意变更，或提出建议协商解决。

第三，签订协议。双方当事人意思表示取得一致后，签订变更劳动合同的书面协议，经签字盖章，立即生效。

变更劳动合同和订立合同一样，也必须按照《劳动法》第十七条规定的平等自愿协商一致的原则，真实地反映双方当事人的意志，才具有法律效力。双方按劳动合同变更条款，各自履行自己的义务。

（2）劳动合同的解除

劳动合同的解除与订立或变更不同。订立或变更是双方当事人的法律行为，必须经双方当事人协商一致才能成立，而劳动合同解除可以是双方当事人的法律行为也可以是单方的法律行为，即不仅可以双方协商一致解除劳动合同，也可以由一方当事人提出而解除劳动合同。

第一种情形：双方当事人协商解除劳动合同。

《劳动法》第二十四条、《劳动合同法》第三十六条规定：经劳动合同当事人协商一致，劳动合同可以解除；用人单位与劳动者协商一致，可以解除劳动合同。当事人一方要求解除劳动合同，应事先向对方提出要求，经双方协商一致，同意解除劳动合同，才可以解除。双方当事人应按照要约、承诺的程序，签订解除劳动合同的书面协议。

第二种情形：用人单位提前解除劳动合同。

1）根据《劳动法》第二十五条、第二十六条，《劳动合同法》第三十九条、第四十条

规定了允许用人单位解除劳动合同的法定条件。劳动者有以下情况之一者，允许用人单位解除劳动合同：

① 在试用期间被证明不符合录用条件的。

② 严重违反用人单位的规章制度的。

③ 严重失职，营私舞弊，给用人单位造成重大损害的。

④ 劳动者同时与其他用人单位建立劳动关系，对完成本单位的工作任务造成严重影响，或者经用人单位提出，拒不改正的。

⑤ 因本法第二十六条第一款第一项规定的情形致使劳动合同无效的。

⑥ 被依法追究刑事责任的。

以上情况是由于劳动者本身的原因所造成的，应允许用人单位解除劳动合同，且不给予经济补偿。

2）用人单位应提前通知劳动者解除劳动合同的情况

《劳动合同法》第四十条规定：有下列情形之一的，用人单位提前三十日以书面形式通知劳动者本人或者额外支付劳动者一个月工资后，可以解除劳动合同：

① 劳动者患病或者非因工负伤，在规定的医疗期满后不能从事原工作，也不能从事由用人单位另行安排的工作的；

② 劳动者不能胜任工作，经过培训或者调整工作岗位，仍不能胜任工作的；

③ 劳动合同订立时所依据的客观情况发生重大变化，致使劳动合同无法履行，经用人单位与劳动者协商，未能就变更劳动合同内容达成协议的。

3）由于经济性裁员，用人单位按照法定程序与被裁减人员解除劳动合同

《劳动法》第二十七条规定：用人单位濒临破产进行法定整顿期间或者生产经营状况发生严重困难，确需裁减人员的，应当提前三十日向工会或者全体职工说明情况，听取工会或者职工的意见，经向劳动行政部门报告后，可以裁减人员。同时 1994 年 11 月 14 日劳动和社会保障部制定并发布了《企业经济性裁减人员规定》，其中进一步明确规定用人单位濒临破产，被人民法院宣告进入法定整顿期间或生产经营发生严重困难，达到当地政府规定的严重困难企业标准，确需裁减人员的，可以裁员。用人单位从裁减人员起，六个月内需要重新招人员的，必须优先从本单位裁减的人员中录用。

用人单位裁减人员必须遵守的法定程序是：

① 提前 30 日向工会或者全体职工说明情况，并提供有关生产经营状况的资料；

② 提出裁减人员方案，内容包括：被裁减人员名单，裁减时间及实施步骤，符合法律、法规规定和集体合同约定的被裁减人员经济补偿办法；

③ 将裁减人员方案征求工会或者全体职工的意见，并对方案进行修改和完善；

④ 向当地劳动行政部门报告裁减人员方案以及工会或者全体职工的意见，并听取劳动行政部门的意见；

⑤ 由用人单位正式公布裁减人员方案，与被裁减人员办理解除劳动合同手续，按照有关规定向被裁减人员本人支付经济补偿金，出具裁减人员证明书。

《劳动合同法》第四十一条规定：有下列情形之一，需要裁减人员二十人以上或者裁减不足二十人但占企业职工总数百分之十以上的，用人单位提前三十日向工会或者全体职工说明情况，听取工会或者职工的意见后，裁减人员方案经向劳动行政部门报告，可以裁

减人员：a. 依照企业破产法规定进行重整的；b. 生产经营发生严重困难的；c. 企业转产、重大技术革新或者经营方式调整，经变更劳动合同后，仍需裁减人员的；d. 其他因劳动合同订立时所依据的客观经济情况发生重大变化，致使劳动合同无法履行的。

裁减人员时，应当优先留用下列人员：第一，与本单位订立较长期限的固定期限劳动合同的；第二，与本单位订立无固定期限劳动合同的；第三，家庭无其他就业人员，有需要扶养的老人或者未成年人的。用人单位依照本条第一款规定裁减人员，在六个月内重新招用人员的，应当通知被裁减的人员，并在同等条件下优先招用被裁减的人员。

4）用人单位不得解除劳动合同的情况

为了保护劳动者的合法权益，我国劳动法、劳动合同法还规定了不得解除劳动合同的情形。《劳动法》第二十九条、《劳动合同法》第四十二条规定的情形有：①从事接触职业病危害作业的劳动者未进行离岗前职业健康检查，或者疑似职业病病人在诊断或者医学观察期间的；②在本单位患职业病或者因工负伤并被确认丧失或者部分丧失劳动能力的；③患病或者非因工负伤，在规定的医疗期内的；④女职工在孕期、产期、哺乳期的；⑤在本单位连续工作满十五年，且距法定退休年龄不足五年的；⑥法律、行政法规规定的其他情形。

第三种情形：劳动者提前解除劳动合同。

为了保障劳动者择业自主权，促进人才合理流动，《劳动法》第三十一条、三十二条和《劳动合同法》第三十七条、三十八条明确规定了劳动者提前解除劳动合同的情况，由以下两种：

1）提前通知用人单位解除劳动合同的情形

《劳动法》第三十一条规定：劳动者解除劳动合同，应当提前三十日以书面形式通知用人单位。《劳动合同法》第三十七条规定：劳动者提前三十日以书面形式通知用人单位，可以解除劳动合同。劳动者在试用期内提前三日通知用人单位，可以解除劳动合同。

同时，为了防止劳动者任意提出提前解除劳动合同而可能损害用人单位利益，《劳动法》第一百零二条、《劳动合同法》第九十条都规定：劳动者违反本法规定的条件解除劳动合同，对用人单位造成经济损失的，应当依法承担赔偿责任。这要求劳动者必须依法严肃的行驶自己的权利，也维护用人单位的合法权益。

2）随时通知用人单位解除劳动合同的情况

《劳动法》第三十二条规定：有下列情形之一的，劳动者可以随时通知用人单位解除劳动合同：①在试用期内的；②用人单位以暴力、威胁或者非法限制人身自由的手段强迫劳动的；③用人单位未按照劳动合同约定支付劳动报酬或者提供劳动条件的。

《劳动合同法》第三十八条进一步明确规定了用人单位有下列情形之一的，劳动者可以解除劳动合同：

① 未按照劳动合同约定提供劳动保护或者劳动条件的。

② 未及时足额支付劳动报酬的。

③ 未依法为劳动者缴纳社会保险费的。

④ 用人单位的规章制度违反法律、法规的规定，损害劳动者权益的。

⑤ 因本法第二十六条第一款规定的情形致使劳动合同无效的。

⑥ 法律、行政法规规定劳动者可以解除劳动合同的其他情形。

用人单位以暴力、威胁或者非法限制人身自由的手段强迫劳动者劳动的，或者用人单位违章指挥、强令冒险作业危及劳动者人身安全的，劳动者可以立即解除劳动合同，不需事先告知用人单位。

第四种情形：劳动合同自行解除。

劳动合同自行解除指国家法律、法规规定的特殊情况发生而导致劳动合同自行终止法律效力。它只适用于一些特殊情况，且不需履行解除劳动合同的手续。根据我国有关劳动法法规的规定，劳动者被除名、开除以及被判刑的，劳动合同自行解除。

（3）违约责任

劳动合同违约责任，是指劳动合同当事人因过错而违反劳动合同的约定，不履行或不完全履行劳动合同的义务应承担的法律责任。

从我国现行劳动立法看，当事人违反劳动合同的约定，实施了不履行和不完全履行劳动合同的行为，必须承担的违约责任，包括行政责任、经济责任和刑事责任三种。这些责任的承担依据，参见《劳动法》第12章“法律责任”，以及人力资源和社会保障颁布的配套部门规章中。如《违反〈劳动法〉行政处罚办法》《违反和解除劳动合同的补偿办法》《违反〈劳动法〉有关劳动合同规定的赔偿办法》等。

（二）劳动合同审查的内容和要求

1. 劳动合同审查的内容

劳动合同审查，是指劳动行政主管部门审查、证明劳动合同真实性、合法性的一项行政监督措施。在我国主要是指劳动鉴证制度。

劳动合同鉴定所审查的内容包括：①双方当事人是否具备鉴定劳动合同的资格；②合同内容是否符合法规和政策；③双方当事人是否在平等自愿和协商一致的基础上签订劳动合同；④合同条款是否完备，双方的责任、权利、义务是否明确；⑤中外合同文本是否一致。

已鉴定的劳动合同，因其依据的法规政策发生变化而与现行法规政策有矛盾的，可免费重新鉴定，劳动合同鉴证后发现确有错误的，应立即撤销鉴定并退还鉴定费，或重新鉴证。

2. 劳动合同审查的要求

第一，当事人申请：劳动合同签订后，当事人双方要亲自向劳动合同鉴证机关提出对劳动合同进行鉴证的口头或书面申请。用人单位可以由法定代表人委托授权代理人，如劳资处、科长或其他工作人员，但必须出具委托书，明确授权范围。申请劳动合同鉴证的当事人，应当向鉴证机关提供下列材料：①劳动合同书及其副本；②营业执照或副本；③法定代表人或委托代理人资格证明；④被招用工人的身份证或户籍证明；⑤被招用人员的学历证明、体检证明和《劳动手册》；⑥其他有关证明材料。

第二，鉴证机关审核：鉴证机关的鉴证人员按照法定的鉴证内容，对当事人提供的劳动合同书及有关证明材料进行审查、核实。在劳动合同鉴证过程中，鉴证人员对当事人双方提供的鉴证材料，认为不完备或有疑义时，应当要求当事人作必要的补充或向有关单位核实；鉴证人员有权就劳动合同内容的有关问题询问双方当事人；对于内容不合法、不真实的劳动合同，鉴证人员应立即向当事人提出纠正：当事人对鉴证人员的处理认为有不当之处时，可以向鉴证人员所在的劳动行政机关申诉，要求作出处理。劳动合同鉴证申请人应当按照有关规定向鉴证机关交付鉴证费。

第三，确认证明：劳动合同鉴证机关经过审查、核实，对于符合法律规定的劳动合同，应予以确认，由鉴证人员在劳动合同书上签名，加盖劳动合同鉴证章，或附上加盖劳动合同鉴证章和鉴证人员签名的鉴证专页。

（三）劳动合同的实施和管理

1. 劳动合同的实施

劳动合同的实施，指在劳动合同签订后，当事人双方按照劳动合同的约定各自履行其约定的义务，依法主张其约定的权利，即劳动合同的履行过程。

用人单位应当按照劳动合同约定和国家规定，向劳动者及时足额支付劳动报酬。用人单位拖欠或者未足额支付劳动报酬的，劳动者可以依法向当地人民法院申请支付令，人民法院应当依法发出支付令。用人单位应当严格执行劳动定额标准，不得强迫或者变相强迫劳动者加班。用人单位安排加班的，应当按照国家有关规定向劳动者支付加班费。劳动者拒绝用人单位管理人员违章指挥、强令冒险作业的，不视为违反劳动合同。劳动者对危害生命安全和身体健康的劳动条件，有权对用人单位提出批评、检举和控告。用人单位变更名称、法定代表人、主要负责人或者投资人等事项，不影响劳动合同的履行。用人单位发生合并或者分立等情况，原劳动合同继续有效，劳动合同由承继其权利和义务的用人单位继续履行。

2. 劳动合同的管理

劳动合同管理，是指有关国家机关和其他机构和组织，对劳动合同的订立、续订、履行、变更、中止和解除，依法进行指导、监督、服务、追究责任等一系列活动，以保证劳动合同正常运行。

（1）劳动合同管理的体制

我国劳动合同管理体制由行政管理、社会管理和用人单位内部管理构成。

劳动合同的行政管理，主要由劳动行政部门实施，用人单位主管部门也有一定的劳动合同管理职能。劳动行政部门作为劳动合同的主管机关对劳动合同进行综合和统一管理，在劳动合同管理体制中处于最重要地位。

劳动合同的社会管理，主要是由劳动就业服务机构等社会机构和工会、行政协会、企业协会等社会团体，在各自业务或职责范围内，对劳动合同运行的特定环节或特定方面进行管理。其中特别重要的是职业介绍机构对劳动合同订立的中介和指导，工会对劳动合同履行的监督、对劳动合同解除的干预和对劳动争议处理的参与。

劳动合同用人单位的内部管理，即单位行政及其参与的劳动争议调解机构对劳动合同运行的管理。它是微观劳动管理的基本组成部分和组织劳动过程的必要手段。

（2）劳动合同管理的主要措施

劳动合同备案，是劳动合同备案机关依法对劳动合同进行审查和保存，以确立劳动合同的订立、续订、变更和解除的一项监督措施。它由劳动行政部门和地方工会组织分别在各自职责范围内具体实施，以订立、续订、变更的劳动合同和解除劳动合同的事实为备案对象，表明对劳动关系解除和存续的确认。各种劳动合同的订立和解除都应当备案，而经劳动行政部门鉴定和批准的劳动合同不必再有行政部门备案。

劳动合同示范文本是由劳动行政部门统一印发的，为劳动者和用人单位订立劳动合同提供示范的劳动合同书。它具体表明劳动合同内容的基本结构，记载着劳动合同的一般性条款。合同当事人双方一般应当按照合同示范文本的条款进行协商以确定合同具体内容。使用合同示范文本，有助于保证合同内容的合法性和完整性，以实现合同内容和形式的规范化。

3. 劳动合同的签订

双方当事人在协商一致的基础上，并达成意思表示一致则要严格按照《劳动合同法》的规定形式签订劳动合同。《劳动合同法》第十条规定：建立劳动关系，应当订立书面劳动合同。已建立劳动关系，未同时订立书面劳动合同的，应当自用工之日起一个月内订立书面劳动合同。用人单位与劳动者在用工前订立劳动合同的，劳动关系自用工之日起建立。非全日制用工可以签订口头合同。

（1）订立劳动合同应当采用书面形式

劳动合同作为劳动关系双方当事人权利义务的协议，也有书面形式和口头形式之分。以书面形式订立劳动合同是指劳动者在与用人单位建立劳动关系时，直接用书面文字形式表达和记载当事人经过协商而达成一致的协议。《劳动法》和《劳动合同法》明确规定，劳动合同应当以书面形式订立。用书面形式订立劳动合同严肃慎重、准确可靠、有据可查，一旦发生争议时，便于查清事实，分清是非，也有利于主管部门和劳动行政部门进行监督检查。另外，书面劳动合同能够加强合同当事人的责任感，促使合同所规定的各项义务能够全面履行。与书面形式相对应的口头形式由于没有可以保存的文字依据，随意性大，容易发生纠纷，且难以举证，不利于保护当事人的合法权益。

（2）未在建立劳动关系的同时订立书面劳动合同的情况

对于已经建立劳动关系，但没有同时订立书面劳动合同的情况，要求用人单位与劳动者应当自用工之日起一个月内订立书面劳动合同。根据劳动合同法规定，用人单位自用工之日起满一年不与劳动者订立书面劳动合同的，视为用人单位与劳动者已订立无固定期限劳动合同。用人单位未在用工的同时订立书面劳动合同，与劳动者约定的劳动报酬不明确的，新招用的劳动者的劳动报酬应当按照企业的或者行业的集体合同规定的标准执行；没有集体合同或者集体合同未作规定的，用人单位应当对劳动者实行同工同酬。用人单位自用工之日起超过一个月但不满一年未与劳动者订立书面劳动合同的，应当向劳动者支付二倍的月工资。

【案例】

马先生于2009年起就在某用人单位工作，直至双方发生争执时的2019年3月间，用人单位在长达十年的时间里，均没有与马先生签订书面劳动合同。同时，用人单位也没有及时为马先生办理相关的社保手续。2019 年 3 月间，双方因是否继续事实上的劳动合同及工资支付内容而产生争执，后因双方未能达成一致意见，马先生遂依据《劳动合同法》的相关规定，向当地的劳动仲裁委员会递交劳动仲裁申请书，最后，马先生关于支付双倍工资等各项主张得到了仲裁庭的支持。

（3）建筑劳务企业签订劳动合同时的注意事项

1）建筑劳务企业与农民工在劳动合同中应明确以下工资问题：约定工资标准，且约定的标准不得低于当地最低工资标准；明确约定工资支付日期；约定工资支付的方式，建筑劳务分包企业应当至少每月向农民工支付一次工资，且支付部分不得低于当地最低工资标准，终止或解除劳动合同后应当一次性付清农民工工资。在计发农民工工资时应由农民工本人签字确认。

2）建筑劳务企业的法定代表人或者其委托代理人代表企业与农民工签订劳动合同。劳动合同由双方分别签字或者盖章，并加盖用人单位公章。

3）劳动合同应当一式三份，建筑劳务企业与农民工各持一份，另外一份保留在农民工务工的工地备查，农民工的劳动合同不得由建筑劳务分包企业代为保管。

4）订立劳动合同时，不得扣押劳动者的居民身份证和其他证件，不得要求劳动者提供担保或者以其他名义向劳动者收取财物。

（四）劳动合同的法律效力

1. 劳动合同法律效力的认定

劳动合同的法律效力就是指依法赋予劳动合同双方当事人及相关第三方的法律约束力。《劳动法》的第十七条规定：劳动合同依法订立即具有法律约束力，当事人必须履行劳动合同规定的义务。《劳动合同法》第十六条进一步规定：劳动合同由用人单位与劳动者协商一致，并经用人单位与劳动者在劳动合同文本上签字或盖章生效。

（1）无效劳动合同

《劳动合同法》第二十六条规定：下列劳动合同无效或者部分无效：（一）以欺诈、胁迫的手段或者乘人之危，使对方在违背真实意思的情况下订立或者变更劳动合同的；（二）用人单位免除自己的法定责任、排除劳动者权利的；（三）违反法律、行政法规强制性规定的；有关劳动报酬和劳动条件等标准低于集体合同的。对劳动合同的无效或者部分无效有争议的，由劳动争议仲裁机构或者人民法院确认。

（2）无效劳动合同的确认和处理

《劳动法》第十八条第三款，《劳动合同法》第二十六条第二款都明确规定，对劳动合同无效或部分无效有争议的，由劳动争议仲裁机构或人民法院确认。

对无效劳动合同的处理，一般包括三种情况；

第一，撤销合同。这种方式适用于被确认全部无效的劳动合同。全部无效劳动合同是国家不予承认和保护的合同。它从订立时起就无法律效力应通过撤销合同来终止依据该合同而产生的劳动关系。未履行的，不得履行；正在履行的，停止履行。对于已经履行的部分，应按照事实劳动关系对待。劳动者已支出的劳动，应得到相应的报酬和有关待遇。

第二，修改合同。这种方式适用于被确认部分无效的劳动合同及程序不合法而无效的劳动合同。劳动合同中的某项条款被确认无效，就不能执行，应依法予以修改。修改后的合法条款应溯及合同生效之时。对于程序不合法而无法律效力的劳动合同，应从程序上予以补充修改，以确认该项劳动关系存在的合法性。

第三，赔偿损失。《劳动法》第九十七条规定，由于用人单位的原因订立的无效合同，对劳动者造成损害的，应当承担赔偿责任。《劳动合同法》第八十六条规定：劳动合同依照本法第二十六条规定被确认无效，给对方造成损害的，有过错的一方应当承担赔偿责任。

2. 劳动合同纠纷的处理

劳动合同在履行过程中，双方当事人有可能会对履行劳动合同产生争议，我国法律对劳动合同纠纷的处理有一套独特的程序。

《劳动法》对劳动争议的处理原则、程序等已有明确的规定。无论双方在劳动合同中是否约定或如何约定，都必须按照法定的处理程序进行。所以，实践中即使有约定，也大多是直接引用法律的相关规定。

目前，我国劳动争议处理程序的体制一般是按照“调解、仲裁、诉讼”三个阶段顺次组成的，用人单位与劳动者发生争议后，当事人可以依法申请调解、仲裁、提起诉讼，也可以协商解决。具体来说，劳动争议发生后，当事人可以向本单位劳动争议调解委员会申请调解，调解不成的，当事人一方要求仲裁的，可以向劳动争议仲裁委员会申请仲裁。当事人一方也可不经调解，而直接向劳动争议仲裁委员会申请仲裁。对仲裁裁决不服的，可以向人民法院提起诉讼。解决劳动争议，需要遵守合法、公正、及时处理的原则，依法维护劳动争议当事人的合法权益。

附：建筑业劳动合同范本（人力资源和社会保障部发布）

（1）建筑工人简易劳动合同（示范文本）

（2）劳动合同（通用）

（3）劳动合同（劳务派遣）

建筑工人简易劳动合同

（示范文本）

用人单位名称：______________________________（以下简称甲方）
统一社会信用代码：__________________________
法定代表人或负责人：________________________
电话：______________________________________
住所：______________________________________
联系地址：__________________________________

劳动者姓名：________________________________（以下简称乙方）
性别：______身份证号码：____________________
电话：______________________________________
联系地址：__________________________________
劳动者紧急联系人信息
姓名：__________电话：______________________
联系地址：__________________________________
与劳动者关系：______________________________

根据《中华人民共和国劳动法》《中华人民共和国劳动合同法》《中华人民共和国建筑法》《中华人民共和国劳动合同法实施条例》《保障农民工工资支付条例》等有关法律法规，甲乙双方经平等自愿、协商一致订立本合同。

第一条　劳动合同的类别、期限、试用期

甲乙双方约定按以下第____种方式确定劳动合同期限：

1.1　以完成一定工作任务为期限：自____年____月____日起至____工作完成之日止。

1.2　固定期限：合同期限自____年____月____日起至____年____月____日止；乙方的试用期从____年____月____日至____年____月____日。

1.3　无固定期限：自____年____月____日起至依法解除、终止合同时止，乙方的试用期为____个月。

第二条　工作岗位、工作地点、工作内容和工作时间

2.1　工作岗位（工种）：______________________________

2.2　工作地点：______________________________________

2.3　工作内容：______________________________________

经双方协商一致后，甲方可对乙方的工作岗位、工作地点、工作内容进行调整，双方应书面变更劳动合同，变更内容作为本合同附件。

2.4　选择本合同第1.1款的，工作完成标准为：____________________________

2.5 工作时间：甲方应依照法律法规规定，合理安排工作时间，保证乙方每周至少休息一天。根据生产经营需要和乙方岗位实际情况，甲方可根据春节、农忙、天气等情况，在保障乙方劳动安全和身体健康前提下，经依法协商，合理安排乙方工作时间和休息时间。实行特殊工时制度的，应经人力资源社会保障部门审批后执行。

第三条 工资和支付方式

3.1 乙方工资由基本工资和绩效工资组成。甲方应通过施工总承包单位设立的农民工工资专用账户，将工资直接发放给乙方。

3.2 基本工资：根据甲方的工资分配制度与乙方的工作岗位情况，甲乙双方确定乙方基本工资按以下第____项执行，甲方每月____日前足额支付：

(1) 月基本工资：________元，不足一个月的，以乙方月工资除以21.75天得出的日工资为基数，乘以乙方实际工作天数计算；

(2) 日基本工资：________元；

(3) 计件基本工资：________元（每平方米、立方米、米、吨、件、套……）。

3.3 绩效工资：

3.3.1 签订本合同时，在乙方对甲方安排其工作岗位的各项工作内容已有充分了解的前提下，甲方对乙方的工作按照以下标准进行考核，并按月支付乙方的绩效工资：

(1) 乙方完成甲方安排各项工作的质量效率情况；

(2) 乙方遵守甲方制定的各项安全管理规定情况；

(3) 乙方专业作业能力等级；

(4) 其他，请注明：________________________。

3.3.2 绩效工资的计算方法和支付方式由甲乙双方根据工作岗位的要求另行约定，作为本合同附件。

3.4 乙方在试用期期间的工资为每月（日、件）________元。

3.5 在本合同有效期内，双方对劳动报酬重新约定的，应当采用书面方式并作为本合同的附件。

第四条 甲方的权利和义务

4.1 甲方有权依照法律法规和本单位依法制定的相关规章制度，对乙方实施管理，甲方应将相关规章制度告知乙方。

4.2 甲方应为乙方提供符合规定的劳动防护用品和其他劳动条件，办理好各项手续，并按照国家建筑施工安全生产的规定，在施工现场采取必要的安全措施，为乙方创造安全工作环境。

4.3 甲方应按照有关法律法规规定对女职工进行劳动保护，不得要求女职工从事法律法规禁止其从事的劳动。

4.4 甲方应按国家和当地政府的有关规定，对乙方因工负伤或患职业病给予相应待遇。

4.5 甲方应按照规定为乙方创造岗位培训的条件，对乙方进行安全生产、职业技能、遵纪守法、道德文明等方面的教育。乙方参加甲方安排的培训活动视同出勤，甲方不得扣减乙方工资。

4.6　甲方应按规定为乙方办理社会保险，其中应由乙方个人缴纳的部分，由甲方代扣代缴。甲方可按项目参加工伤保险。按规定应缴存住房公积金的，甲方应为乙方缴存。

4.7　甲方应对乙方的出勤、工作效率等情况做好记录，作为计算乙方工资的依据。

第五条　乙方的权利和义务

5.1　乙方应具备本合同工作岗位要求的技能，符合有关部门和甲方对工作岗位的要求，乙方应如实向甲方告知年龄、身体健康状况等可能影响从事本合同工作的情况。

5.2　乙方与甲方签订本合同时，如与其他单位存在劳动关系的应如实告知甲方，否则甲方有权依法解除合同。

5.3　乙方应自觉遵守有关法律法规和甲方依法制定的规章制度，严格遵守安全操作规程，服从甲方的管理，按实名制管理要求考勤，按时完成规定的工作数量，达到规定的质量标准。

5.4　乙方应积极参加甲方安排的安全、技能等岗位培训活动，不断提高工作技能。

5.5　乙方对甲方管理人员违章指挥、强令冒险作业的要求有权拒绝，乙方对危害生命安全和身体健康的劳动条件，有权要求甲方改正或停止工作，并有权向有关部门检举和投诉。

5.6　乙方患病或非因工负伤的医疗待遇按国家有关规定执行。

5.7　乙方依法享有休息休假等各项劳动权益。

第六条　劳动纪律

6.1　乙方应遵守职业道德，遵守劳动安全卫生、生产工艺、工作规范和实名制管理等方面的要求，爱护甲方的财产。

6.2　乙方违反劳动纪律，甲方可根据本单位依法制定的规章制度，给予相应处理，直至依法解除本合同。

第七条　劳动合同的解除和终止

7.1　终止本合同，应当符合法律法规的相关规定。

7.2　甲乙双方协商一致，可解除本合同。

7.3　合同解除或终止前，甲方应结清乙方的工资。

7.4　任何一方单方解除本合同，应符合法律法规相关规定，并应提前通知对方。符合经济补偿条件的，甲方应按规定向乙方支付经济补偿。在甲方危及乙方人身自由和人身安全的情况下，乙方有权立即解除劳动合同。

第八条　劳动争议处理

甲乙双方因本合同发生劳动争议时，可按照法律法规的规定，进行协商、申请调解或仲裁。不愿协商或者协商不成的，可向劳动人事争议仲裁委员会申请仲裁。对仲裁裁决不服的，可依法向有管辖权的人民法院提起诉讼。

第九条　其他

9.1　甲乙双方可根据实际情况约定的其他事项如下：____________________

____

____

____

____

9.2　甲方的规章制度、考评标准及相应工种的职责范围作为本合同的附件，与本合同具有同等法律效力。

9.3　本合同及附件一式____份，甲乙双方各执____份，自甲乙双方签字盖章之日起生效。

甲方（盖章）：　　　　　　　　　　乙方（签印）：

法定代表人（主要负责人）：

或委托代理人（签字或盖章）：

年　　月　　日　　　　　　　　　　年　　月　　日

劳 动 合 同

（通　用）

甲方（用人单位）：________________

乙方（劳 动 者）：________________

签　订　日　期：______年____月____日

注 意 事 项

一、本合同文本供用人单位与建立劳动关系的劳动者签订劳动合同时使用。

二、用人单位应当与招用的劳动者自用工之日起一个月内依法订立书面劳动合同，并就劳动合同的内容协商一致。

三、用人单位应当如实告知劳动者工作内容、工作条件、工作地点、职业危害、安全生产状况、劳动报酬以及劳动者要求了解的其他情况；用人单位有权了解劳动者与劳动合同直接相关的基本情况，劳动者应当如实说明。

四、依法签订的劳动合同具有法律效力，双方应按照劳动合同的约定全面履行各自的义务。

五、劳动合同应使用蓝、黑钢笔或签字笔填写，字迹清楚，文字简练、准确，不得涂改。确需涂改的，双方应在涂改处签字或盖章确认。

六、签订劳动合同，用人单位应加盖公章，法定代表人（主要负责人）或委托代理人签字或盖章；劳动者应本人签字，不得由他人代签。劳动合同由双方各执一份，交劳动者的不得由用人单位代为保管。

甲方（用人单位）：____________________

统一社会信用代码：____________________

法定代表人（主要负责人）或委托代理人：____________________

注册地：____________________

经营地：____________________

联系电话：____________________

乙方（劳动者）：____________________

居民身份证号码：____________________

(或其他有效证件名称__________证件号：____________________)

户籍地址：____________________

经常居住地（通讯地址）：____________________

联系电话：____________________

根据《中华人民共和国劳动法》《中华人民共和国劳动合同法》等法律法规政策规定，甲乙双方遵循合法、公平、平等自愿、协商一致、诚实信用的原则订立本合同。

一、劳动合同期限

第一条　甲乙双方自用工之日起建立劳动关系，双方约定按下列第____种方式确定劳动合同期限：

1. 固定期限：自____年____月____日起至____年____月____日止，其中，试用期从用工之日起至____年____月____日止。

2. 无固定期限：自____年____月____日起至依法解除、终止劳动合同时止，其中，试用期从用工之日起至____年____月____日止。

3. 以完成一定工作任务为期限：自____年____月____日起至工作任务完成时止。甲方应当以书面形式通知乙方工作任务完成。

二、工作内容和工作地点

第二条　乙方工作岗位是____________________，岗位职责为____________________。乙方的工作地点为____________________。

乙方应爱岗敬业、诚实守信，保守甲方商业秘密，遵守甲方依法制定的劳动规章制度，认真履行岗位职责，按时保质完成工作任务。乙方违反劳动纪律，甲方可依据依法制定的劳动规章制度给予相应处理。

三、工作时间和休息休假

第三条　根据乙方工作岗位的特点，甲方安排乙方执行以下第____种工时制度：

1. 标准工时工作制。每日工作时间不超过8小时，每周工作时间不超过40小时。由于生产经营需要，经依法协商后可以延长工作时间，一般每日不得超过1小时，特殊原因每日不得超过3小时，每月不得超过36小时。甲方不得强迫或者变相强迫乙方加班加点。

2. 依法实行以______为周期的综合计算工时工作制。综合计算周期内的总实际工作时间不应超过总法定标准工作时间。甲方应采取适当方式保障乙方的休息休假权利。

3. 依法实行不定时工作制。甲方应采取适当方式保障乙方的休息休假权利。

第四条 甲方安排乙方加班的，应依法安排补休或支付加班工资。

第五条 乙方依法享有法定节假日、带薪年休假、婚丧假、产假等假期。

四、劳动报酬

第六条 甲方采用以下第____种方式向乙方以货币形式支付工资，于每月____日前足额支付：

1. 月工资________元。

2. 计件工资。计件单价为____，甲方应合理制定劳动定额，保证乙方在提供正常劳动情况下，获得合理的劳动报酬。

3. 基本工资和绩效工资相结合的工资分配办法，乙方月基本工资________元，绩效工资计发办法为______________________。

4. 双方约定的其他方式____。

第七条 乙方在试用期期间的工资计发标准为__________或__________元。

第八条 甲方应合理调整乙方的工资待遇。乙方从甲方获得的工资依法承担的个人所得税由甲方从其工资中代扣代缴。

五、社会保险和福利待遇

第九条 甲乙双方依法参加社会保险，甲方为乙方办理有关社会保险手续，并承担相应社会保险义务，乙方应当缴纳的社会保险费由甲方从乙方的工资中代扣代缴。

第十条 甲方依法执行国家有关福利待遇的规定。

第十一条 乙方因工负伤或患职业病的待遇按国家有关规定执行。乙方患病或非因工负伤的，有关待遇按国家有关规定和甲方依法制定的有关规章制度执行。

六、职业培训和劳动保护

第十二条 甲方应对乙方进行工作岗位所必需的培训。乙方应主动学习，积极参加甲方组织的培训，提高职业技能。

第十三条 甲方应当严格执行劳动安全卫生相关法律法规规定，落实国家关于女职工、未成年工的特殊保护规定，建立健全劳动安全卫生制度，对乙方进行劳动安全卫生教育和操作规程培训，为乙方提供必要的安全防护设施和劳动保护用品，努力改善劳动条件，减少职业危害。乙方从事接触职业病危害作业的，甲方应依法告知乙方工作过程中可能产生的职业病危害及其后果，提供职业病防护措施，在乙方上岗前、在岗期间和离岗时对乙方进行职业健康检查。

第十四条 乙方应当严格遵守安全操作规程，不违章作业。乙方对甲方管理人员违章指挥、强令冒险作业，有权拒绝执行。

七、劳动合同的变更、解除、终止

第十五条 甲乙双方应当依法变更劳动合同，并采取书面形式。

第十六条　甲乙双方解除或终止本合同，应当按照法律法规规定执行。

第十七条　甲乙双方解除终止本合同的，乙方应当配合甲方办理工作交接手续。甲方依法应向乙方支付经济补偿的，在办结工作交接时支付。

第十八条　甲方应当在解除或终止本合同时，为乙方出具解除或者终止劳动合同的证明，并在十五日内为乙方办理档案和社会保险关系转移手续。

八、双方约定事项

第十九条　乙方工作涉及甲方商业秘密和与知识产权相关的保密事项的，甲方可以与乙方依法协商约定保守商业秘密或竞业限制的事项，并签订保守商业秘密协议或竞业限制协议。

第二十条　甲方出资对乙方进行专业技术培训，要求与乙方约定服务期的，应当征得乙方同意，并签订协议，明确双方权利义务。

第二十一条　双方约定的其他事项：____
____。

九、劳动争议处理

第二十二条　甲乙双方因本合同发生劳动争议时，可以按照法律法规的规定，进行协商、申请调解或仲裁。对仲裁裁决不服的，可以依法向有管辖权的人民法院提起诉讼。

十、其他

第二十三条　本合同中记载的乙方联系电话、通信地址为劳动合同期内通知相关事项和送达书面文书的联系方式、送达地址。如发生变化，乙方应当及时告知甲方。

第二十四条　双方确认：均已详细阅读并理解本合同内容，清楚各自的权利、义务。本合同未尽事宜，按照有关法律法规和政策规定执行。

第二十五条　本合同双方各执一份，自双方签字（盖章）之日起生效，双方应严格遵照执行。

甲方（盖章）　　　　　　　　　　　　　　　乙方（签字）
法定代表人（主要负责人）
或委托代理人（签字或盖章）
　　年　　月　　日　　　　　　　　　　　　　年　　月　　日

附件1

续 订 劳 动 合 同

经甲乙双方协商同意，续订本合同。

一、甲乙双方按以下第____ 种方式确定续订合同期限：

1. 固定期限：自____ 年____月____日起至____年____月____日止。

2. 无固定期限：自____年____月____日起至依法解除或终止劳动合同时止。

二、双方就有关事项约定如下：

1. ____；

2. ____；

3. ____。

三、除以上约定事项外，其他事项仍按照双方于____ 年____月____日签订的劳动合同中的约定继续履行。

甲方（盖章）　　　　　　　　　　　　　　乙方（签字）

法定代表人（主要负责人）

或委托代理人（签字或盖章）

年　　月　　日　　　　　　　　　　　　　年　　月　　日

附件 2

变更劳动合同

一、经甲乙双方协商同意，自____年____月____日起，对本合同作如下变更：

1. ____；

2. ____；

3. ____。

二、除以上约定事项外，其他事项仍按照双方于____年____月____日签订的劳动合同中的约定继续履行。

甲方（盖章）　　　　　　　　　　　　乙方（签字）

法定代表人（主要负责人）

或委托代理人（签字或盖章）

年　　月　　日　　　　　　　　　　　年　　月　　日

劳 动 合 同

（劳务派遣）

甲方（劳务派遣单位）：______________________

乙方（劳 动 者）：__________________________

签 订 日 期：____________年____月____日

注 意 事 项

一、本合同文本供劳务派遣单位与被派遣劳动者签订劳动合同时使用。

二、劳务派遣单位应当向劳动者出具依法取得的《劳务派遣经营许可证》。

三、劳务派遣单位不得与被派遣劳动者签订以完成一定任务为期限的劳动合同，不得以非全日制用工形式招用被派遣劳动者。

四、劳务派遣单位应当将其与用工单位签订的劳务派遣协议内容告知劳动者。劳务派遣单位不得向被派遣劳动者收取费用。

五、劳动合同应使用蓝、黑钢笔或签字笔填写，字迹清楚，文字简练、准确，不得涂改。确需涂改的，双方应在涂改处签字或盖章确认。

六、签订劳动合同，劳务派遣单位应加盖公章，法定代表人（主要负责人）或委托代理人应签字或盖章；被派遣劳动者应本人签字，不得由他人代签。劳动合同交由劳动者的，劳务派遣单位、用工单位不得代为保管。

甲方（劳务派遣单位）：______________________________
统一社会信用代码：______________________________
劳务派遣许可证编号：______________________________
法定代表人（主要负责人）或委托代理人：______________________
注 册 地：______________________________
经 营 地：______________________________
联系电话：______________________________

乙方（劳动者）：______________________________
居民身份证号码：______________________________
（或其他有效证件名称________ 证件号：______________________）
户籍地址：______________________________
经常居住地（通讯地址）：______________________________
联系电话：______________________________

根据《中华人民共和国劳动法》《中华人民共和国劳动合同法》等法律法规政策规定，甲乙双方遵循合法、公平、平等自愿、协商一致、诚实信用的原则订立本合同。

一、劳动合同期限

第一条 甲乙双方约定按下列第____种方式确定劳动合同期限：

1. 两年以上固定期限合同：自____年____月____日起至____年____月____日止。其中，试用期从用工之日起至____年____月____日止。

2. 无固定期限的劳动合同：自____年____月____日起至依法解除或终止劳动合同止。其中，试用期从用工之日起至____ 年____月____日止。

试用期至多约定一次。

二、工作内容和工作地点

第二条 乙方同意由甲方派遣到__________________（用工单位名称）工作，用工单位注册地________________________，用工单位法定代表人或主要负责人____________。派遣期限为________，从____年____月____日起至____年____月____日止。乙方的工作地点为______________________。

第三条 乙方同意在用工单位____________岗位工作，属于临时性/辅助性/替代性工作岗位，岗位职责为____。

第四条 乙方同意服从甲方和用工单位的管理，遵守甲方和用工单位依法制定的劳动规章制度，按照用工单位安排的工作内容及要求履行劳动义务，按时完成规定的工作数量，达到相应的质量要求。

三、工作时间和休息休假

第五条 乙方同意根据用工单位工作岗位执行下列第____种工时制度：

1. 标准工时工作制，每日工作时间不超过 8 小时，平均每周工作时间不超过 40 小时，每周至少休息 1 天。

2. 依法实行以____为周期的综合计算工时工作制。

3. 依法实行不定时工作制。

第六条　甲方应当要求用工单位严格遵守关于工作时间的法律规定，保证乙方的休息权利与身心健康，确因工作需要安排乙方加班加点的，经依法协商后可以延长工作时间，并依法安排乙方补休或支付加班工资。

第七条　乙方依法享有法定节假日、带薪年休假、婚丧假、产假等假期。

四、劳动报酬和福利待遇

第八条　经甲方与用工单位商定，甲方采用以下第____种方式向乙方以货币形式支付工资，于每月____日前足额支付：

1. 月工资________元。

2. 计件工资。计件单价为______________________________。

3. 基本工资和绩效工资相结合的工资分配办法，乙方月基本工资______元，绩效工资计发办法为____。

4. 约定的其他方式____。

第九条　乙方在试用期期间的工资计发标准为________________或________元。

第十条　甲方不得克扣用工单位按照劳务派遣协议支付给被派遣劳动者的劳动报酬。乙方从甲方获得的工资依法承担的个人所得税由甲方从其工资中代扣代缴。

第十一条　甲方未能安排乙方工作或者被用工单位退回期间，甲方应按照不低于甲方所在地最低工资标准按月向乙方支付报酬。

第十二条　甲方应当要求用工单位对乙方实行与用工单位同类岗位的劳动者相同的劳动报酬分配办法，向乙方提供与工作岗位相关的福利待遇。用工单位无同类岗位劳动者的，参照用工单位所在地相同或者相近岗位劳动者的劳动报酬确定。

第十三条　甲方应当要求用工单位合理确定乙方的劳动定额。用工单位连续用工的，甲方应当要求用工单位对乙方实行正常的工资调整机制。

五、社会保险

第十四条　甲乙双方依法在用工单位所在地参加社会保险。甲方应当按月将缴纳社会保险费的情况告知乙方，并为乙方依法享受社会保险待遇提供帮助。

第十五条　如乙方发生工伤事故，甲方应当会同用工单位及时救治，并在规定时间内，向人力资源社会保障行政部门提出工伤认定申请，为乙方依法办理劳动能力鉴定，并为其享受工伤待遇履行必要的义务。甲方未按规定提出工伤认定申请的，乙方或者其近亲属、工会组织在事故伤害发生之日或者乙方被诊断、鉴定为职业病之日起1年内，可以直接向甲方所在地人力资源社会保障行政部门提请工伤认定申请。

六、职业培训和劳动保护

第十六条　甲方应当为乙方提供必需的职业能力培训，在乙方劳务派遣期间，督促用工单位对乙方进行工作岗位所必需的培训。乙方应主动学习，积极参加甲方和用工单位组织的培训，提高职业技能。

第十七条　甲方应当为乙方提供符合国家规定的劳动安全卫生条件和必要的劳动保护用品，落实国家有关女职工、未成年工的特殊保护规定，并在乙方劳务派遣期间督促用工单位执行国家劳动标准，提供相应的劳动条件和劳动保护。

第十八条 甲方如派遣乙方到可能产生职业危害的岗位，应当事先告知乙方。甲方应督促用工单位依法告知乙方工作过程中可能产生的职业病危害及其后果，对乙方进行劳动安全卫生教育和培训，提供必要的职业危害防护措施和待遇，预防劳动过程中的事故，减少职业危害，为劳动者建立职业健康监护档案，在乙方上岗前、派遣期间、离岗时对乙方进行职业健康检查。

第十九条 乙方应当严格遵守安全操作规程，不违章作业。乙方对用工单位管理人员违章指挥、强令冒险作业，有权拒绝执行。

七、劳动合同的变更、解除和终止

第二十条 甲乙双方应当依法变更劳动合同，并采取书面形式。

第二十一条 因乙方派遣期满或出现其他法定情形被用工单位退回甲方的，甲方可以对其重新派遣，对符合法律法规规定情形的，甲方可以依法与乙方解除劳动合同。乙方同意重新派遣的，双方应当协商派遣单位、派遣期限、工作地点、工作岗位、工作时间和劳动报酬等内容，并以书面形式变更合同相关内容；乙方不同意重新派遣的，依照法律法规有关规定执行。

第二十二条 甲乙双方解除或终止本合同，应当按照法律法规规定执行。甲方应在解除或者终止本合同时，为乙方出具解除或者终止劳动合同的证明，并在十五日内为乙方办理档案和社会保险关系转移手续。

第二十三条 甲乙双方解除终止本合同的，乙方应当配合甲方办理工作交接手续。甲方依法应向乙方支付经济补偿的，在办结工作交接时支付。

八、劳动争议处理

第二十四条 甲乙双方因本合同发生劳动争议时，可以按照法律法规的规定，进行协商、申请调解或仲裁。对仲裁裁决不服的，可以依法向有管辖权的人民法院提起诉讼。

第二十五条 用工单位给乙方造成损害的，甲方和用工单位承担连带赔偿责任。

九、其他

第二十六条 本合同中记载的乙方联系电话、通信地址为劳动合同期内通知相关事项和送达书面文书的联系方式、送达地址。如发生变化，乙方应当及时告知甲方。

第二十七条 双方确认：均已详细阅读并理解本合同内容，清楚各自的权利、义务。本合同未尽事宜，按照有关法律法规和政策规定执行。

第二十八条 本劳动合同一式（　）份，双方至少各执一份，自签字（盖章）之日起生效，双方应严格遵照执行。

甲方（盖章）　　　　　　　　　　　　乙方（签字）

法定代表人（主要负责人）

或委托代理人（签字或盖章）

年　月　日　　　　　　　　　　　　年　月　日

附件 1

续订劳动合同

经甲乙双方协商同意，续订本合同。

一、甲乙双方按以下第____种方式确定续订合同期限：

1. 固定期限：自____年____月____日起至____年____月____日止。

2. 无固定期限：自____年____月____日起至依法解除或终止劳动合同时止。

二、双方就有关事项约定如下：

1. ____；

2. ____；

3. ____。

三、除以上约定事项外，其他事项仍按照双方于____年____月____日签订的劳动合同中的约定继续履行。

甲方（盖章）　　　　　　　　　　乙方（签字）

法定代表人（主要负责人）

或委托代理人（签字或盖章）

　　年　　月　　日　　　　　　　　年　　月　　日

附件2

变更劳动合同

一、经甲乙双方协商同意，自____年____月____日起，对本合同作如下变更：

1. ____；
2. ____；
3. ____。

二、除以上约定事项外，其他事项仍按照双方于____年____月____日签订的劳动合同中的约定继续履行。

甲方（盖章）　　　　　　　　　　　　　乙方（签字）
法定代表人（主要负责人）
或委托代理人（签字或盖章）

　　年　　月　　日　　　　　　　　　　年　　月　　日

五、劳务分包管理的相关知识

（一）劳务分包管理的一般规定

1. 劳务分包企业资质的规定

2021 年 6 月 29 日，住房和城乡建设部办公厅印发《关于做好建筑业“证照分离”改革衔接有关工作的通知》（建办市〔2021〕30 号），对劳务分包企业资质规定如下：

自 2021 年 7 月 1 日起，建筑业企业施工劳务资质由审批制改为备案制，由企业注册地设区市住房和城乡建设主管部门负责办理备案手续。企业提交企业名称、统一社会信用代码、办公地址、法定代表人姓名及联系方式、企业净资产、技术负责人、技术工人等信息材料后，备案部门应当场办理备案手续，并核发建筑业企业施工劳务资质证书。企业完成备案手续并取得资质证书后，即可承接施工劳务作业。

2. 对劳务工人的规定

（1）劳务工人应当遵守的基本纪律

1）坚守工作岗位，遵守交接班制度，不擅自离岗，不无故旷工，工作时间不做与工作无关的事情。

2）遵守规章制度和操作规程，严格执行工作标准和要求，不违章指挥，不违章作业，不玩忽职守，保证安全生产。

3）服从协调、管理、教育和工作调动，听从工作指挥，不浪费资源，不消极怠工，不损坏生产设备和单位公共财物。

4）工作主动，勤奋务实，开拓创新，提高效率，保证工作质量。

5）养成健康、卫生的生活习惯。

6）遵纪守法，严禁参与各种违法乱纪活动，尊重民风民俗，不打架斗殴，不聚众滋事，严禁酗酒闹事；不赌博，不嫖娼，不吸毒，不侵害他人利益。

7）为人诚信，作风正派，团结互助，光明磊落，顾全大局，不拉帮结伙。

（2）劳务工人一般安全须知

1）工人进入施工现场必须正确佩戴安全帽，上岗作业前必须先进行三级（公司、项目部、班组）安全教育，经考试合格后方能上岗作业；凡变换工种的，必须进行新工种安全教育。

2）正确使用个人防护用品，认真落实安全防护措施。在没有防护设施的高处施工，必须系好安全带。

3）坚持文明施工，杂物清理及时，材料堆放整齐，严禁穿拖鞋、光脚等进入施工现场。

4）禁止攀爬脚手架、安全防护设施等。严禁乘坐提升机吊笼上下或跨越防护设施。

5）特种作业的人员必须经过专门培训，经考试和体检合格，取得操作证后，方准上岗作业。

6）保护施工现场临边、洞口设置的防护栏或防护挡板，通道口搭设的双层防护棚及危险警告标志。

7）爱护安全防护设施，不得擅自拆动，如需拆动，必须经安全员审查并报项目经理同意，但应有其他有效预防措施。

（3）劳务工人文明施工须知

1）施工现场实行封闭式管理，设置进出口大门、围墙（栏），执行门卫纠察制度。严禁与工作无关的人员进入现场。设专人打扫卫生，保持环境整洁。

2）遵守国家有关劳动和环境保护的法律法规，有效的控制粉尘、噪声、固体废物、泥浆、强光等对环境的污染和危害，禁止焚烧有毒、有害物质。

3）施工现场实行作业清扫和卫生保洁制度。作业区内搞好落手清工作，做到工完料尽，场地清。

4）建筑材料、物件、料具，必须按施工现场总平面布置图合理堆放，作业区和仓储间堆料整齐统一、标示醒目。

5）严禁在建设中的施工楼层内、配电间、厨房间等处住人。

6）宿舍内保持通风、整洁、卫生，生活用品摆放整齐，工具放入工具间。浴室、厕所专人清扫、冲洗。生活垃圾盛放在容器内，及时清理，确保周围环境整洁、卫生。

7）食堂严格执行《食品卫生法》，办理卫生许可证，炊事人员办理健康证，纱门纱窗齐全，生熟食品分开存放，保持食堂整洁卫生。

8）施工不扰民，夜间施工按规定办理审批手续。

（4）劳务工人个人安全防护须知

1）安全帽：进入施工现场必须正确佩戴安全帽。安全帽的帽壳、内衬、帽带应齐全完好。

2）安全带：高处作业人员，必须系上合格的安全带，以防高处坠落。

3）手套及防护工作服：在焊接或接触有毒有害、起化学反应燃烧的物质和溶液，应戴胶皮手套和穿好防护服。使用手持电动工具应戴好绝缘手套。进行车、刨、钻等工作时禁戴手套。

4）工作鞋：为防止脚部受伤，当工序有要求时，作业人员应穿着合适的工作鞋加以防护。

5）防护眼镜和面罩：当工作场子所有粉尘、烟尘、金属、砂石碎屑和化学溶液溅射时，应戴防护眼镜和面罩；防护眼睛和面部受电磁波辐射。

6）耳塞：凡工作场所噪声超过 85 分贝时，员工应该佩戴合格的耳塞进行工作。

7）呼吸防护器（防尘口罩和防毒护具）：当工序可能出现大量尘土、有毒气体、烟雾等时，必须选择适当的防尘口罩或防毒护具，以防吸入而导致身体受伤。

8）在路边或公路上工作时，应穿戴反光带或反光衣，令驾车者容易看见。

（5）劳务工人治安防范须知

1）进场作业人员应具备有效的身份证、工作卡等证件，严禁使用无身份证明人员和童工。

2）施工现场建立社会治安综合领导小组、成立治安巡逻队，认真落实“四防”工作，做到有活动、有检查、有记录。

3）项目部与新进场班组、班组与个人均应签订社会治安责任书，层层落实，责任到人。

4）加强职工思想道德教育，提倡诚信做人，争做有理想、有道德、有文化、有纪律的社会主义劳动者，自觉遵守社会治安各项管理规定，同违法乱纪行为作斗争。

5）提倡共创文明卫生、人人爱护公物的道德风尚。保管好公私财物，柜门及时加锁，现金和贵重物品不得随便带入工具（更衣）间，多余现金存入银行，防止财物被盗。

6）自觉维护食堂、浴室、宿舍等公共场所秩序，严禁撬门、爬窗、乱拿别人物品。不准用公物制作私人用具。

7）加强社会治安、综合治理工作，实行来访登记制度和门卫纠察制度，增强职工治安防范责任意识。

8）施工现场严禁酗酒滋事、聚众赌博、打架斗殴、起哄闹事、偷盗建筑材料和工具设备等。严禁耍流氓和其他违法乱纪行为，严禁男女非法混居。

9）项目部治安巡逻队伍，应加强对警戒范围内的治安巡逻检查，认真记录，发现可疑情况及时查明。对严重违法犯罪分子，应将其扭送或报告公安部门处理。

（6）劳务工人应注意的社会公共道德

1）说话文明礼貌，注意仪态，服饰整洁，与人交往讲究信誉、以礼待人；维护公共场所秩序，遇到矛盾应协商解决，不寻衅生事；提倡精神文明，不收听收看和传播反动、低级和黄色的刊物、音像制品。

2）团结工友、乐于助人；服从组织安排，听从上级指挥，勇于同不良现象作斗争；注重不伤害他人和不被他人伤害。

3）爱护公共设施、花草树木；注重保护自己及他人的劳动成果，爱护工地成品、工具设备，及时做好保管及维护工作；不损害公司（工地）的公共利益，不做有损公司（工地）形象的事。

4）保持环境卫生，不在公共场所吸烟；注意各项工序要求，做到工完场清，不将有污染的材料乱扔乱放，不随意丢弃建筑垃圾；控制机械噪声，不野蛮施工，扰乱周围居民正常生活，严格控制施工的时间限制。

5）遵守法律法规和职业操守，强化安全生产，严把工程质量关；敬业爱岗，工作中认真执行工程验收规范的各项要求。

（二）劳务分包招标投标管理

1. 劳务招标投标交易的特点

劳务分包是指施工总承包或专业承包企业将其承包或分包工程中的劳务作业，发包给具有相应劳务分包资质的企业完成的活动。与施工总承包、专业承包项目招标投标工作相比，劳务分包招标投标工作具有如下特点：

（1）劳务分包项目的标的额小、项目数量多

大多数劳务分包项目的标的额都在十几万、几十万或数百万，而总承包或专业承包项目的标的额动辄上千万甚至若干亿元。但劳务分包项目的数量却远远多于总承包项目和专业承包项目的数量。由于通常采用的是分部或分段招标发包，在总承包交易中心招标发包的一个项目到了劳务交易中心后，就演变成了若干个劳务分包项目。这给劳务分包招标投标管理服务机构和人员增大了工作负荷。

（2）劳务分包项目投标报价缺少规范性

施工总承包或专业承包项目的投标报价由于有主管部门的多年规范与指导，执行的基本上是现行的工程量清单计价方式进行较规范的发承包。劳务分包由各总承包单位根据自身的情况和多年的管理经验形成多种形式的劳务分包投标报价方式。一种是定额预算直接费中人工费加适量管理费的报价方式；另一种是定额工日单价乘以总工日报价方式；还有就是平方米单价乘以总面积的报价方式。另外，由于招标范围的不同，报价也不一样。有纯人工费的招标，也有人工费加部分小型机具和生产辅料等不同的组合报价。这些都为开展劳务分包招标投标工作增加了难度。

（3）劳务分包招标投标操作周期短

按照相关规定要求，完成一个总承包工程项目招标投标过程的法定时效为107天，这个时间作为总承包工程是可行的。但总承包企业尚未在总承包市场中标获得工程时，不允许其进行劳务分包招标。因此如果其一旦在总承包市场中标获得工程，建设单位会要求其马上进场施工，而不会给其3个月的时间进行劳务分包的招标，这就使得劳务分包的操作周期必然缩短。

2. 劳务分包招标投标的一般规定

（1）施工总承包企业、专业承包企业可以作为劳务发包人将劳务作业分包给具有相应能力或劳务资质的劳务分包企业，不得分包给其他不具备能力或劳务资质的劳务分包企业。

（2）劳务分包的方式和内容应当符合法律法规允许的类型和范围。

（3）劳务作业分包招标可采用直接发包、公开招标、邀请招标的方式选择具有施工能力或资质的劳务作业分包企业。

（4）劳务作业分包工程招标应当具备的条件。

1）工程款已经落实。

2）工程进展需要大量劳动力进场。

3）已具备劳务作业现场开工条件。

4）其他条件。

（5）劳务分包投标人应向招标人提供的资格预审资料。

1）企业营业执照和资质证书（必要时）。

2）企业简介。

3）企业自有资金情况及成本控制能力。

4）职工人数（包括技术工人数）。

5）各种上岗证书情况。

6）企业自有主要机械设备情况（必要时）。
7）近三年承建的主要工程及其质量情况。
8）招标人要求的其他资料。

3. 劳务招标投标文件内容

(1）劳务分包招标文件条款应当包括以下内容：
1）投标人资格预审情况。
2）工程概况。
3）现场情况简介。
4）招标要求。
5）投标报价要求。
6）劳务费的结算与支付。
7）投标须知。
8）开标须知。
9）附件。
10）补充条款。
(2）劳务分包投标文件条款应当包括以下内容：
1）投标函。
2）投标授权书。
3）承诺书。
4）劳务投标书。
5）报价明细表。
6）拟派劳务人员情况。
7）同类施工业绩。
8）公司资质材料。
9）质量管理措施。
10）安全控制措施。

4. 劳务招标投标管理工作流程

劳务招标投标管理工作流程如图 5-1 所示。

(三）劳务分包作业管理

1. 劳务分包队伍进出场管理

(1）劳务分包队伍进场的必要条件
1）劳务分包队伍接到中标通知书后，与总承包企业签订劳务（专业）分包合同并签订《施工安全协议》《总分包施工配合协议》《水电费及其他费用协议》《总分包管理协议》《安全生产协议》《安全总交底》《安全消防及环境管理责任书》《治安综合治理责任书》

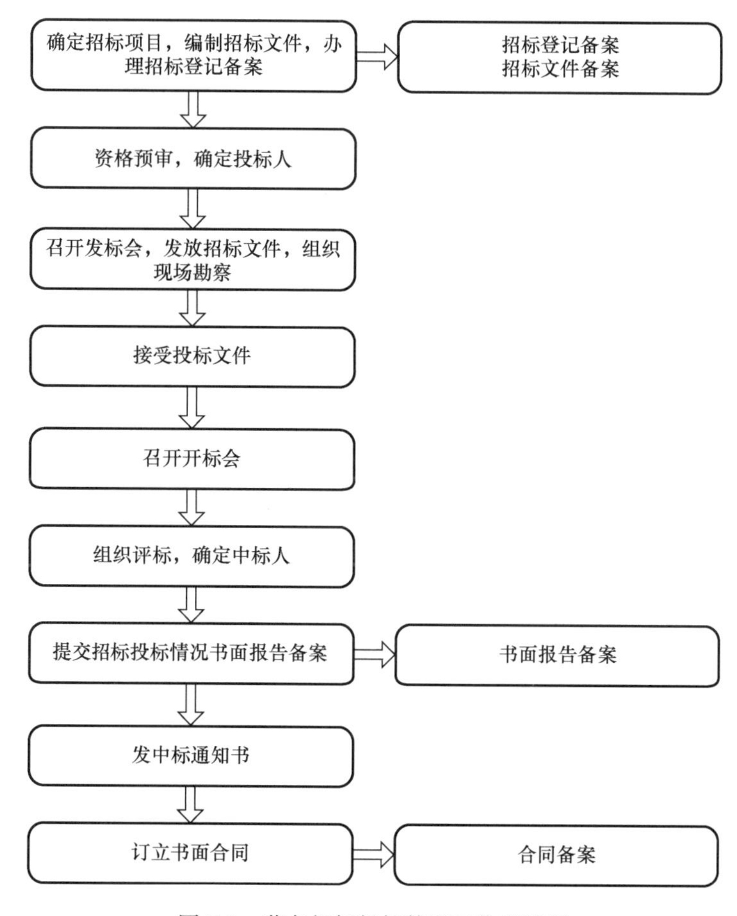

图 5-1　劳务招标投标管理工作流程图

等，双方责任和权力已明确无异议。

2）劳务分包队伍经核查自身现有的人员、技术、装备力量能够满足工程施工作业需要，已经做好了补充人员和机械设备的准备。

3）劳务分包队伍得到了总承包方书面许可，施工现场具备进场条件。

（2）进场人员管理

劳务分包队伍人员在进场时必须符合以下规定：

1）指定专职劳务管理人员对施工现场的人员实行动态管理，落实用工管理。提供管理人员、工人花名册，所有人员须提交两张一寸照片及身份证复印件纸质和电子版，总承包统一办理出门证、车辆出入证。以书面的形式提交单位进场时间，办公室及宿舍需求。有效的管理人员上岗证、特殊岗位人员上岗证、技能等级证书复印件一式三份加盖单位公章，原件备查，其中分包单位企业负责人、项目负责人、安全管理人员必须持有《安全生产考核合格证》。

2）签订好劳动合同或用工书面协议，建立劳务分包队伍人员花名册台账，人员花名册台账做到动态管理，为施工现场人员考勤、工资发放、劳资纠纷处理、工伤事故处理等工作做好准备；对特种作业人员信息、特种作业证进行登记造册备案。未经登记备案人员不得进入施工现场，后续进场人员需在登记表中及时补充登记。建立施工现场管理台账

（如《工程管理人员登记表》和《现场工人登记表》），对进出场人员信息及时跟踪，并将台账报劳务项目管理机构备查，同时报送一份留存。

3）禁止使用不满16周岁和超过55周岁人员，禁止使用在逃人员、身体残疾或智障人员及其他不适应施工作业的人员。

4）工长、技术员、部门负责人以及各专业安全管理人员等应接受安全技术培训、并参加总包方组织的安全考核。

5）特种作业人员的配备必须满足施工需要，并持有有效证件（原籍地市级人社部门颁发）和当地人社部门核发的特种作业临时操作证，持证上岗。

6）上述进场劳务作业人员花名册、身份证、岗位技能等级证书、劳动合同或用工书面协议的复印件留存备案至工程完工后3年。

（3）分包单位备案资料

分包单位入场前一周内向总包方项目经理部提交下列企业资信备案资料，项目经理部负责二次审核企业资信的真实性。

1）企业资质证书、营业执照复印件。

2）公司概况介绍。

3）参与本工程的组织系统表及通信联络表。

4）参与本工程施工的管理人员工作简历及职称、上岗证书原件及复印件。

5）本单位当年年审过的安全施工许可证复印件。

6）外省市施工单位跨地区施工许可证复印件。

7）特殊工种的《特种作业操作证》复印件（电工、架子工、起重司索信号工等）。

分包单位所提交以上资料必须真实有效并与合同谈判时规定一致。

（4）入场教育培训管理

项目经理部应当结合对分包单位培训的内容编制教育培训大纲，制定教育培训计划并组织实施，分包单位人员经培训合格后方可正式进入现场施工。

教育培训大纲的内容一般包括：安全管理风险与防范；消防保卫管理；质量管理；计划管理；生产管理；文明施工管理；成品保护管理；现场物资管理；技术管理；工程资料管理；后勤管理；统计及工程款结算管理；各类安全生产规定，特殊作业规定；新工艺、新技术、新设备等。

（5）分包劳务方退场的管理

分包劳务方退场有多种情况，但按照劳务分包队伍与总包方的意愿，可总体归纳成以下三种：

1）因合同履行完毕，正常终止合同，双方达成退场协议。

按照法律程序，合同履行完毕后，合同的效力已经终止，经双方协议，劳务分包队伍可以退场。劳务分包队伍退场时，根据“你的留下，我的带走”原则，正常退场。如有其他协议或合同条款未履行完毕，经双方协商可暂时退场，劳务分包队伍在合同期限内仍有义务履行自身的义务。

2）因某种原因，被总承包方强制终止，予以退场。

总包方因某种原因，提出终止合同，劳务分包队伍中途退场。劳务分包队伍可按照合同条款进行申诉，但劳务分包队伍违约在先，符合相关终止合同规定的除外，如以下情况：

劳务分包企业有下列行为之一的，由总包单位依据双方协议，予以处罚停工整改，仍达不到安全生产条件的，由总包单位对其开出退场警告书直至退场处理。

① 连续三次检查出重大安全隐患并拒不整改的。

② 出现重大质量问题的。

③ 出现重大安全事故的。

④ 因劳资纠纷引发的群体性事件影响特别恶劣的。

⑤ 发生事故隐瞒不报、漏报、晚报的。

⑥ 发生群体违法行为、发生刑事案件造成不良影响的。

⑦ 其他行为造成严重后果的。

3）因劳务分包队伍单方有退场意愿并提出终止合同。

施工过程中，分包单位因其本单位原因，主动向总包单位提出终止合同的，因此而造成的一切损失均由分包单位承担；其应提前一个月向总包单位提出退场申请并在施工阶段完成后，与总包单位办理交接、清算工作。

劳务分包企业退场前，应按规定结清分包费用，保证足额支付工人工资，做好工序作业面的移交并办理书面手续。

2. 劳务分包作业过程管理

（1）进度管理

1）进度计划种类

分包单位根据总包方项目经理部下发的总控目标计划及参考现场实际工作量、现场实际工作条件，负责编制月度施工进度计划、周施工进度计划、日施工进度计划，并报总包方项目经理部认可后方可实施。计划种类包括日计划、周计划、月计划。

2）进度计划内容及上报要求

① 各分包单位的月度施工计划包括：编制说明、工程形象进度计划、上月计划与形象进度计划对比、主要实物量计划、技术准备计划、劳动力使用计划、材料使用计划、质量检查计划、安全控制计划等。

② 各分包单位的周计划包括上周计划完成情况统计分析，本周进度计划，主要生产要素的调整补充说明，劳动力分布。

③ 各分包单位要按总包项目经理部要求准时参加日生产碰头会，会议内容包括前日施工完成情况、第二天的计划安排、需总包项目经理部协调解决的问题等。

④ 日计划：当日计划能够满足周计划进度时可在每日生产例会中口头汇报，否则应以书面形式说明原因及调整建议。

⑤ 月计划：分包单位依据总包项目经理部正式下达的阶段进度计划编制。

内容：作业项目及其持续时间，例如混凝土浇筑时间，各工序所需工程量及所需劳动力数量。

⑥ 周计划：分包单位依据总包项目经理部月度施工进度计划编制，以保证月度计划的实施，周计划是班组的作业计划。

内容：作业项目各工序名称及持续时间，工序报检时间（准确至小时），材料进场预定时间，各工序所需工程量及所需劳动力数量。

进度计划上报要求（见表5-1）：

计划上报要求　　**表 5-1**

序号	计划名称	上报要求
1	日计划	每天下午上报次日计划及当日工作完成情况
2	周统计	本周工作量及完成情况统计于下周报总包方项目经理部工程管理部门
3	周计划	将第二周（从本周六到下周五）工作计划于周末定时上报工程管理部门
4	月统计	本月（从上月25日到本月25日）工作量及完成情况统计于本月25日9：00am前报总包方项目经理部工程管理部门。(逢周六、周日提前至周五)
5	月计划	将下月工作计划（从本月25日到下月25日）于本月23日12：00am上报总包方项目经理部工程管理部门。(逢周六、周日提前至周五)

报表上报内容要求（见表5-2）：

上报内容要求　　**表 5-2**

序号	报表名称	上报要求
1	日报	次日生产计划；当日工作完成情况
2	周报	周施工生产计划；周材料、设备进场计划；周施工作业统计；周劳动力使用报表
3	月报	月施工生产计划；月材料、设备进场计划；月劳动力使用报表；月材料使用报表；机械使用报表；施工作业统计；计划考核（实际进度）

3）计划统计管理实施的保证措施

① 检查及考核建立计划统计管理的严肃性

总包方项目经理部、分包单位施工负责人应树立强烈的计划管理意识，努力创造良好的工作环境，要求全员参与，使计划做到早、全、实、细，真正体现计划指导施工，工程形象进度每天有变化，工程得到有效控制。

正式计划下达后，总、分包单位各职能部门应将指标层层分解、落实，并按指标的不同，实行各职能部门归口管理。

计划的考核要严肃认真，上下结合，实事求是，检查形式分为分包单位自检和总包方项目经理部检查两种，并以总包方项目经理部考核结果为准。

② 考核要与经济利益挂钩

通过与计划执行责任人签协议书等方式作为计划考核手段，尽量排除人为因素干扰。施工方案的制订能否满足计划要求，应与技术措施费的发放结合起来。工程进度款以完成实物工程量为依据准时发放。未能完成计划的分项工程款应暂扣适量金额以示惩罚。

③ 实行生产例会制

例会时间尽量缩短，讲究效率，解决具体问题，日例会开会时间不超过30分钟。日工作例会每日定时举行。周工作例会每周定时与日例会同时举行。月工作例会每月定时与日例会同时举行。上述时间可以根据建设单位的要求以及项目经理部的具体工作情况适当调整。

④ 日生产碰头会内容（定时）

分包单位汇报本工作日总包项目经理部、监理验收事项及验收时间。分包单位检查前日计划完成情况并且分析原因。分包单位对今日计划是否能按时完成及存在什么问题进行说明并阐述理由。分包单位介绍明日工作计划。

总包项目经理部各专业组对各分包单位日计划进行补充修正。总包项目经理部各专业部门对各工种、工序日计划完成情况进行总结，对出现的问题提出解决措施。总包项目经理部工程管理部门对夜间施工及材料进场进行协调。公布第二日安全通道及管理点。协调第二日塔吊、机械（电梯）等设备的使用情况。

（2）质量管理

1）一般规定

① 分包单位入场前应与项目经理部签订“分包施工合同”，明确质量目标、质量管理职责、竣工后的保修与服务、工程质量事故处理等各方面双方的权利和义务。

② 分包单位入场需提供的资料

本单位的企业资质；

本单位管理人员的名录及联系方式、本单位质量管理体系图（或表）；

专兼职质量检查员名录及联系方式，附上岗证（专职质量检查员要求具有相应岗位证书并有从事相关工程的施工经验）；

进入项目的检验、测量和试验设备的清单，及检验校准合格证。

2）分包单位质量教育

① 分包单位的入场教育

项目开工前，由总包方质量管理部门组织，参与施工的各分包单位的各级管理人员参加，学习总包单位的质量方针、质量保证体系。

由各分包单位负责组织对操作人员的培训，熟悉技术法规、规程、工艺、工法、质量检验标准以及总包单位的企业标准要求等。

② 日常的质量培训和教育

分包单位必须加强员工的质量教育，牢固树立创优意识，定期组织员工进行规范、标准和操作规程的学习培训，提高员工质量能力。

项目经理部将经常检查分包单位操作工人对质量验收规范、操作工艺流程的掌握情况，达不到要求的一律清退出场，所造成的损失由分包单位自负。

项目经理部针对施工过程的不同阶段，以及施工中出现的质量问题，有重点的展开质量教育与操作技能培训，并加强对分包单位队伍的考核，在分包单位中开展质量评比。

3）日常质量管理

① 分包单位质量第一责任人为分包单位总负责人，负责本单位现场质量体系的建立和正常运行。

② 分包单位的专职质量检查员对本单位施工过程行使质量否决权。负责分项工程的质量标准控制，监督施工班组的过程施工，对总包单位报验。

③ 总包单位组织的每周一次质量例会与质量会诊，各分包单位的行政领导及技术负责人参加。

④ 总包单位组织的每月底的施工工程实体质量检查，各分包单位的行政领导及技术负责人参加。并将整改情况报项目经理部质量管理部门。

4）施工过程中的质量控制

① 在工程开始施工前，分包单位负责人首先组织施工、技术、质量负责人认真进行图纸学习，掌握工程特点、图纸要求、技术细节，对图纸交代不清或不能准确理解的内容，及时向总包单位技术、工程管理部门提出疑问。绝不允许“带疑问施工”。若由此造成一切损失由相应分包单位负责。

② 分包单位施工负责人必须组织相关人员认真学习总包方施工组织设计和相关施工方案、措施，学习国家规范标准。接受总包单位技术、工程管理部门相关的技术、方案交底，签字认可，对不接受交底的禁止分项工程施工。

③ 要求严格按照施工组织设计、施工方案和国家规范、总包商标准组织施工。如对总包单位施工方案有异议，必须以书面形式反映，在未得到更改指令前，必须执行总包单位的既定方案，严禁随意更改总包项目经理部方案或降低质量标准。

④ 每一分项工程施工前，分包单位要针对施工中可能出现的技术难点和可能出现的问题研究解决办法，并编制分包单位施工技术措施、技术质量交底，报项目经理部技术部门审批，审批通过后，方可实施施工。

⑤ 每天施工前班组长必须提前对班组成员做班前交底，班前交底要求细致，交底内容可操作性强，并贯彻到每一个操作工人，班前交底要求有文字记录、双方签认，总包方责任师将不定期抽查。交底内容包括：

A. 作业条件及其要求；

B. 施工准备、作业面准备、工具准备、劳动力准备、对设备和机具的要求；

C. 操作流程；

D. 操作工艺及措施（具有可操作性，不可违反规范）；

E. 质量要求（应有检查手段、方法、标准）；

F. 成品保护；

G. 安全文明施工。

⑥ 对自身的施工范围要求加强过程控制，施工过程中按照“三检制”要求施工，即“自检、互检、交接检”，交接过程资料要求齐全，填写“交接检查记录”。

⑦ 过程施工坚持样板制，分项工程必须先由总包单位验收样板施工内容，样板得到确认后才能进入大面积施工。样板部位按总包单位要求挂牌并明确样板内容、部位、时间、施工单位和负责人。

⑧ 施工过程中出现问题要立即上报总包单位相关人员，不允许继续施工，更不允许隐瞒不报。质量问题的处理要得到总包单位批准按照总包单位指令进行。

⑨ 施工过程中，每道工序完成检查合格后要及时向总包商报验。上道工序未经验收合格，严禁进入下道工序施工，尤其是隐蔽工程更要按规定验收。

⑩ 模板拆除必须在得到总包单位书面批准的情况下（即拆模申请单得到批准）才能进行，严禁过早拆模。

⑪所有试验必须与施工同步，按总包单位要求进行操作，不得有缺项漏做，严禁弄虚作假。

⑫ 分承包单位必须按照总包要求作好现场质量标识。在施工部位挂牌，注明施工日期、部位、内容、施工负责人、质检员、班组长及操作人员姓名。

⑬ 分包单位自行采购的物资，必须在总包单位指定合格分供方范围内采购，进场经总包单位验收合格后，各种质量证明资料报总包单位物资管理部门备案，进场验收不合格的物资，立即退场。

（3）技术管理

1）分包单位技术管理基础工作

① 分包单位必须在现场设一名技术负责人，专业技术人员应不少于 3 名。

② 负责编写本单位承包范围内的专项施工方案和季节性施工措施，并报总包单位审批，由总包单位批准后方可施工。（总包单位如有施工方案，依据总包单位方案编制或执行，项目经理部可具体情况具体确定。）

③ 组织分包单位的工程和技术人员参加图纸内审和设计交底，如不参加内部图纸会审、方案交底和对总包单位发放的图纸中有疑难问题不及时提出而盲目施工造成的后果由分包单位承担。

④ 及时以书面形式向总包单位技术部门反馈现场技术问题。

⑤ 现场若出现质量问题，必须制定详细的书面处理措施，并报总包单位技术部门和质量管理部门审核，项目总工审批后方可实施。

⑥ 定期参加总包单位组织的技术工作会及生产例会。

⑦ 负责本单位技术资料的收集与编制工作，并及时向总包单位上报技术资料。

2）图纸会审、技术交底、技术文件管理

① 图纸会审管理

分包单位在收到图纸后认真阅图，若发现问题应以书面形式及时反馈，并上报总包商技术部门。分包单位技术负责人必须参加总包单位技术部门组织的内部图纸会审，并做好会议记录。分包单位的技术负责人参加业主或监理组织的图纸会审。分包单位的技术负责人组织本单位工程技术人员参加总包单位技术部门组织的图纸交底。

② 技术交底管理

技术交底包括：专项施工方案措施交底和各分项工程施工前的技术交底。

技术交底应逐级进行。分包单位技术负责人必须组织本单位工程技术人员，参加总包单位项目经理部组织的图纸交底，技术交底和现场交底。

分包单位技术部门必须对施工管理层进行图纸和方案交底。施工管理层对操作层进行交底。各级交底必须以书面形式进行，并有接受人的签字。分包单位要将技术交底作为档案资料加以收集记录保存，以备总包单位技术部门检查。

③ 技术文件的发放管理

图纸的发放管理：工程的施工图，由总包方技术部门统一发放和管理。所下发的图纸套数依据分包单位合同规定。各分包单位应建立单独的施工文件发放台账。

在施工过程中，如设计重新修改签发该部位的图纸，由总包单位技术部门下发有效图纸清单，分包单位负责回收作废图纸，并上报总包单位项目经理部技术部门。

对于业主指定分包单位工程，分包单位必须提供经总包单位项目经理部审核合格的竣工图（数量根据合同规定），在分部、分项工程验收前提供。

技术规范和图集等的发放管理：各分包单位所有施工依据的规范或图集，均应采用现行最新版本的规范或图集，严禁分包单位按照已作废的规范、图集施工，若发生上述事件，总包单位有权责令其停工，并限期整改，一切经济责任由分包单位负责。

总包单位不负责向分包单位发放规范或图集。

3）施工方案管理

① 施工方案编制

分包单位技术部门作为各项施工方案的编制部门，在方案编制过程中应全面征求分包单位工程、质量、安全管理部门的意见，方案编制完后交各部门传阅或组织讨论后定稿。

对于由业主指定分包单位的分部、分项工程，分包单位应至少提前两周将施工方案上报总包单位技术部门，由技术部门审核并根据分包单位所提的施工方法和现场的实际情况再由总包单位技术部门制定最终的施工方案。

总包单位施工方案应在分项工程施工前下发分包单位，分包单位须及时传阅，如有问题应在总包单位项目经理部方案交底会中提出。

分包单位编制的施工方案必须符合国家规范、标准的要求，任何人无权降低标准。并不得与总包单位下发的方案相违背。

② 施工方案的实施

方案交底：施工方案实行三级技术交底制度：方案编制下发后由分包单位技术部门组织对其单位项目经理、工程管理部门、质量管理部门、安全管理部门、技术负责人进行技术交底。二级交底为分包单位工程管理部门责任师对分包单位工长、质量检查员交底。三级交底为分包单位工长对班组长、操作工人交底。

施工方案实行签字认可制度，分包单位技术负责人必须在收到总包单位施工方案或接受技术交底后签字认可总包单位项目经理部的施工方案。

4）现场材料及技术管理

① 现场材料投入

对于项目部投入交分包单位使用的材料、周转材料必须双方共同确认。

施工方案定稿后，总包单位技术部门、分包单位技术负责人共同进行材料用量计算，双方核对后签字认可，并作为现场材料投入的依据。

根据分包单位合同的要求，分包单位必须根据周计划在周三前将下周材料需用的计划报送总包单位技术部门，每月定期将下月材料计划报送总包单位技术部门，否则，造成材料未能及时进场而耽误工期一切损失由分包单位承担。以上内容同样适用于业主指定分包单位，以便于总包商项目经理部的统一协调安排各种工作。

② 材料检验、试验管理方法

分包单位自行组织进场的物资，在进场时必须向项目物资管理部门提供进场物资出厂合格证、检测报告、试验报告、产品生产许可证、准用证等相关资料；对需复试的材料需委托复试并提供复试报告；由物资管理部门负责验收，对于较为重要的物资，物资管理部门组织技术部门、质量管理部门共同参与验收。

分包单位提供的所有资料必须提交原件一式三份。重要物资经总包单位验收合格后，由物资管理部门负责向监理报验，监理验收合格后方可使用，如监理验收不合格，总包方不承担任何责任。

施工过程中分包单位需按合同相关条款进行过程检验、试验及质量验收。

③ 现场技术问题解决管理方法

现场技术问题应尽量在施工前解决。现场各分包单位发现的技术问题，应及时以书面形式反馈给总包单位技术部门。

一般技术问题总包单位项目经理部以工程技术联系单的形式来解决。若重大技术问题，由总包单位负责组织业主、监理、设计和分包单位共同研究处理。

若在具体工程施工中分包单位未按方案施工或总包单位发现分包单位的质量问题，总包单位技术部门会以工程技术联系单的书面形式质疑分包单位。若问题严重总包单位有权向分包单位提出罚款甚至停工的权利。

5）设计变更和工程洽商的管理

① 设计变更和工程洽商的管理

对于总包单位负责招标的分部、分项工程，由总包单位技术部门根据共同确定的意见办理工程洽商或签收设计变更。

对于业主指定分包单位的分部、分项工程，由分包单位自行办理设计变更、洽商，但必须经总包单位项目经理部总工审核签字后方可实施。所有设计变更、洽商由总包单位技术部门统一收发。

② 审图责任及时效

总包单位负责招标的分包单位在接到总包单位项目经理部下发的招标图纸或正式图纸后 7 天内必须将所有图纸问题提交总包单位技术部门，由技术部门落实解决，接收图纸 7 天后无异议的视同对图纸的认可。

在施工过程中如果由于分包单位审图不细致而要求变更，只能提出技术变更，不做经济调整，同时也不能向总包单位提出任何其他要求。

对于业主指定的分包单位，分包单位应独立承担图纸设计责任及施工责任，总包单位项目经理部无任何连带责任。

如果由于分包单位的失误而影响别的分项工程，总包单位项目经理部将依据相关合同条款对其进行索赔。

6）计量管理

进入施工现场的各分包单位，必须设置一专职（兼职）计量员负责本单位的计量工作，并将名单报至总包单位技术部门。该计量员通常为分包单位的技术负责人并负责以下工作：

① 负责建立分包单位的计量器具台账及器具的标识。

② 负责分包单位计量器具的送检，送检证明报总包单位项目经理部审核，检测合格证报总包商项目经理部备案。

③ 定期参加总包单位组织的计量工作会议。

④ 负责绘制本单位的工艺计量流程图。

⑤ 向总包单位上报本单位的计量台账和工艺流程图。

对不合格设备的处理：

凡出现下列特征的设备均为不合格：已经损坏；过载或误操作；显示不正常；功能出

现可疑；超过了规定检定周期。

不合格设备应集中管理，由使用单位计量员贴上禁用标识，任何人不准使用，并填写报废申请单，经总包单位审核后才能生效。

不合格设备及器具经修理或重新检测，合格后方可使用。

7）工程资料管理

① 所有分包单位需设专职或兼职资料员一名，负责工程技术资料的管理，接受总包单位相关管理人员的监督与领导。

② 根据合同约定，分包单位负责填写、收集施工资料，交总包单位项目经理部审核后归档。对于总包单位项目经理部提出的任何整改要求，分包单位应无条件完成。

③ 对于业主指定的分包单位工程和总包方实行管理的分部、分项工程，分包单位在工程验收时需向总包单位项目经理部提供全套施工资料一式四份，包括竣工图。在施工过程中，总包单位有关人员随时有权检查其资料和要求分包单位提供各种资料。

④ 分包单位的资料必须符合以下文件要求：

国家标准《建设工程文件归档规范（2019 版）》GB/T 50328—2014；

总包商关于资料管理的其他要求。

（4）文明施工管理

分包单位从进入施工现场开始施工至竣工，从管理层到操作层，全过程各方位都必须按文明施工管理规定开展工作。

1）文明施工责任

分包单位施工负责人为其所施工区域文明施工工作的直接负责人。

分包单位设文明施工检查员负责现场文明施工并将文明施工检查员名单报总包单位项目经理部工程管理部门备案。

分包单位文明施工工作的保证项目包括：无因工死亡、重伤和重大机械设备事故；无重大违法犯罪事件；无严重污染扰民；无食物中毒和传染疾病；现场管理中的工完场清等工作。

2）场容和料具管理

场容管理要做到：工地主要环行道路做硬化处理，道路通畅；温暖季节有绿化布置；施工现场严禁大小便。

料具管理要做到：现场内机具、架料及各种施工用材料按平面布置图放置并且堆码整齐，并挂名称、品种、规格等标牌，账物相符，做到杂物及时清理，工完场清。有材料进料计划，有材料进出场查验制度和必要的手续，易燃易爆物品分类存放。

分包单位要按总包单位环境管理及其程序文件要求，设置封闭分类废弃物堆放场所，做到生活垃圾和施工垃圾分开；可再利用、不可再利用垃圾分开；有毒有害与无毒无害垃圾分开；悬挂标识及时回收和清运，建立垃圾消纳处理记录（垃圾消纳单位应有相关资质）。消灭长流水和长明灯，合理使用材料和能源。现场照明灯具不得照射周围建筑，防止光污染。

3）防止大气污染

施工现场的一般扬尘源包括：施工机械铲运土方、现场土方堆放、裸露的地表、易飞扬材料的搬运或堆放、车轮携带物污染路面、现场搅拌站、作业面及外脚手架、现场垃圾站、特殊施工工艺。

防止大气污染措施：

土方铲、运、卸等环节设置专人淋水降尘；现场堆放土方时，应采取覆盖、表面临时固化、及时淋水降尘措施等。

施工现场制定洒水降尘制度，配备洒水设备并指定专人负责，在易产生扬尘的部位进行及时洒水降尘。

现场道路按规定进行硬化处理，并及时浇水防止扬尘，未硬化部位可视具体情况进行临时绿化处理或指派专人洒水降尘。

清理施工垃圾，必须搭设封闭式临时专用垃圾道，严禁随意凌空抛撒。

运输车辆不得超量装载，装载工程土方，土方最高点不得超过槽帮上缘 50cm，两侧边缘低于槽帮上缘 10～20cm；装载建筑渣土或其他散装材料不得超过槽帮上缘；并指定专人清扫路面。

施工现场车辆出入口处，应设置车辆冲洗设施并设置沉淀池。

施工现场使用水泥和其他易飞扬的细颗粒材料应设置在封闭库房内，如露天堆放应严密遮盖，减少扬尘；大风时禁止易飞扬材料的搬运、拌制作业。

脚手架的周边应进行封闭措施，并及时进行清洁处理。

施工现场的垃圾站必须进行封闭处理，并及时清理。

4）防止施工噪声污染

① 土方阶段噪声控制措施：土方施工前，施工场界围墙应建设完毕。所选施工机械应符合环保标准，操作人员需经过环保教育。加强施工机械的维修保养，缩短维修保养周期。

② 结构阶段噪声控制措施：尽量选用环保型振捣棒；振捣棒使用完毕后，及时清理保养；振捣时，禁止振钢筋或钢模板，振捣棒做到快插慢拔，要防止空转。模板、脚手架支设、拆除、搬运时必须轻拿轻放，上下左右有人传递；钢模板、钢管修理时，禁止用大锤敲打；使用电锯锯模板、切钢管时，及时在锯片上刷油，且模板、锯片送速不能过快。

③ 装修阶段噪声控制措施：尽量先封闭周围，然后装修内部；设立石材加工切割厂房，且有防尘降噪设施；使用电锤时，及时在各零部件间注油。

④ 加强施工机械、车辆的维修保养，减少机械噪声。

⑤ 施工现场木工棚做好封闭处理，防止噪声扩散。

5）废弃物管理

分包单位要将生活和施工产生的垃圾分类后及时放置到各指定垃圾站。施工现场的垃圾站分为：生活垃圾和建筑垃圾两类，其中建筑垃圾分为：有毒有害不可回收类、有毒有害可回收类、无毒无害不可回收类、无毒无害可回收类。

（5）成品保护管理

1）成品保护的期限

各分包单位从进行现场施工开始至其施工的专业任务竣工验收为止，均处于成品保护阶段，特殊专业按合同条款执行。

2）成品保护的内容（见表 5-3）

成品保护　表 5-3

序号	项目	内容
1	工程设备	锅炉、高低压配电柜、水泵、空调机组、电梯、制冷机组、通风管机等
2	结构和建筑施工过程中的工序产品	装饰墙面、顶棚、楼地面装饰、外墙立面、窗、门、楼梯及扶手、屋面防水、绑扎成型钢筋及混凝土墙、柱、门窗洞口、阳角等
3	安装过程的工序产品	消防箱、配电箱、插座、开关、散热器、空调风口、灯具、阀门、水箱、设备配件等

3）成品保护的职责

① 各分包单位负责人为其所施工工程专业的成品保护直接责任人。

② 分包单位应设成品保护检查员一名，负责检查监督本专业的成品保护工作。

③ 各分包单位的施工员根据责任制和区域划分实施成品保护工作，负管理责任。

4）成品保护措施的制订和实施

① 分包单位要按总包单位项目经理部制订的施工工艺流程组织施工，不得颠倒工序，防止后道工序损坏或污染前道工序。

② 分包单位要把成品保护措施列入本专业施工方案，经总包单位商项目经理部审核批准后，认真组织执行，对于施工方案中成品保护措施不健全、不完善的不允许其专业施工。

③ 分包单位要加强对本单位员工的职业道德的教育，教育本单位的员工爱护公物，尊重他人和自己的劳动成果，施工时要珍惜已完和部分已完的工程项目，增强本单位员工的成品保护意识。

单位 各专业的成品保护措施要列入技术交底内容，必要时下达作业指导书，同时分包单位要认真解决好有关成品保护工作所需的人员、材料等问题，使成品保护工作落到实处。

⑤ 分包单位成品保护工作的检查员，要每天对本专业的成品保护工作进行检查，并及时督促专职施工员落实整改，并做好记录。同时每月参加总包单位项目经理部组织的成品保护检查（与综合检查同步进行），并汇报本专业成品保护工作的状况。

⑥ 工作转序时，上道工序人员应向下道工序人员办理交接手续，并且履行签认手续。

（6）物资管理

1）材料计划管理

① 分包单位根据总包单位项目经理部月度材料计划及施工生产进度情况向总包单位项目经理部物资管理部门提前 2～5 天报送材料进场计划，并要注明材料品种、规格、数量、使用部位和分阶段需用时间。

② 材料计划要使用正式表格，要有主管、制表二人签字，报总包单位项目经理部物资管理部门进行采购供应。

③ 如果所需材料超出计划，为了不影响施工进度，分包单位提出申请计划由项目技术部门及预算部门审核后方可生效。

④ 对变更、洽商增减的用料计划，必须及时报送总包单位物资管理部门。

⑤ 分包单位如果不按总包单位项目经理部要求报送材料计划（周转材料），所影响工期和造成的损失由分包单位负责。

2）材料消耗管理

① 总包单位项目经理部根据分包单位合同承包范围内的各结算期的物资消耗数量，对分包单位实行总量控制。

② 分包单位所领用物资超出总量控制范围，其超耗部分由分包单位自行承担，总包单位项目经理部在其工程款中给予扣除。

③ 分包单位要实行用料过程中的跟踪管理，督促班组做到工完场清，搞好文明施工。

④ 严格按方案施工，合理使用材料，加强架料、模板、安全网等周转材料的保管和使用，对丢失损坏的周转材料由分包单位自行承担费用。

⑤ 木材、竹胶板的使用要严格按施工方案配制，合理使用原材料，由分包单位、总包单位商技术部门和物资管理部门对制作加工过程共同监督。

⑥ 木材、竹胶板的边角下料，应充分利用。

⑦ 使用过的模板应及时清理、整修、提高模板周转率和使用寿命并码放整齐。

⑧ 钢筋加工要集中加工制作，并设专职清筋员，发料由清筋员按配筋单统一发放使用。

⑨ 短料应充分利用，如制作垫铁、马铁等，严禁将长料废弃。

⑩ 定期对钢筋加工制作进行检查，严格管理，防止整材零用、大材小用。

3）材料验证管理

① 验收材料必须由各分包单位专职材料员进行验证并记录。

② 在验收过程中把好“质量关、数量关、单据关、影响环境和安全卫生因素关”，严格履行岗位职责。

③ 分包单位自行采购的材料，在采购前必须分期、分批报送总包单位项目经理部物资管理部门，所有材料必须要有出厂合格证、检验证明、营业执照，总包单位项目经理部要参与分供方评定、考核分供方是否符合质量、环境和职业安全健康管理体系要求。

④ 物资进场要复查材料计划，包括材料名称、规格、数量、生产厂家、质量标准，并证随货到。

⑤ 对证件不全的物资单独存放在“待验区”，并予以标识，及时追加办理。

⑥ 对需取样做复试的物资单独存放在“质量未确定区”，并予以标识。

⑦ 对于复试不合格的材料，由验证人员填写《不合格材料记录》，及时通知供货部门；供应部门根据材料的不合格情况，及时通知供方给予解决处理，并填写《不合格材料纠改记录》。

⑧ 未经验证和验证中出现的上述不合格情况，不得办理入库（场）手续，更不得发放使用。

⑨ 对合格材料及时办理入库手续，予以标识，并做材料检测记录，按月交总包单位物资管理部门存档。

4）材料堆放管理

① 材料进场要按总包单位的平面布置规划堆码材料，材料堆场场地要平整，并分规格、品种、成方成垛、垫木一条线码放整齐，特殊材料要覆盖，有必要时设排水沟不积水，符合文明施工标准。

② 在平面布置图以外堆码材料，必须按总包单位项目经理部物资管理部门指定地点码放并设标识。

③ 根据不同施工阶段，材料消耗的变化合理调整堆料需要，使用时由上至下，严禁浪费。

④ 要防止材料丢失、损坏、污染，并做好成品保护。

⑤ 仓库要符合防火、防雨、防潮、防冻保管要求，避免材料保管不当造成变形、锈蚀、变质、破损现象，对易燃品要单独保管。

⑥ 现场所有材料出门，必须由总包单位项目经理部物资管理部门开出门条，分包单位调进、调出的材料必须通知总包单位项目经理部物资管理部门办理进、出手续。

5）基础资料要求

分包单位每月必须向总包单位项目经理部物资管理部门按要求报送以下报表：各种物资检测记录；材料采购计划（化学危险品单独提）；月度进料统计清单；危险品发放台账；月度盘点表。

（7）合同与结算管理

1）分包单位合同、物资供应合同的签订

① 工程的分包单位合同、物资供应合同应在施工前签订。

② 对已开工的分包单位工程，在未签订分包单位合同前必须先签订分包单位协议书，以避免分承包方进场施工时因没有分包单位合同，属非法用工而使总包单位承担全部责任，分包单位协议书须使用总包单位合约部制定的标准合同文本。

③ 工程分包单位合同、物资采购合同的签订（除特殊情况外），宜采用由双方商定的标准合同文本。

④ 项目经理部的分包单位合同、物资采购合同的签订由总包单位或授权项目经理部分别牵头组织项目相关部门人员与分包单位、分供方谈判。

⑤ 总包单位授权项目经理部签订的分包单位合同和物资采购合同，由项目经理部起草合同，并牵头组织项目各部门共同参与合同评审谈判，并与分包单位、材料供应商在谈判中达成一致。

⑥ 授权签约的分包单位合同、物资采购合同的签订，由被授权部门牵头组织项目相关部门人员与分包单位、分供方谈判。

2）分包单位结算总则

① 分包单位结算工作必须遵守国家有关法律法规和政策，以及合同中的约定内容。

② 分包单位结算工作必须遵守总包单位及项目经营管理的有关规定。

③ 分包单位结算工作必须按合同约定的结算期保证按时、准确、翔实、资料齐全（合约双方）。

3）分承包方（月）结算书的申请、支付、规定程序、时间、格式。

① 包工包料及劳务分包单位或扩大劳务分包的分包单位，于每月 25 日（工程量统计周期为上月 24 日至本月 23 日或按照项目规定的日期）或结算期，根据双方约定的内容编制月预算统计结算书，由相关负责人签字并加盖公章，报项目经理部预算部门审核。

② 工程结算必须在工程完工，项目验收后 14 日以内（或按照合同要求）报项目预算部门。超过时限项目预算部门不再接收分承包方的结算书。结算由项目单方进行，必要时邀请分包单位分供方参与，结果以项目预算部门提出的结算数据为准。

③ 分包单位于每月 23 日（或按照项目规定的日期），申请项目主管分包的现场责任工程师对其当月完成的工程项目及施工到达的部位进行签认，填写《完成工程项目及工程量确认单》。并将《完成工程项目及工程量确认单》作为月度工程量统计表的附件报给项

目预算部门。

④ 属材料物资采购或设备订货的供应单位在结算期，根据订购合同（视为进场计划）的内容与项目经理部物资管理部门材料人员验收（料）小票，并报至物资管理部门审核，物资管理部门审核确认签字，再报项目预算部门审核确认签字。最终，由项目财务部门根据物资部、预算部门的审核意见转账。

4）分包单位（月）结算书各部门填写结算意见

由项目预算部门提供《分包单位工程月度申请单》（表 5-4），由分包单位人员持此单到项目经理部有关领导和部门签署意见，签好后返至预算部门备查，如部门提出异议、暂停结算。调查落实，如属实则不予办理结算。

分包单位工程月度结算申请单 **表 5-4**

工程项目名称： 工程项目代码： 合同编号： 单位：元

款项名称	代号	款项构成	金额	备注
分包单位法人单位名称：		分包单位法人单位代码：		
分包单位工作内容及范围：				
合同形式： 固定总价（ ）		固定单价（ ） 其他（ ）		
工程开工日期：				
本期付款对应工作起止时间：				
本期付款为该分包单位合同第（ ）次付款				
至本次累计付款占分包单位合同总价（不含本公司供料之价款）之比率：				
分包单位工作量完成率：				
本次付款对应的工作内容是否已从业主回收工程款：是（ ）		部分回收，其回收率（ ） 否（ ）		
本次付款是否在本月资金计划内：是（ ）		有但额度不够，差（ 元） 否（ ）		
款项名称	代号	款项构成	金额	备注
合同总价	a	分包单位自施部分合同总价		
	b	本公司供料总价		
至本期止累计应付款	c	完成合同内工作累计（须附附件 2）		
	d	完成合同外工程累计（须附附件 3）		
	e	工期、质量奖		
	f	应付预付款		
	g	退还保留金		
	h	至本期止应付款合计（c+d+e+f+g）		
至本期止累计应扣款	i	本公司垫付款（须附附件 4）		
	j	预付款抵扣		
	k	预付款余额（f-j）		
	l	保留金		
	m	保留金余额（l-g）		
	n	至本期止扣款合计（i+j+l）		
保修金	o	本期预留保修金		
	p	至本期止累计预留保修金		

续表

款项名称	代号	款项构成	金额	备注
至本期止应付款	q	=(h-n-p)		
此前累计已付款	r			
本期应付款	s	=(q-r)		
本期实际付款	t	(t应小于或等于s)		
至本期止累计已支付金额	u	(本期实际付款+此前累计已实际付款)		
本期需扣除劳务费之金额	v			

项目合约主办：　　项目成本员：

项目商务经理：　　项目经理：

公司合约部（土建工程部）　　公司合约部（机电工程部）

结算主办：　　成本经理：

5）分包单位（月）结算书及填写分包单位结算单

① 月统计报表审核后，由项目预算部门填写“工程分包单位合同预、结算单”，报预算部门审批后，再报项目现场管理部门签署审批意见后，预算部门签署审批意见后报项目经理终审后，将“工程分包单位合同预、结算单”返至项目预算部门。

② 预算部门根据不同具体情况分别填写结算单签字，其中工程分包单位项目后附完成确认单、各部门意见会签单、审核预算书，并报分公司或总包单位合约部审查。材料、设备订货后附物资管理部门开具的验收单和部门意见会签单及结算核算单四份内容。

6）分包单位（月）结算支付款项

① 分包单位的“工程分包单位合同预、结算单”经总包单位主管部门审核签认后，转回项目经理部，项目财务部门填写预结算单及委付单，报总包单位资金部门，由总包单位资金部门支付款项。支付形式为网上转账，每月集中办理一次。

② 材料物资采购、租赁或设备订货的由项目物资管理部门、技术部门审核意见后转项目预算部门，按分包单位的结算方式办理结算。

7）分包单位（月）结算书资料归档、登记统计台账

项目经理部预算部门将结算资料归账，并登记统计台账，记录结算情况和结果。

8）分包单位索赔、签证及合约外费用的确认

① 索赔、签证事件发生后，分包单位应及时向项目经理部预算部门申报。逾期（或项目经理部根据项目不同情况确定该时间）未报，则视为分包单位放弃索赔权利。

② 索赔、签证发生后，分包单位将发生的资料（照片或原始记录等）上报项目工程管理部门审核，项目工程管理部门在收到分承包方上报的索赔、签证基础资料10日内将审核意见书（包括发生的项目、工程量、影响的程度、工期损失等）发给分包单位，分包单位依据项目工程管理部门的审核意见书编制索赔、签证费用及工期计算书，并上报给项目预算部门审核。

③ 项目预算部门根据工程管理部门的审核意见，同时依据分包单位合同对分承包方上报的费用或工期计算书进行审核，并在收到费用或工期计算书后15日内（或项目经理部根据项目不同情况确定该时间）将审核结果通知分承包方。

④ 所有工程索赔、签证费用在分包单位工程结算完成后统一支付。

(8) 质量、环境、职业安全健康体系管理

1) 基本要求

各分包单位入场前要与总包单位项目经理部签订《环保协议书》、《消防保卫协议书》、《安全协议书》、《职业安全健康与环境管理协议书》，否则不得入场施工。

分包单位入场一周内要成立分包单位质量、环境、职业安全健康体系领导小组。

2) 体系管理

分包单位每一名管理人员要掌握总包单位项目经理部质量、环境、职业安全健康体系方针、目标。

3) 体系培训

分包单位要按照总包单位项目经理部要求，准时参加总包单位项目经理部组织的体系培训，以保证体系的有效运行。分包单位要做好培训记录，报总包单位项目经理部行政部门备案。

(9) 治安保卫管理

分包单位人员必须遵守现场各项规章制度及国家、当地政府有关法律法规及总包单位的有关规定。

分包单位进场前，必须经入场教育，考试合格后方可施工。工人进场后各分包单位要将人员花名册及照片交总包单位项目经理部行政部门统一办理现场工作证。

分包单位使用的外来人口必须符合当地政府外来人口管理规定，做到手续齐全、无违法犯罪史，并按当地政府有关规定办理证件，达到证件齐全：身份证、健康证、居住证。

施工人员出入现场必须佩戴本人现场工作证，接受门卫查验。

任何单位或个人携物出门须有项目经理部物资管理部门开具的出门条，经值班门卫核对无误后方可放行。凡无出门条携物出门，一律按盗窃论处。

外来人员参观、会客、探友，必须先联系后持有关证件到门卫室办理来客登记，值班门卫经请示允许后方可放入，出门必须持有被探访人签字的会客条方可放行。

任何人不得翻越围墙及大门，不得扰乱门卫秩序。

集体宿舍不得男女混住，不得聚众赌博，不得酗酒闹事，不得卧床吸烟，不得私自留宿外来人员，确有困难需留宿则须经总包单位项目经理部保安管理人员批准并进行登记。

办公室、宿舍内不得存放大量现金及贵重物品，以防被盗。

贵重工具、材料（如电锤、电钻和贵重材料）要有专库存放，专人看管，夜间要有人值班，做好登记记录。

分包单位若在现场设财务部门，现金、印章要存放在保险柜里（现金过夜存放不得超过 2000 元），要有防盗措施，并接受总包单位项目经理部定期检查。

分包单位要定期对职工进行法制教育，要遵纪守法，不得打架斗殴，不得盗窃、损坏现场财物，并教育工人遵守现场各项规章制度，按章办事，爱护现场消防设施及器材。

分包单位应在承包项目完成后一周内组织施工人员退场，退场前将现场工作证交总包单位项目经理部行政部门。

重大节日政治活动及会议期间，分包单位必须安排领导值班，值班人员应坚守岗位，值班表应报总包单位项目经理部行政部门备案。

各分包单位必须服从总包单位项目经理部管理，遵守各项规章制度，确定一名专（兼）职保卫人员，负责本单位治安保卫日常管理，搞好内部治安防范工作。

为保证现场有一个良好的环境，任何分包单位或个人不得以任何理由闹事、打架、盗窃。

分包单位要加强本单位危险品、贵重物品、关键设备的存放场所及对工程有重大影响的工序、环节等要害部位的管理工作。

全体分包单位施工人员都要有维护现场、同各种违法犯罪活动做斗争的义务，个别人如无视法律，触犯刑法，项目经理部将协助公安机关打击犯罪分子。

（10）现场劳动保护、作业环境、生活环境配置管理

施工企业要加强建筑工人施工现场劳动保护管理、施工现场作业环境管理、施工现场生活区域标准化管理，持续改善建筑工人生产生活环境。施工现场劳动保护、作业环境、生活环境配置指南如表5-5～表5-7所示。

施工现场劳动保护基本配置指南　　表5-5

序号	劳动保护	配置	要求
1	常规劳保用品	头部防护用品	安全帽
		面部防护用品	头戴式电焊面罩，防酸有机类面罩，防高温面罩
		眼睛防护用品	防尘眼镜，防飞溅眼镜，防紫外线眼镜
		呼吸道防护用品	防尘口罩，防毒口罩，防毒面具
		听力防护用品	防噪声耳塞，护耳罩
		手部防护用品	绝缘手套，耐酸碱手套，耐高温手套，防割手套等
		脚部防护用品	绝缘靴，耐酸碱鞋，安全皮鞋，防砸皮鞋
		身躯防护用品	反光背心，工作服，耐酸围裙，防尘围裙，雨衣
		高空安全防护用品	高空悬挂安全带，电工安全带，安全绳。在2m及以上的无可靠安全防护设施的高处、悬崖和陡坡作业时，必须系挂安全带
		从事机械作业的女工及长发者防护用品	应配备工作帽等个人防护用品
		冬期施工期间或作业环境温度较低防护用品	应为作业人员配备防寒类防护用品
		雨期施工期间防护用品	应为室外作业人员配备雨衣、雨鞋等个人防护用品
2	工种防护用品	架子工、塔式起重机操作工、起重吊装工、信号指挥工、维修电工、电焊工、气割工、锅炉及压力容器安装工、管道安装工、油漆工、混凝土工、瓦工、砌筑工、抹灰工、磨石工、石工木工、钢筋工	各工种应按照作业性质和等级，按照有关规定配备相应的专用工作服装，劳动保护鞋及工作手套等个人防护用品。涉电工种要配备相应绝缘服装、绝缘鞋及绝缘手套等。涉粉尘工种要配备防尘口罩、灵便紧口的工作服、防滑鞋和工作手套。在强光环境条件作业时，应配备防护眼镜。在湿环境作业时，应配备防滑鞋和防滑手套。从事酸碱等腐蚀性作业时，应配备防腐蚀性工作服，耐酸碱鞋，耐酸碱手套、防护口罩和防护眼镜。在从事涂刷、喷漆作业时，应配备防静电工作服、防静电鞋、防静电手套、防毒口罩和防护眼镜。瓦工、砌筑工、钢筋工等应配备保护足趾安全鞋

注：除安全帽、反光背心、工作服、安全皮鞋外，其余配置要求，根据工种和作业内容，并参照有关标准规范要求进行配置。

施工现场作业环境基本配置指南　　表 5-6

序号	作业环境	配置	要求
1	安全生产标志	安全生产宣传标语和标牌	施工现场应合理设置安全生产宣传标语和标牌。标牌设置应牢固可靠，在主要施工部位，作业层面和危险区域以及主要通道口均应设置醒目的安全警示标志
2	工间休息设施	施工现场设置临时休息点	施工现场应在安全位置设置临时休息点。施工区域禁止吸烟，应根据工程实际设置固定的敞开式吸烟处，吸烟处配备足够消防器材
		施工现场设置临时开水点	施工现场应按照工人数量比例设置热水器等设施，保证施工期间饮用开水供应。高层建筑施工现场超过 8 层后，每隔 4 层宜设置临时开水点
		施工现场设置临时厕所	施工现场应设置水冲式或移动式厕所。高层建筑施工现场超过 8 层后，每隔 4 层宜设置临时厕所
3	临边安全防护	基坑临边防护	深度超过 2m 的基坑、沟、槽周边应设置不低于 1.2m 的临边防护栏杆，并设置夜间警示灯
		楼层四周、阳台临边防护	建筑物楼层邻边四周、阳台，未砌筑、安装围护结构时的安全防护现场所有楼层临边防护均为不低于 1.2m 的固定防护栏杆并满挂密目安全网
		楼梯临边防护	楼梯踏步及休息平台处搭设两道牢固的 1.2m 高的防护栏杆并用密目安全网封闭。回转式楼梯间楼梯踏步应搭设两道牢固的 1.2m 高的防护栏杆，中间洞口处挂设安全平网防护
		垂直运输卸料平台临边防护	出料平台必须有专项设计方案并报批后方可使用，平台上的脚手板必须铺严绑牢，平台周围须设置不低于 1.5m 高防护围栏，围栏里侧用密目安全网封严。卸料平台上的脚手板必须铺严绑牢，两侧设 1.2m 防护栏杆，18cm 高的挡脚板，并用密目安全网封闭
4	深基坑作业安全防护	专人监测	基础施工时设专人观察边坡及护壁，如有裂缝及时发现，尽早处理，以免造成边坡坍塌。深坑作业时，严禁向坑内抛物体，上下操作时防止坠物伤人
5	洞口安全防护	电梯井口安全防护	设高度不低于 1.2m 的金属防护门。电梯井内首层和首层以上每隔四层设一道水平安全网，安全网封闭严密
		管道井安全防护	采取有效防护措施，防止人员，物体坠落。墙面等处的竖向洞口设置固定式防护门或设置两道防护栏杆
		预留孔洞安全防护	1.5m×1.5m 以下的孔洞，用坚实盖板盖住，有防止挪动、位移的措施。1.5m×1.5m 以上的孔洞，四周设两道护身栏杆，中间支挂水平安全网。结构施工中伸缩缝和后浇带处加固定盖板防护

续表

序号	作业环境	配置	要求
6	水平作业通道安全防护	搭设防护板棚	在施工期间，在出入口处必须搭设防护板棚，棚的长度为5m，宽度大于出入口，材料用钢管搭设，侧面用密目安全网全封闭，顶面用架板满铺一层
7	交叉作业安全防护	设警戒区	支模、粉刷、砌墙等各工种进行上下立体交叉作业时，不得在同一垂直方向上操作，下层作业的位置，必须处于依上层高度确定的可能坠落范围半径之外。模板、脚手架等拆除时，下方不得有其他操作人员，并设警戒区。模板部件拆除后，临时堆放处高楼层边不小于1m，堆放高度不超过1m

施工现场生活环境基本配置指南　　**表 5-7**

序号	生活环境	配置	要求
1	现场生活区	专项规划与设计	生活区规划、设计、选址应根据场地情况、入住队伍和人员数量、功能需求、工程所在地气候特点和地方管理要求等各项条件，满足施工生产、安全防护、消防、卫生防疫、环境保护、防范自然灾害和规范化管理等要求。生活区域建筑物、构筑物的外观、色调等应与周边环境协调一致
		生活区围挡设置	生活区应采用可循环、可拆卸、标准化的专用金属定型材料进行围挡，围挡高度不得低于1.8m
		生活设施设置	生活区应设置门卫室、宿舍、食堂、粮食储藏室、厕所、盥洗设施、淋浴间、洗衣房、开水房（炉）或饮用水保温桶、封闭式垃圾箱、手机充电柜、燃气储藏间等临建房屋和设施、生活区内必须合理硬化、绿化；设置有效的排水措施，雨水、污水排水通畅，场区内不得积水。食堂、锅炉房等应采用单层建筑，应与宿舍保持安全距离。宿舍不得与厨房操作间、锅炉房、变配电间等组合建造。生活区用房应满足抗10级风和当地抗震设防烈度的要求，消防要求应按照《建设工程施工现场消防安全技术规范》GB 50720 执行
2	居住设施	宿舍	宿舍楼、宿舍房间应统一编号。宿舍室内高度不低于2.5m，通道宽度不小于0.9m，人均使用面积不小于2.5m^2，每间宿舍居住人员不超过8人。床铺高度不低于0.3m，面积不小于1.9m×0.9m，床铺间距不小于0.3m，床铺搭设不超过2层。每个房间至少有一个行李摆放架。结合所在地区气候特点，冬夏季根据需要应有必要的取暖和防暑降温措施，宜设置空调、清洁能源供暖或集中供暖。不得使用煤炉等明火设备取暖。不具备条件的，可以使用电暖气。具备条件的项目，宿舍区可设置适合家庭成员共同居住的房间
		安保	生活区实行封闭式管理，出入大门应有专职门卫。生活区应配备专、兼职保卫人员，负责日常保卫、消防工作的实施。建立预警制度

续表

序号	作业环境	配置	要求
2	居住设施	消防	生活区要有明显的防火宣传标志，禁止卧床吸烟。必须配备齐全有效的消防器材。生活区内的用电实行统一管理，用电设施必须符合安全、消防规定。生活区内严禁存放易燃、易爆、剧毒、腐蚀性、放射源等危险物品。宿舍内应设置烟感报警装置。生活区内建筑物与建筑工程主体之间的防火间距不小于10m。生活区内临建房屋之间的防火间距不小于4m。应设置应急疏散通道、逃生指示标识和应急照明灯、灭火器、消火栓等消防器材和设施
3	生活设施	食堂与食品安全	食堂必须具备卫生许可证、炊事人员身体健康证、卫生知识培训考核证等。卫生许可证、身体健康证、卫生知识培训证须悬挂在明显处。就餐区域应设置就餐桌椅。食堂、操作间、库房必须设置有效的防蝇、灭蝇、防鼠措施，在门扇下方应设不低于0.6m的防鼠挡板等措施，食堂必须设置单独的制作间、储藏间。制作间地面应做硬化和防滑处理，保持墙面、地面清洁，必须有生熟分开的刀、盆、案板等炊具及存放柜，应配备必要的排风设施和消毒设施。制作间必须设置隔油池，下水管线应与污水管线连接。必须在食堂合适位置设置密闭式泔水桶，每天定时清理
		卫生间	生活区内应设置水冲式厕所或移动式厕所。厕所墙壁、屋顶应封闭严密，门窗齐全并通风良好。应设置洗手设施，墙面、地面应耐冲洗、应有防蝇、蚊虫等措施。厕位数量应根据生活区人员的数量设置，并应兼顾使用高峰期的需求，厕位之间应设隔板，高度不低于0.9m，化粪池应做抗渗处理，厕所应设专人负责清扫、消毒，化粪池应及时清掏
		盥洗间	盥洗池和水龙头设置的数量应根据生活区人员数量设置，并应兼顾使用高峰时的需求，建议在盥洗台部位设置采光棚。水龙头必须采用节水型，有跑冒滴漏等质量问题的必须立即更换，盥洗设施的下水口应设置过滤网，下水管线应与污水管线连接，必须保证排水通畅
		淋浴间	淋浴间必须设置冷、热水管和淋浴喷头，应能满足人员数量需求，保证施工人员能够定期洗热水澡；必须设置储衣柜或挂衣架；用电设施必须满足用电安全。照明灯必须采用安全防水型灯具和防水开关。淋浴间内的下水口应设置过滤网，下水管线应与污水管线连接
		洗衣房	生活区应设置集中洗衣房。洗衣房应按照人员数量需求配备一定量的洗衣机。洗衣房应设置智能化使用。交费管理系统，建立洗衣机使用管理制度。宜在靠近洗衣房部位设置集中晾衣区，晾衣区应满足安全要求并具备防雨等功能

续表

序号	作业环境	配置	要求
3	生活设施	开水房	生活区应设置热水器等设施，保证24小时饮用开水供应。热水器等烧水设施应采取顶盖上锁或做防护笼等有效防护措施，应确保用电安全。开水房地面不得有积水，墙面悬挂必要的管理要求
		锅炉房（视情况设置）	对于生活区采用锅炉供暖时必须编制专项管理方案，从锅炉房的选址、建造、锅炉质量保证、管线敷设、打压试水、燃料管理、废气、废渣排放消纳。日常检查维护保养等各个环节明确具体要求、管理标准和责任人。锅炉房必须建造独立房屋，并与宿舍等人员密集型场所保持安全距离，房屋建造材料满足消防要求，房屋必须有有效防排烟措施，锅炉使用期间，必须确保24小时有专人值班，交接班时必须有相应记录。锅炉使用的燃料管理必须满足安全、节能的要求，废气、废渣排放消纳必须满足环保管理规定
		吸烟、休息点、饮水	在工地食堂，浴室旁边应设置吸烟及休息点，配置可饮水设备、施工区域禁止吸烟，应根据工程实际设置固定的敞开式吸烟处，吸烟处配备足够消防器材
4	卫生防疫	卫生防疫制度	生活区应制定法定传染病、食物中毒、急性职业中毒等突发疾病应急预案。必须严格执行国家、行业、地方政府有关卫生、防疫管理文件规定
		医务室	配备药箱及一般常用药品以及绷带、止血带、颈托、担架等急救器材，应培训有一定急救知识的人员，并定期开展卫生防疫宣传教育
5	学习与娱乐设施	农民工业余学校	设置农民工接受培训、学习的场所，配备一定数量的桌椅、黑板等设施。配备电视机、光盘播放机、书报、杂志等必要的文体活动用品
		文体活动室	应配备电视机、多媒体播放设施，并设书报、杂志等必要的文体活动用品，文体活动室不小于35m^2

注：生活区面积不足或周边设施不健全的，可适当调整相应配置：施工现场不能设置生活区时，异地设置的生活区也应满足本指南要求。

（四）劳务分包队伍的综合评价

1. 劳务分包队伍综合评价的内容

通常，对劳务分包队伍综合评价的依据是双方签订的劳务分包合同及相关的国家法律、法规和行业政策要求。

在建筑企业不同的层面上对劳务分包队伍的综合评价内容也有所不同。

（1）项目部层面上的综合评价内容

在项目经理部层面上，主要考核评价劳务分包队伍的整体素质、工程质量、工期、绿色施工和文明施工、安全生产、与劳务工人签订劳动合同或用工书面协议、劳务分包商对劳务工人工资支付、与项目部工程管理人员工作配合、遵纪守法等情况。

（2）分公司（或公司）层面上的综合评价内容

在项目经理部综合评价的基础上，分公司（或公司）重点评价劳务分包队伍的资质资信、管理体系、施工能力、机械设备、管理力量、技能实力、劳务过程管理、内业资料等内容。

（3）公司（或集团公司）层面上的综合评价内容

根据分公司（或公司）的综合评价意见，公司（或集团公司）重点评价劳务分包队伍的施工业绩、信守履约、协调配合、管理水平、整体素质、负责人诚信等内容。

2. 劳务分包队伍综合评价的方法

（1）综合评价方式

对劳务分包队伍的综合评价，可以分为过程综合评价和全面综合评价。过程综合评价是在劳务分包作业过程中，由劳务队伍使用单位（项目经理部或分公司）每半年组织一次综合评价；全面综合评价是在劳务分包作业任务完成时，由劳务队伍使用单位（公司或集团公司）对劳务分包队伍进行的全面综合评定考核。

（2）评价方法及工具

一般而言，对劳务分包队伍综合评价可以采用多种方法和工具，常用的有专家意见法和数学模型法。专家意见法又可以分为专家主观判断法、打分法、德尔菲法等；数学模型法又可以分为层次分析法（AHP）、模糊综合评判法等。

（3）劳务分包队伍的分级管理

在对劳务分包队伍综合评价后，可以根据评价结果确定分级标准。通常把劳务分包队伍的等级划分为优秀、良好、合格、不合格。达到合格以上等级的劳务分包队伍可以继续留用；评定等级为不合格的，不得继续留用，应清退出场，并从建筑企业的“合格劳务分包队伍名录”中除名。同时，警示企业内部各相关单位，对不合格劳务分包队伍，两年内不予合作，再度合作前需重新进行评价。

3. 关于劳务品牌建设的规定

2021 年 8 月 24 日，人力资源和社会保障部等 20 部门印发《关于劳务品牌建设的指导意见》，主要内容如下：

劳务品牌具有地域特色、行业特征和技能特点，带动就业能力强，是推动产业发展、推进乡村振兴的有力支撑。为贯彻落实党中央、国务院全面推进乡村人才振兴决策部署，切实加强劳务品牌建设，现提出如下意见。

一、总体要求

（一）指导思想。以习近平新时代中国特色社会主义思想为指导，全面贯彻党的十九大和十九届二中、三中、四中、五中全会精神，围绕劳务品牌高质量发展，坚持市场化运作、规范化培育，强化技能化开发、规模化输出，实现品牌化推广、产业化发展，健全劳务品牌建设机制，塑造劳务品牌特色文化，扩大劳务品牌就业规模和产业容量，推动实现更加充分更高质量就业，满足人民群众对日益增长的美好生活需要，为全面推进乡村振兴、促进经济社会高质量发展提供强大助力。

（二）主要目标。力争“十四五”期间，劳务品牌发现培育、发展提升、壮大升级的促进机制和支持体系基本健全，地域鲜明、行业领先、技能突出的领军劳务品牌持续涌现，劳务品牌知名度、认可度、美誉度明显提升，带动就业创业、助推产业发展效果显著增强。

二、加强劳务品牌发现培育

（三）分类型发现劳务品牌。广泛开展摸底调查，掌握本地区劳务品牌数量、分布、特征等基本情况，针对性制定发展规划和建设方案，明确建设思路、发展方向和工作重点。对已形成相对成熟运营体系的劳务品牌，强化规范化管理服务，整合优化品牌资源，扩大市场影响力，推动做大做强做优。对具有一定知名度、从业人员规模较大，但还没有固定品牌名称的劳务产品，抓紧确定劳务品牌名称，聚力品牌化发展。对有一定从业基础，但技能特点不突出、分布较为零散的劳务产品，总结品牌特征，逐步引导形成劳务品牌。

（四）分领域培育劳务品牌。聚焦新一代信息技术、高端装备、新材料、生物医药、新能源等战略性新兴产业，深入挖潜细分行业工种的用工需求，打造中高端技能型劳务品牌。瞄准家政服务、生活餐饮、人力资源、养老服务、商务咨询等急需紧缺现代服务业，打造高品质服务型劳务品牌。大力开发非物质文化遗产、特色手工艺、乡村旅游等文化和旅游产品及服务，打造文化和旅游类劳务品牌。对资源枯竭城市、独立工矿区等就业压力较大，以及国家乡村振兴重点帮扶县、易地扶贫搬迁安置区等脱贫人口、搬迁群众、农村留守妇女较多的地区，围绕制造业、建筑业、快递物流等就业容量大的领域，打造民生保障型劳务品牌。

（五）建立重点劳务品牌资源库。组织政府部门、企事业单位及行业协会、商会等社会组织，根据带动就业人数较多、技能产品特色明显、市场知名度高等特点，共同确定本地区劳务品牌建设重点项目，形成指导目录，实施动态管理。广泛动员各类培训机构、就业服务机构、创业孵化机构、咨询指导机构，为重点劳务品牌建设提供支撑。

三、加快劳务品牌发展提升

（六）提高技能含量。鼓励各类培训机构、职业院校开展劳务品牌相关职业技能培训，按规定纳入补贴性职业技能培训范围。完善劳务品牌相关职业技能等级认定、专项职业能力考核等多元化评价方式，按规定对经评价合格的从业人员发放相应职业资格证书、职业技能等级证书或专项职业能力证书。加强劳务品牌技能带头人培养，建设一批技能大师工作室、专家工作室，打造具有一流水准、引领行业发展潮流的劳务品牌高技能人才培养基地，对符合条件的给予高技能人才培养补助。鼓励有条件的院校围绕“一老一小”等民生紧缺领域开办相关专业。对符合条件的高技能人才同等落实职称评聘、选拔培养奖励项目等当地人才政策。

（七）扩大就业规模。多形式开展劳务品牌从业人员就业推荐活动，加强用工信息对接，促进精准供需匹配。加强劳务协作，采取区域间定向输出、企业直接吸纳等方式，建立健全劳务品牌长期稳定劳务输出渠道，对开展有组织劳务输出的机构按规定给予就业创业服务补助。依托劳务工作站、服务站等机构，为劳务品牌从业人员提供跟踪服务。将脱贫人口、农村低收入人口等困难群体作为劳务品牌优先输出就业服务对象，按规定给予社会保险补贴和一次性交通补助等政策。

（八）增强品牌信誉。鼓励劳务品牌优化品牌名称、标识、符号等要素，支持有条件的注册申请商标专利，实现全流程电子化、便利化办理，引导具有核心竞争力的劳务品牌专利技术向标准化转化。健全劳务品牌质量标准体系和诚信评价体系，鼓励社会团体制定劳务品牌质量和评价标准，开展劳务品牌诚信评价，支持行业协会、商会建立行业内劳务品牌信用承诺制度。开展劳务品牌诚信经营自律承诺行动，维护劳务品牌良好声誉和形象。

四、加速劳务品牌壮大升级

（九）支持创新创业。鼓励劳务品牌从业人员发挥技能优势、专业所长、从业经历等优势开展创新创业，引导各类机构提供专业化创业培训和创业服务，对符合条件的创业者按规定落实税费减免、创业培训补贴、一次性创业补贴、创业担保贷款及贴息等政策。鼓励银行等金融机构在依法合规、商业可持续的原则下，积极探索劳务品牌商标权、专利权等质押贷款，鼓励以劳务品牌为标的物，积极投保相关保险。依托返乡入乡创业园、创业孵化基地、农村创新创业孵化实训基地等创业载体，安排一定比例的场地用于劳务品牌创业孵化，按规定落实房租减免、水电暖费定额补贴等优惠政策。

（十）培育龙头企业。发挥特色资源、传统技艺和地域文化等优势，培育若干细分行业领域的劳务品牌龙头企业。引导劳务品牌龙头企业“专精特新”发展，推动技术、人才、数据等要素资源集聚，鼓励符合条件的劳务品牌龙头企业上市融资、发行债券。以劳务品牌龙头企业为引领，组建行业内、区域内劳务品牌联盟，推动联盟内资源共享，加速科技成果市场转化，解决专业领域重大共性问题，促进产学研深度融合。

（十一）发展产业园区。推动劳务品牌上下游产业链协同发展，按照产业链环节与资源价值区段相匹配原则开展产业布局，打造产业集聚、定位鲜明、配套完善、功能完备的劳务品牌特色产业园区。统筹安排劳务品牌产业园区用地指标、能耗指标，盘活闲置的商业用房、工业厂房、企业库房和商务楼宇等存量资源，有条件地区可安排一定比例年度土地利用计划，专项支持劳务品牌产业园区建设。充分发挥银行信贷、保险资金、多层次资本市场及融资担保机构（基金）等作用，拓展劳务品牌产业园区投融资渠道。结合实施现代服务业优化升级行动，支持服务型劳务品牌企业进驻国家级经济技术开发区发展医疗健康、社区服务等服务业，以及工业设计、物流、会展等生产性服务业。

五、组织保障

（十二）加强组织领导。各地要充分认识劳务品牌建设的重要意义，推动建立政府部署推动，人力资源社会保障部门牵头，住房和城乡建设、农业农村、财政、人民银行、市场监管、乡村振兴等20个部门分工负责，行业企业积极参与的工作协调机制，形成工作合力。结合本地实际，细化工作方案，明确目标要求，抓好各项工作任务贯彻落实。

（十三）强化工作保障。各地要发挥政策引导作用，鼓励以市场化方式撬动金融资本、社会力量积极参与，推进劳务品牌建设。将劳务品牌建设作为就业工作重点任务，组建劳务品牌建设专家库，加强劳务品牌理论研究。

（十四）开展选树推介。各地要充分发挥典型引路作用，定期开展劳务品牌征集评选，组织劳务品牌竞赛，选树具有广泛影响力的劳务品牌项目，推出劳务品牌创立人、传承人、领军人以及形象代言人等典型人物，推荐符合条件的劳务品牌从业人员申报有关人才奖项评选。

（十五）举办系列活动。各地要定期开展劳务品牌展示交流活动，举办劳务品牌专业论坛，充分利用各类平台宣传展示劳务品牌。创新推出劳务品牌文化体验活动，结合文化旅游产业打造劳务品牌非遗工坊、劳务品牌文化体验馆（街、商圈）。结合“一带一路”倡议举办文化交流活动，支持劳务品牌走出去。

（十六）营造良好氛围。各地要综合运用网络、报纸、杂志、广播电视等媒体平台，围绕品牌项目、品牌人物、品牌活动开展全方位宣传报道，拍摄主题影视作品，讲好劳务品牌故事，形成“塑造劳务品牌、消费劳务品牌、热爱劳务品牌”的浓厚氛围。

（五）劳务费用的结算与支付

1. 关于保障农民工工资支付的相关规定

(1)《保障农民工工资支付条例》中关于工程建设领域的特别规定

在《保障农民工工资支付条例》（国务院令第 724 号）中，第四章是对工程建设领域工资支付的特别规定，其主要内容如下：

第二十三条　建设单位应当有满足施工所需要的资金安排。没有满足施工所需要的资金安排的，工程建设项目不得开工建设；依法需要办理施工许可证的，相关行业工程建设主管部门不予颁发施工许可证。

政府投资项目所需资金，应当按照国家有关规定落实到位，不得由施工单位垫资建设。

第二十四条　建设单位应当向施工单位提供工程款支付担保。

建设单位与施工总承包单位依法订立书面工程施工合同，应当约定工程款计量周期、工程款进度结算办法以及人工费用拨付周期，并按照保障农民工工资按时足额支付的要求约定人工费用。人工费用拨付周期不得超过 1 个月。

建设单位与施工总承包单位应当将工程施工合同保存备查。

第二十五条　施工总承包单位与分包单位依法订立书面分包合同，应当约定工程款计量周期、工程款进度结算办法。

第二十六条　施工总承包单位应当按照有关规定开设农民工工资专用账户，专项用于支付该工程建设项目农民工工资。

开设、使用农民工工资专用账户有关资料应当由施工总承包单位妥善保存备查。

第二十七条　金融机构应当优化农民工工资专用账户开设服务流程，做好农民工工资专用账户的日常管理工作；发现资金未按约定拨付等情况的，及时通知施工总承包单位，由施工总承包单位报告人力资源社会保障行政部门和相关行业工程建设主管部门，并纳入欠薪预警系统。

工程完工且未拖欠农民工工资的，施工总承包单位公示 30 日后，可以申请注销农民工工资专用账户，账户内余额归施工总承包单位所有。

第二十八条 施工总承包单位或者分包单位应当依法与所招用的农民工订立劳动合同并进行用工实名登记，具备条件的行业应当通过相应的管理服务信息平台进行用工实名登记、管理。未与施工总承包单位或者分包单位订立劳动合同并进行用工实名登记的人员，不得进入项目现场施工。

施工总承包单位应当在工程项目部配备劳资专管员，对分包单位劳动用工实施监督管理，掌握施工现场用工、考勤、工资支付等情况，审核分包单位编制的农民工工资支付表，分包单位应当予以配合。

施工总承包单位、分包单位应当建立用工管理台账，并保存至工程完工且工资全部结清后至少3年。

第二十九条 建设单位应当按照合同约定及时拨付工程款，并将人工费用及时足额拨付至农民工工资专用账户，加强对施工总承包单位按时足额支付农民工工资的监督。

因建设单位未按照合同约定及时拨付工程款导致农民工工资拖欠的，建设单位应当以未结清的工程款为限先行垫付被拖欠的农民工工资。

建设单位应当以项目为单位建立保障农民工工资支付协调机制和工资拖欠预防机制，督促施工总承包单位加强劳动用工管理，妥善处理与农民工工资支付相关的矛盾纠纷。发生农民工集体讨薪事件的，建设单位应当会同施工总承包单位及时处理，并向项目所在地人力资源社会保障行政部门和相关行业工程建设主管部门报告有关情况。

第三十条 分包单位对所招用农民工的实名制管理和工资支付负直接责任。

施工总承包单位对分包单位劳动用工和工资发放等情况进行监督。

分包单位拖欠农民工工资的，由施工总承包单位先行清偿，再依法进行追偿。

工程建设项目转包，拖欠农民工工资的，由施工总承包单位先行清偿，再依法进行追偿。

第三十一条 工程建设领域推行分包单位农民工工资委托施工总承包单位代发制度。

分包单位应当按月考核农民工工作量并编制工资支付表，经农民工本人签字确认后，与当月工程进度等情况一并交施工总承包单位。

施工总承包单位根据分包单位编制的工资支付表，通过农民工工资专用账户直接将工资支付到农民工本人的银行账户，并向分包单位提供代发工资凭证。

用于支付农民工工资的银行账户所绑定的农民工本人社会保障卡或者银行卡，用人单位或者其他人员不得以任何理由扣押或者变相扣押。

第三十二条 施工总承包单位应当按照有关规定存储工资保证金，专项用于支付为所承包工程提供劳动的农民工被拖欠的工资。

工资保证金实行差异化存储办法，对一定时期内未发生工资拖欠的单位实行减免措施，对发生工资拖欠的单位适当提高存储比例。工资保证金可以用金融机构保函替代。

工资保证金的存储比例、存储形式、减免措施等具体办法，由国务院人力资源社会保障行政部门会同有关部门制定。

第三十三条 除法律另有规定外，农民工工资专用账户资金和工资保证金不得因支付为本项目提供劳动的农民工工资之外的原因被查封、冻结或者划拨。

第三十四条 施工总承包单位应当在施工现场醒目位置设立维权信息告示牌，明示下列事项：

（一）建设单位、施工总承包单位及所在项目部、分包单位、相关行业工程建设主管部门、劳资专管员等基本信息；

（二）当地最低工资标准、工资支付日期等基本信息；

（三）相关行业工程建设主管部门和劳动保障监察投诉举报电话、劳动争议调解仲裁申请渠道、法律援助申请渠道、公共法律服务热线等信息。

第三十五条 建设单位与施工总承包单位或者承包单位与分包单位因工程数量、质量、造价等产生争议的，建设单位不得因争议不按照本条例第二十四条的规定拨付工程款中的人工费用，施工总承包单位也不得因争议不按照规定代发工资。

第三十六条 建设单位或者施工总承包单位将建设工程发包或者分包给个人或者不具备合法经营资格的单位，导致拖欠农民工工资的，由建设单位或者施工总承包单位清偿。

施工单位允许其他单位和个人以施工单位的名义对外承揽建设工程，导致拖欠农民工工资的，由施工单位清偿。

第三十七条 工程建设项目违反国土空间规划、工程建设等法律法规，导致拖欠农民工工资的，由建设单位清偿。

(2) 人力资源和社会保障部等10部委关于工程建设领域农民工工资专用账户管理暂行办法

2021年7月7日，人力资源和社会保障部等10部委印发《关于工程建设领域农民工工资专用账户管理暂行办法的通知》(人社部发〔2021〕53号)，其主要内容如下：

第1章 总 则

第一条 为根治工程建设领域拖欠农民工工资问题，规范农民工工资专用账户管理，切实维护农民工劳动报酬权益，根据《保障农民工工资支付条例》《人民币银行结算账户管理办法》等有关法规规定，制定本办法。

第二条 本办法所称农民工工资专用账户（以下简称专用账户）是指施工总承包单位（以下简称总包单位）在工程建设项目所在地银行业金融机构（以下简称银行）开立的，专项用于支付农民工工资的专用存款账户。人工费用是指建设单位向总包单位专用账户拨付的专项用于支付农民工工资的工程款。

第三条 本办法所称建设单位是指工程建设项目的项目法人或负有建设管理责任的相关单位；总包单位是指从建设单位承包施工任务，具有施工承包资质的企业，包括工程总承包单位、施工总承包企业、直接承包建设单位发包工程的专业承包企业；分包单位是指承包总包单位发包的专业工程或者劳务作业，具有相应资质的企业；监理单位是指受建设单位委托依法执行工程监理任务，取得监理资质证书，具有法人资格的监理公司等单位。

本办法所称相关行业工程建设主管部门是指各级住房和城乡建设、交通运输、水利、铁路、民航等工程建设项目的行政主管部门。

第四条 本办法适用于房屋建筑、市政、交通运输、水利及基础设施建设的建筑工程、线路管道、设备安装、工程装饰装修、城市园林绿化等各种新建、扩建、改建工程建设项目。

第二章 专用账户的开立、撤销

第五条 建设单位与总包单位订立书面工程施工合同时，应当约定以下事项：

（一）工程款计量周期和工程款进度结算办法；

（二）建设单位拨付人工费用的周期和拨付日期；

（三）人工费用的数额或者占工程款的比例等。

前款第三项应当满足农民工工资按时足额支付的要求。

第六条 专用账户按工程建设项目开立。总包单位应当在工程施工合同签订之日起30日内开立专用账户，并与建设单位、开户银行签订资金管理三方协议。专用账户名称为总包单位名称加工程建设项目名称后加“农民工工资专用账户”。总包单位应当在专用账户开立后的30日内报项目所在地专用账户监管部门备案。监管部门由各省、自治区、直辖市根据《保障农民工工资支付条例》确定。

总包单位有2个及以上工程建设项目的，可开立新的专用账户，也可在符合项目所在地监管要求的情况下，在已有专用账户下按项目分别管理。

第七条 开户银行应当规范优化农民工工资专用账户开立服务流程，配合总包单位及时做好专用账户开立和管理工作，在业务系统中对账户进行特殊标识。

开户银行不得将专用账户资金转入除本项目农民工本人银行账户以外的账户，不得为专用账户提供现金支取和其他转账结算服务。

第八条 除法律另有规定外，专用账户资金不得因支付为本项目提供劳动的农民工工资之外的原因被查封、冻结或者划拨。

第九条 工程完工、总包单位或者开户银行发生变更需要撤销专用账户的，总包单位将本工程建设项目无拖欠农民工工资情况公示30日，并向项目所在地人力资源社会保障行政部门、相关行业工程建设主管部门出具无拖欠农民工工资承诺书。

开户银行依据专用账户监管部门通知取消账户特殊标识，按程序办理专用账户撤销手续，专用账户余额归总包单位所有。总包单位或者开户银行发生变更，撤销账户后可按照第六条规定开立新的专用账户。

第十条 工程建设项目存在以下情况，总包单位不得向开户银行申请撤销专用账户：

（一）尚有拖欠农民工工资案件正在处理的；

（二）农民工因工资支付问题正在申请劳动争议仲裁或者向人民法院提起诉讼的；

（三）其他拖欠农民工工资的情形。

第十一条 建设单位应当加强对总包单位开立、撤销专用账户情况的监督。

第三章 人工费用的拨付

第十二条 建设单位应当按工程施工合同约定的数额或者比例等，按时将人工费用拨付到总包单位专用账户。人工费用拨付周期不得超过1个月。

开户银行应当做好专用账户日常管理工作。出现未按约定拨付人工费用等情况的，开户银行应当通知总包单位，由总包单位报告项目所在地人力资源社会保障行政部门和相关行业工程建设主管部门，相关部门应当纳入欠薪预警并及时进行处置。

建设单位已经按约定足额向专用账户拨付资金，但总包单位依然拖欠农民工工资的，建设单位应及时报告有关部门。

第十三条 因用工量增加等原因导致专用账户余额不足以按时足额支付农民工工资时，总包单位提出需增加的人工费用数额，由建设单位核准后及时追加拨付。

第十四条 工程建设项目开工后，工程施工合同约定的人工费用的数额、占工程款的比例等需要修改的，总包单位可与建设单位签订补充协议并将相关修改情况通知开户银行。

第四章　农民工工资的支付

第十五条　工程建设领域总包单位对农民工工资支付负总责，推行分包单位农民工工资委托总包单位代发制度（以下简称总包代发制度）。

工程建设项目施行总包代发制度的，总包单位与分包单位签订委托工资支付协议。

第十六条　总包单位或者分包单位应当按照相关行业工程建设主管部门的要求开展农民工实名制管理工作，依法与所招用的农民工订立劳动合同并进行用工实名登记。总包单位和分包单位对农民工实名制基本信息进行采集、核实、更新，建立实名制管理台账。工程建设项目应结合行业特点配备农民工实名制管理所必需的软硬件设施设备。

未与总包单位或者分包单位订立劳动合同并进行用工实名登记的人员，不得进入项目现场施工。

第十七条　施行总包代发制度的，分包单位以实名制管理信息为基础，按月考核农民工工作量并编制工资支付表，经农民工本人签字确认后，与农民工考勤表、当月工程进度等情况一并交总包单位，并协助总包单位做好农民工工资支付工作。

总包单位应当在工程建设项目部配备劳资专管员，对分包单位劳动用工实施监督管理，审核分包单位编制的农民工考勤表、工资支付表等工资发放资料。

第十八条　总包单位应当按时将审核后的工资支付表等工资发放资料报送开户银行，开户银行应当及时将工资通过专用账户直接支付到农民工本人的银行账户，并由总包单位向分包单位提供代发工资凭证。

第十九条　农民工工资卡实行一人一卡、本人持卡，用人单位或者其他人员不得以任何理由扣押或者变相扣押。

开户银行应采取有效措施，积极防范本机构农民工工资卡被用于出租、出售、洗钱、赌博、诈骗和其他非法活动。

第二十条　开户银行支持农民工使用本人的具有金融功能的社会保障卡或者现有银行卡领取工资，不得拒绝其使用他行社会保障卡银行账户或他行银行卡。任何单位和个人不得强制要求农民工重新办理工资卡。农民工使用他行社会保障卡银行账户或他行银行卡的，鼓励执行优惠的跨行代发工资手续费率。

农民工本人确需办理新工资卡的，优先办理具有金融功能的社会保障卡，鼓励开户银行提供便利化服务，上门办理。

第二十一条　总包单位应当将专用账户有关资料、用工管理台账等妥善保存，至少保存至工程完工且工资全部结清后3年。

第二十二条　建设单位在签订工程监理合同时，可通过协商委托监理单位实施农民工工资支付审核及监督。

第五章　工资支付监控预警平台建设

第二十三条　人力资源社会保障部会同相关部门统筹做好全国农民工工资支付监控预警平台的规划和建设指导工作。

省级应当建立全省集中的农民工工资支付监控预警平台，支持辖区内省、市、县各级开展农民工工资支付监控预警。同时，按照网络安全和信息化有关要求，做好平台安全保障工作。

国家、省、市、县逐步实现农民工工资支付监控预警数据信息互联互通，与建筑工人管理服务、投资项目在线审批监管、全国信用信息共享、全国水利建设市场监管、铁路工程监督管理等信息平台对接，实现信息比对、分析预警等功能。

第二十四条 相关单位应当依法将工程施工合同中有关专用账户和工资支付的内容及修改情况、专用账户开立和撤销情况、劳动合同签订情况、实名制管理信息、考勤表信息、工资支付表信息、工资支付信息等实时上传农民工工资支付监控预警平台。

第二十五条 各地人力资源社会保障、发展改革、财政、住房和城乡建设、交通运输、水利等部门应当加强工程建设项目审批、资金落实、施工许可、劳动用工、工资支付等信息的及时共享，依托农民工工资支付监控预警平台开展多部门协同监管。

各地要统筹做好农民工工资支付监控预警平台与工程建设领域其他信息化平台的数据信息共享，避免企业重复采集、重复上传相关信息。

第二十六条 农民工工资支付监控预警平台依法归集专用账户管理、实名制管理和工资支付等方面信息，对违反专用账户管理、人工费用拨付、工资支付规定的情况及时进行预警，逐步实现工程建设项目农民工工资支付全过程动态监管。

第二十七条 加强劳动保障监察相关系统与农民工工资支付监控预警平台的协同共享和有效衔接，开通工资支付通知、查询功能和拖欠工资的举报投诉功能，方便农民工及时掌握本人工资支付情况，依法维护劳动报酬权益。

第二十八条 已建立农民工工资支付监控预警平台并实现工资支付动态监管的地区，专用账户开立、撤销不再要求进行书面备案。

第六章 监 督 管 理

第二十九条 各地应当依据本办法完善工程建设领域农民工工资支付保障制度体系，坚持市场主体负责、政府依法监管、社会协同监督，按照源头治理、预防为主、防治结合、标本兼治的要求，依法根治工程建设领域拖欠农民工工资问题。

第三十条 各地人力资源社会保障行政部门和相关行业工程建设主管部门应当按职责对工程建设项目专用账户管理、人工费用拨付、农民工工资支付等情况进行监督检查，并及时处理有关投诉、举报、报告。

第三十一条 人民银行及其分支机构、银保监会及其派出机构应当采取必要措施支持银行为专用账户管理提供便利化服务。

第三十二条 各级人力资源社会保障行政部门和相关行业工程建设主管部门不得借推行专用账户制度的名义，指定开户银行和农民工工资卡办卡银行；不得巧立名目收取费用，增加企业负担。

(3) 人力资源和社会保障部等7部委关于工程建设领域农民工工资保证金的规定

2021年8月17日，人力资源和社会保障部等7部委印发《关于工程建设领域农民工工资保证金规定的通知》(人社部发〔2021〕65号)，其主要内容如下：

第1章 总 则

第一条 为依法保护农民工工资权益，发挥工资保证金在解决拖欠农民工工资问题中的重要作用，根据《保障农民工工资支付条例》，制定本规定。

第二条 本规定所指工资保证金，是指工程建设领域施工总承包单位（包括直接承包建设单位发包工程的专业承包企业）在银行设立账户并按照工程施工合同额的一定比例存储，专项用于支付为所承包工程提供劳动的农民工被拖欠工资的专项资金。

工资保证金可以用银行类金融机构出具的银行保函替代，有条件的地区还可探索引入工程担保公司保函或工程保证保险。

第三条 工程建设领域工资保证金的存储比例、存储形式、减免措施以及使用返还等事项适用本规定。

第四条 各省级人力资源社会保障行政部门负责组织实施本行政区工资保证金制度。

地方人力资源社会保障行政部门应建立健全与本地区行业工程建设主管部门和金融监管部门的会商机制，加强信息通报和执法协作，确保工资保证金制度规范平稳运行。

第五条 工资保证金制度原则上由地市级人力资源社会保障行政部门具体管理，有条件的地区可逐步将管理层级上升为省级人力资源社会保障行政部门。

实施具体管理的地市级或省级人力资源社会保障行政部门，以下简称“属地人力资源社会保障行政部门”；对应的行政区，以下统称“工资保证金管理地区”。

同一工程地理位置涉及两个或两个以上工资保证金管理地区，发生管辖争议的，由共同的上一级人力资源社会保障行政部门商同级行业工程建设主管部门指定管辖。

第二章 工资保证金存储

第六条 施工总承包单位应当在工程所在地的银行存储工资保证金或申请开立银行保函。

第七条 经办工资保证金的银行（以下简称经办银行）依法办理工资保证金账户开户、存储、查询、支取、销户及开立保函等业务，应具备以下条件：

（一）在工程所在的工资保证金管理地区设有分支机构；

（二）信用等级良好、服务水平优良，并承诺按照监管要求提供工资保证金业务服务。

第八条 施工总承包单位应当自工程取得施工许可证（开工报告批复）之日起20个工作日内（依法不需要办理施工许可证或批准开工报告的工程自签订施工合同之日起20个工作日之内），持营业执照副本、与建设单位签订的施工合同在经办银行开立工资保证金专门账户存储工资保证金。

行业工程建设主管部门应当在颁发施工许可证或批准开工报告时告知相关单位及时存储工资保证金。

第九条 存储工资保证金的施工总承包单位应与经办银行签订《农民工工资保证金存款协议书》，并将协议书副本送属地人力资源社会保障行政部门备案。

第十条 经办银行应当规范工资保证金账户开户工作，为存储工资保证金提供必要的便利，与开户单位核实账户性质，在业务系统中对工资保证金账户进行特殊标识，并在相关网络查控平台、电子化专线信息传输系统等作出整体限制查封、冻结或划拨设置，防止被不当查封、冻结或划拨，保障资金安全。

第十一条 工资保证金按工程施工合同额（或年度合同额）的一定比例存储，原则上不低于1%，不超过3%，单个工程合同额较高的，可设定存储上限。

施工总承包单位在同一工资保证金管理地区有多个在建工程，存储比例可适当下浮但不得低于施工合同额（或年度合同额）的0.5%。

施工合同额低于300万元的工程，且该工程的施工总承包单位在签订施工合同前一年内承建的工程未发生工资拖欠的，各地区可结合行业保障农民工工资支付实际，免除该工程存储工资保证金。

前款规定的施工合同额可适当调整，调整范围由省级人力资源社会保障行政部门会同行业工程建设主管部门确定，并报人力资源社会保障部、住房和城乡建设部、交通运输部、水利部、铁路局、民航局备案。

第十二条 施工总承包单位存储工资保证金或提交银行保函后，在工资保证金管理地区承建工程连续2年未发生工资拖欠的，其新增工程应降低存储比例，降幅不低于50%；连续3年未发生工资拖欠且按要求落实用工实名制管理和农民工工资专用账户制度的，其新增工程可免于存储工资保证金。

施工总承包单位存储工资保证金或提交银行保函前2年内在工资保证金管理地区承建工程发生工资拖欠的，工资保证金存储比例应适当提高，增幅不低于50%；因拖欠农民工工资被纳入“严重失信主体名单”的，增幅不低于100%。

第十三条 工资保证金具体存储比例及浮动办法由省级人力资源社会保障行政部门商同级行业工程建设主管部门研究确定，报人力资源社会保障部备案。工资保证金存储比例应根据本行政区保障农民工工资支付实际情况实行定期动态调整，主动向社会公布。

第十四条 工资保证金账户内本金和利息归开立账户的施工总承包单位所有。在工资保证金账户被监管期间，企业可自由提取和使用工资保证金的利息及其他合法收益。

除符合本规定第十九条规定的情形，其他任何单位和个人不得动用工资保证金账户内本金。

第十五条 施工总承包单位可选择以银行保函替代现金存储工资保证金，保函担保金额不得低于按规定比例计算应存储的工资保证金数额。

保函正本由属地人力资源社会保障行政部门保存。

第十六条 银行保函应以属地人力资源社会保障行政部门为受益人，保函性质为不可撤销见索即付保函。

施工总承包单位所承包工程发生拖欠农民工工资，经人力资源社会保障行政部门依法作出责令限期清偿或先行清偿的行政处理决定，到期拒不清偿时，由经办银行依照保函承担担保责任。

第十七条 施工总承包单位应在其工程施工期内提供有效的保函，保函有效期至少为1年并不得短于合同期。工程未完工保函到期的，属地人力资源社会保障行政部门应在保函到期前一个月提醒施工总承包单位更换新的保函或延长保函有效期。

第十八条 属地人力资源社会保障行政部门应当将存储工资保证金或开立银行保函的施工总承包单位名单及对应的工程名称向社会公布，施工总承包单位应当将本工程落实工资保证金制度情况纳入维权信息告示牌内容。

第三章 工资保证金使用

第十九条 施工总承包单位所承包工程发生拖欠农民工工资的，经人力资源社会保障行政部门依法作出责令限期清偿或先行清偿的行政处理决定，施工总承包单位到期拒不履行的，属地人力资源社会保障行政部门可以向经办银行出具《农民工工资保证金支付通知书》，书面通知有关施工总承包单位和经办银行。经办银行应在收到《支付通知书》5个工作日内，从工资保证金账户中将相应数额的款项以银行转账方式支付给属地人力资源社会保障行政部门指定的被拖欠工资农民工本人。

施工总承包单位采用银行保函替代工资保证金，发生前款情形的，提供银行保函的经办银行应在收到《支付通知书》5个工作日内，依照银行保函约定支付农民工工资。

第二十条 工资保证金使用后，施工总承包单位应当自使用之日起10个工作日内将工资保证金补足。

采用银行保函替代工资保证金发生前款情形的，施工总承包单位应在10个工作日内提供与原保函相同担保范围和担保金额的新保函。施工总承包单位开立新保函后，原保函即行失效。

第二十一条 经办银行应每季度分别向施工总承包单位和属地人力资源社会保障行政部门提供工资保证金存款对账单。

第二十二条 工资保证金对应的工程完工，施工总承包单位作出书面承诺该工程不存在未解决的拖欠农民工工资问题，并在施工现场维权信息告示牌及属地人力资源社会保障行政部门门户网站公示30日后，可以申请返还工资保证金或银行保函正本。

属地人力资源社会保障行政部门自施工总承包单位提交书面申请5个工作日内审核完毕，并在审核完毕3个工作日内向经办银行和施工总承包单位出具工资保证金返还（销户）确认书。经办银行收到确认书后，工资保证金账户解除监管，相应款项不再属于工资保证金，施工总承包单位可自由支配账户资金或办理账户销户。

选择使用银行保函替代现金存储工资保证金并符合本条第一款规定的，属地人力资源社会保障行政部门自施工总承包单位提交书面申请5个工作日内审核完毕，并在审核完毕3个工作日内返还银行保函正本。

属地人力资源社会保障行政部门在审核过程中发现工资保证金对应工程存在未解决的拖欠农民工工资问题，应在审核完毕3个工作日内书面告知施工总承包单位，施工总承包单位依法履行清偿（先行清偿）责任后，可再次提交返还工资保证金或退还银行保函正本的书面申请。

属地人力资源社会保障行政部门应建立工资保证金定期（至少每半年一次）清查机制，对经核实工程完工且不存在拖欠农民工工资问题，施工总承包单位在一定期限内未提交返还申请的，应主动启动返还程序。

第二十三条 施工总承包单位认为行政部门的行政行为损害其合法权益的，可以依法申请行政复议或者向人民法院提起行政诉讼。

第四章 工资保证金监管

第二十四条 工资保证金实行专款专用，除用于清偿或先行清偿施工总承包单位所承包工程拖欠农民工工资外，不得用于其他用途。

除法律另有规定外，工资保证金不得因支付为本工程提供劳动的农民工工资之外的原因被查封、冻结或者划拨。

第二十五条 人力资源社会保障行政部门应加强监管，对施工总承包单位未依据《保障农民工工资支付条例》和本规定存储、补足工资保证金（或提供、更新保函）的，应按照《保障农民工工资支付条例》第五十五条规定追究其法律责任。

第二十六条 属地人力资源社会保障行政部门要建立工资保证金管理台账，严格规范财务、审计制度，加强账户监管，确保专款专用。

行业工程建设主管部门对在日常监督检查中发现的未按规定存储工资保证金问题，应及时通报同级人力资源社会保障行政部门。对未按规定执行工资保证金制度的施工单位，除依法给予行政处罚（处理）外，应按照有关规定计入其信用记录，依法实施信用惩戒。

对行政部门擅自减免、超限额收缴、违规挪用、无故拖延返还工资保证金的，要严肃追究责任，依法依规对有关责任人员实行问责；涉嫌犯罪的，移送司法机关处理。

采用工程担保公司保函或工程保证保险方式代替工资保证金的，参照银行保函的相关规定执行。

2. 劳务人员工资的计算方式

劳务人员工资是指建筑劳务企业依据有关法律法规的规定和劳动合同或用工书面协议的约定，以货币形式支付给形成劳动关系或提供劳务的劳动者的劳动报酬。

（1）劳务人员工资的计算方式

劳务人员工资可以采用下列任何一种方式计算：

1）固定劳务报酬（含管理费）；

2）约定不同工种劳务的计时单价（含管理费），按确认的工时计算；

3）约定不同工作成果的计件单价（含管理费），按确认的工程量计算。

采用第一种方式计价的，确定劳务报酬的合计总额。

采用第二种方式计价的，分别说明不同工种劳务的计时单价。

采用第三种方式计价的，分别说明不同工作成果的计件单价。

（2）工时及工程量的确认

采用固定劳务报酬方式的，施工过程中不计算工时和工程量。采用按确定的工时计算劳务报酬的，由劳务作业承包人每日将提供劳务人数报劳务作业发包人，由劳务作业发包人确认。采用按确认的工程量计算劳务报酬的，由劳务作业承包人按月（或旬、日）将完成的工程量报劳务作业发包人，由劳务作业发包人确认。对劳务作业承包人未经劳务作业发包人认可，超出设计图纸范围和因劳务作业承包人原因造成返工的工程量，劳务作业发包人不予计量。

（3）劳务人员工资的中间支付

采用固定劳务报酬方式支付劳务报酬款的，劳务作业承包人与劳务作业发包人约定按下列方法支付：

1）合同生效即支付预付款；

2）中间支付。

采用计时单价或计件单价方式支付劳务报酬的，劳务作业承包人与劳务作业发包人双方约定支付方法。

（4）劳务人员工资的最终支付

全部分包工作完成，经劳务作业发包人认可后 14 天内，劳务作业承包人向劳务作业发包人递交完整的结算资料，双方按照本合同约定的计价方式，进行劳务报酬的最终支付。劳务作业发包人收到劳务作业承包人递交的结算资料后 14 天内进行核实，给予确认或者提出修改意见。劳务作业发包人确认结算资料后 14 天内向劳务作业承包人支付劳务报酬尾款。劳务作业承包人和劳务作业发包人对劳务报酬结算价款发生争议时，按双方的约定处理。

(5) 劳务人员工资的支付管理

1) 分包队伍应将工资发给劳务工本人，严禁使用和将工资发放给不具备用工主体资格的组织和个人。

2) 分包队伍应制订本企业的工资支付办法，并告知本企业全体劳务工人。

3) 根据劳动合同或用工书面协议约定的工资标准、支付日期等内容支付工资，分包队伍每月至少支付一次劳务工资。

4) 工资结算期超过一个月的，应当每月预付工资，对当月提供正常劳动的劳务工人预付的工资不得低于当地最低工资标准，余额按季或年度结算工资，结算后足额支付。结算期不得超过次年1月20日。

5) 分包队伍支付劳务工资应编制工资支付表，每次发放工资应经劳动者本人签字确认，并保存3年以上备查。

6) 分包队伍因被拖欠工程款导致拖欠工人工资的，追回的被拖欠工程款，应优先用于支付拖欠的劳务工工资。

7) 因建设单位未按照合同约定与总包单位结清工程款，致使分包队伍拖欠劳务工工资的，按国家规定由建设单位或工程总承包单位先行垫付劳务工被拖欠的工资，先行垫付的工资数额以未结清的劳务人工费为限。

3. 劳务费结算与支付管理的要求

劳务费是指建筑工程总承包企业或者专业承包企业应支付给劳务分包企业的劳务作业人工费用。

(1) 按国务院政策法规要求，应当做到劳务费月清月结或按分包合同约定执行；同时应监督劳务分包队对农民工工资月清月结或按劳动合同约定执行，确保农民工工资按时足额发放给本人。

(2) 除合同另有约定，支付劳务费应当保障劳务分包队伍每月支付农民工基本工资人均不低于工程所在地最低工资标准，每年年底前做到100%支付。

4. 劳务费结算与支付管理的程序

(1) 劳务费的支付程序

1) 由发包单位按照分包合同约定条款编制劳务费支付计划。

2) 由发包单位按照已完工程节点，预结、预付劳务费。

3) 工程完工后双方及时办理结算，由发包单位编制结算劳务费支付计划，按照合同约定时间支付。

4) 如出现因业主方的问题而拖延劳务费结算的情况，发包单位应与分包企业协商一致后调整支付计划。

5) 总包企业对各项目部劳务费发放过程进行监督检查，及时纠正和处理劳务费发放中违规问题，保证农民工工资支付到位。

6) 各项目部每月月末向总包企业主管部门报送劳务费支付情况表，准确反映劳务费支付情况。

(2) 劳务费的支付管理

1）总分包合作双方必须依法签订分包合同，分包合同应约定支付劳务人工费的时间、结算方式及保证按期支付的措施，确保劳务人工费和劳务工人工资的支付。

2）支付劳务人工费时，只能向分包企业法人支付，不得向无资质的个体承包人支付。如果是委托代理人必须出具法定代表人书面委托书。

3）分包工程发包人与分包工程承包人在工程施工过程中提前解除分包合同的，应按已完合格工程量结算劳务费，约定劳务费的支付金额和支付时间，并严格按约定条款履行。

4）支付工程款时，应把劳务费列为第一支付顺序。劳务费支付时须经总包单位主要领导签字认可后，方可拨付。

5）不得将工程违反规定发包、分包给不具备用工主体资格的组织或个人，否则将承担拖欠劳务费连带责任。

（3）劳务费管理的应急预案

1）发生劳务费及劳务工资纠纷，先在项目部、总包单位内部协调处理，若需诉讼和仲裁的按合同约定方式进行处理。

2）项目部一旦发生劳务工资纠纷，应立即向总包单位报告，总包单位主管领导应及时赶到现场妥善处理。

3）总包单位各级管理部门在接待劳务工来访时，要做到态度诚恳，用语文明，不以任何理由或借口回避、推诿、拖延和矛盾上交。

4）发生劳务工上访，总包单位应派主管领导亲自处理，当天将处理情况向上级主管部门汇报。

5）发生劳务工工资纠纷时，如项目部确实无能力解决资金问题，应立即向总包单位报告，经批准后动用总包单位应急预备金。

6）总包单位每季度要组织一次劳务费支付情况排查，按时如实填报统计报表，及时掌握情况，对拖欠工资问题较多和可能引发矛盾激化的问题，要及时进行分析、研究，做到心中有数，提前采取措施，及时化解矛盾。

7）对拖欠数额较大一时难以全部解决的问题，要主动和分包队伍沟通，双方协商一致后，签订还款协议，并共同做好劳务工人的思想工作。

8）总包单位要保持与当地政府主管部门的紧密联系，按规定报送各种资料，通报有关情况，取得政府主管部门的支持，预防各种纠纷的发生。

5. 劳务费结算支付报表制度

对劳务费结算支付情况实行报表制度。

（1）劳务分包队伍每月向总包单位项目部报送劳务费及工资支付情况报表。每月编制劳务工人工资发放记录表，如实记录支付单位、支付时间、支付对象、支付数额等工资支付情况，并要求工人代表、分包企业负责人、项目经理三方签字后，报总包单位项目部和总包企业财务部备查，并作为支付劳务人工费的依据，同时分包方在发放工资时，项目部必须有人参加并监督。劳务工人工资发放记录表在工人生活区要公示3天以上。

（2）劳务分包队伍每季度向总包单位项目部报送劳务用工人数及劳动报酬支付情况统计表，项目部审核后，报公司劳务主管部门汇总并上报上级主管部门。

(3) 总包企业每季度对所有分包队伍劳务工工资支付情况进行统计检查，并将检查情况在企业范围内进行通报。

(4) 若劳务分包队伍违反国家工资支付规定拖欠克扣劳务工工资的，应记入分包考核档案，并通报批评。如因拖欠克扣工资引起上访，造成不良影响的，从合格分包商名录中剔除，不再使用。

六、劳务用工实名制管理的基本知识

（一）建筑工人实名制的政策演变、作用和内容

1. 建筑工人实名制的政策演变

（1）在 2011 年住房和城乡建设部颁布的《建筑业“十二五”规划纲要》中，提出要加强三支队伍的建设，即加强注册执业人员队伍建设、加强施工现场专业人员队伍建设、建设稳定的建筑产业骨干工人队伍，并要求“推行建筑劳务人员实名管理制度”。

（2）2014 年 7 月 1 日，住房和城乡建设部印发《关于推进建筑业发展和改革的若干意见》（建市〔2014〕92 号），提出“推行建筑劳务实名制管理，逐步实现建筑劳务人员信息化管理”，以此作为构建建筑产业工人队伍长效机制的措施。

（3）2014 年 7 月 26 日，住房和城乡建设部印发《关于进一步加强和完善建筑劳务管理工作的指导意见》（建市〔2014〕112 号），明确指出要倡导多元化建筑用工方式，推行劳务人员实名制管理。

（4）2014 年 9 月 1 日，住房和城乡建设部在《工程质量治理两年行动方案》中，要求各级住房和城乡建设主管部门要推行劳务人员实名制管理，推进劳务人员信息化管理，加强劳务人员的组织化管理。

（5）2017 年 2 月 21 日，国务院办公厅颁发的《关于促进建筑业持续健康发展的意见》（国办发〔2017〕19 号）中要求：建立全国建筑工人管理服务信息平台，开展建筑工人实名制管理，记录建筑工人的身份信息、培训情况、职业技能、从业记录等信息，逐步实现全覆盖。

（6）2017 年 4 月 26 日，住房和城乡建设部印发《关于印发〈建筑业发展“十三五”规划〉的通知》（建市〔2017〕98 号），要求全行业在“十四五”期间，推行建筑劳务用工实名制管理，基本建立全国建筑工人管理服务信息平台，记录建筑工人的身份信息、培训情况、职业技能、从业记录等信息，构建统一的建筑工人职业身份登记制度，逐步实现全覆盖。

（7）2019 年 2 月 17 日，住房和城乡建设部、人力资源和社会保障部印发《建筑工人实名制管理办法（试行）》（建布〔2019〕18 号）。该办法的内容共有 24 条。从内容编排来看，可以划分为五个部分。第一条至第三条，相当于总则，概述了《管理办法》制定的法律依据，以及实名制内涵和适用范围。第四条至第七条，该部分明确了相关政府管理部门，以及建筑行业各相关企业对于建筑工人实名制管理的各项责任和义务。第八条至第十六条，该部分规定了各相关主体对于开展建筑工人实名制管理工作的具体内容和相应的工作要求。第十七条至第二十一条，规定了各级主管部门对建筑工人实名制工作进行监督管理的主要职责、监管方式、处罚措施和法律责任。第二十二条至第二十四条，相当于附

则，明确了《管理办法》的实施外延、最终解释权和实施期限。

(8) 2020年12月18日，住房和城乡建设部等12部委印发《关于加快培育新时代建筑产业工人队伍的指导意见》(建市〔2020〕105号)，要求完善全国建筑工人管理服务信息平台，充分运用物联网、计算机视觉、区块链等现代信息技术，实现建筑工人实名制管理、劳动合同管理、培训记录与考核评价信息管理、数字工地、作业绩效与评价等信息化管理。制定统一数据标准，加强各系统平台间的数据对接互认，实现全国数据互联共享。加强数据分析运用，将建筑工人管理数据与日常监管相结合，建立预警机制。

(9) 2022年8月2日，住房和城乡建设部、人力资源和社会保障部印发《关于修改〈建筑工人实名制管理办法（试行）〉的通知》(建市〔2022〕59号)，其主要内容如下：一是将第八条修改为："全面实行建筑工人实名制管理制度。建筑企业应与招用的建筑工人依法签订劳动合同，对不符合建立劳动关系情形的，应依法订立用工书面协议。建筑企业应对建筑工人进行基本安全培训，并在相关建筑工人实名制管理平台上登记，方可允许其进入施工现场从事与建筑作业相关的活动。"二是将第十条、第十一条、第十二条和第十四条中的"劳动合同"统一修改为"劳动合同或用工书面协议"。

2. 劳务工人实名制管理的作用

(1) 通过实名制管理，对规范总分包单位双方的用工行为，杜绝非法用工、劳资纠纷、恶意讨薪等问题的发生，具有一定的积极作用。

(2) 通过实名制数据采集，能及时掌握了解施工现场的人员状况，有利于工程项目施工现场劳动力的管理和调剂。

(3) 通过实名制数据公示，公开劳务分包单位作业人员考勤状况，公开每一个农民工的出勤状况，避免或减少因工资和劳务费的支付而引发的纠纷隐患或恶意讨要事件的发生。

(4) 通过实名制方式，为项目经理部施工现场劳务作业的安全生产管理、治安保卫管理提供基础资料。

(5) 通过实名制管理卡的金融功能的使用，可以简化企业工资发放程序，避免农民工因携带现金而产生的不安全因素，为农民工提供了极大的便利。

(6) 通过实名制管理，能够真实、全面地掌握施工现场建筑工人的基本情况，有助于宏观决策和行业监管。

3. 实名制管理的主要内容

(1) 对进场人员花名册、身份证、劳动合同、岗位技能证书进行备案管理。

(2) 做好劳务管理工作内业资料的收集、整理、归档。

(3) 开展劳务管理相关数据的收集统计工作，建立劳务费、农民工工资结算兑付统计台账，检查监督劳务分包单位对农民工工资支付情况。

(4) 规范分包单位用工行为、保证其合法用工。

(5) 建立健全企业实名制管理的规章制度和监督检查实施到位情况。

（二）实名制管理职责和重点

1. 实名制管理职责

（1）住房和城乡建设部、人力资源和社会保障部的主要职责为：制定全国建筑工人实名制管理制度；指导和监督各地建筑工人实名制管理工作的实施；规划、建设和管理全国建筑工人管理服务信息平台，并制定该平台数据标准等。

（2）主管建筑工人实名制的地方行政部门为省（自治区、直辖市）级及以下各级住房城乡建设部门、人力资源社会保障部门，主要职责为：负责本行政区域建筑工人实名制管理工作；制定建筑工人实名制管理制度；督促建筑企业在施工现场落实建筑工人实名制管理工作的各项要求；建立完善本行政区域建筑工人实名制管理平台，确保各项数据的完整、及时、准确并与全国建筑工人管理服务信息平台的联通、共享。

（3）建设单位应与建筑企业约定实施建筑工人实名制管理的相关内容，督促建筑企业落实建筑工人实名制管理的各项措施，为建筑企业实行建筑工人实名制管理创造条件，按照工程进度将建筑工人工资按时足额付至建筑企业在银行开设的工资专用账户。

2. 总承包、专业承包企业实名制管理的重点

（1）总承包、专业承包企业应设置劳务管理机构和劳务管理员（简称劳务员），制定劳务管理制度。劳务员应持有岗位证书，切实履行劳务管理的职责。

（2）劳务员要做好劳务管理工作内业资料的收集、整理、归档，包括：企业法人营业执照、资质证书、建筑企业档案管理手册、安全生产许可证、现场施工劳务人员动态统计表、劳务分包合同、交易备案登记证书、劳务人员备案通知书、劳务合同书或用工书面协议、身份证、岗位技能证书、月度考勤表、月度工资发放表等。

（3）项目经理部劳务员负责日常劳务管理和相关数据的收集统计工作，建立劳务费、农民工工资结算兑付情况统计台账，检查监督劳务分包单位对农民工资的支付情况，对劳务分包单位在支付农民工工资存在的问题，应要求其限期整改。

（4）项目经理部劳务员要严格按照劳务管理相关规定，加强对现场的监控，规范分包单位的用工行为，保证其合法用工，依据实名制要求，监督劳务分包做好劳务人员的劳动合同签订、人员增减变动台账。

3. 劳务企业实名制管理的重点

（1）劳务分包企业应设置劳务管理机构和劳务员，制定劳务管理制度。劳务员应持有岗位证书，切实履行劳务管理的职责。

（2）劳务分包单位的劳务员在进场施工前，应按实名制管理要求，将进场施工人员花名册、身份证、劳务合同文本、岗位技能证书复印件及时报送总承包商备案。总承包方劳务员根据劳务分包单位提供的劳务人员信息资料，逐一核对是否有身份证、劳务合同和岗位技能证书，不具备以上条件的不得使用，总承包商不允许其进入施工现场。

（3）劳务员要做好劳务管理工作内业资料的收集、整理、归档，包括：企业法人营业

执照、资质证书、建筑企业档案管理手册、安全生产许可证、现场施工劳务人员动态统计表、劳务分包合同、交易备案登记证书、劳务人员备案通知书、劳务合同书或用工书面协议、身份证、岗位技能证书、月度考勤表、月度工资发放表等。

4. 建筑工人实名制管理的义务

建筑工人作为实名制的管理对象也承担相应的义务，主要包括三个方面：

（1）签约义务，即建筑工人进场作业前必须依法与招用企业签订劳动合同或用工书面协议。

（2）配合管理义务，即建筑工人应配合有关部门和所在建筑企业实施实名制管理工作（包括提供准确、真实的个人信息）。

（3）接受培训义务，即建筑工人应接受建筑企业安排的基本安全培训活动等。

5. 实名制管理的实施

（1）实名制管理的要求

1）建筑企业与农民工先签订劳动合同或用工书面协议后进场施工。

2）建筑企业应对招用的建筑工人进行基本安全培训。

3）建筑企业在相关建筑工人实名制管理平台上登记信息。

4）已登记的建筑工人，1年以上（含1年）无数据更新的，再次从事建筑作业时，建筑企业应对其重新进行基本安全培训，记录相关信息，否则不得进入施工现场上岗作业。

5）进入施工现场的建设单位、承包单位、监理单位的项目管理人员（项目负责人、技术负责人、质量负责人、安全负责人、劳务负责人等）及建筑工人均纳入建筑工人实名制管理范畴。

（2）实名制信息的内容

1）基本信息，包括建筑工人和项目管理人员的身份证信息、文化程度、工种（专业）、技能（职称或岗位证书）等级和基本安全培训等信息。

2）从业信息，包括工作岗位、劳动合同或用工书面协议签订、考勤、工资支付和从业记录等信息。

3）诚信信息，包括诚信评价、举报投诉、良好及不良行为记录等信息。

（3）实名制信息的采集

总承包企业应以真实身份信息为基础，采集进入施工现场的建筑工人和项目管理人员的基本信息，并及时核实、实时更新；真实完整记录建筑工人工作岗位、劳动合同或用工书面协议签订情况、考勤、工资支付等从业信息，建立建筑工人实名制管理台账；按项目所在地建筑工人实名制管理要求，将采集的建筑工人信息及时上传相关部门。

（4）实名制的考勤管理

建筑企业应配备实现建筑工人实名制管理所必须的硬件设施设备，施工现场原则上实施封闭式管理，设立进出场门禁系统，采用人脸、指纹、虹膜等生物识别技术进行电子打卡；不具备封闭式管理条件的工程项目，应采用移动定位、电子围栏等技术实施考勤管理。相关电子考勤和图像、影像等电子档案保存期限不少于3年。

（5）实名制管理的费用

实施建筑工人实名制管理所需费用可列入安全文明施工费和管理费。

（6）建筑工人的工资发放

建筑企业应依法按劳动合同约定，通过农民工工资专用账户按月足额将工资直接发放给建筑工人，并按规定在施工现场显著位置设置“建筑工人维权告示牌”，公开相关信息。

（三）实名制备案系统管理程序

1. 实名制备案系统

“实名制”要求对劳务分包企业进场人员各种证件及现场管理表册与本人身份证及劳动合同书名称一致，真实有效，涉及本人的各项基础资料不得弄虚作假。

建筑业劳务用工实名制管理是近年来建筑业的一项创新管理，是强化现场合法用工管理和保证农民工工资发放到个人的一项重要措施。在实行实名制计算机备案管理的过程中，应当密切结合企业实际先试点后推广，在实行中应当注意以下几点：

（1）企业用工要通过签订劳动合同或用工书面协议、持证上岗、造册和网上录入完成企业实名制管理的基础工作。施工现场是实名制管理的重点，工程项目部对进场劳务队伍数量和进场农民工必须做到人数清、情况明，着重做好日常管理工作。

（2）实行实名制管理必须做好现场封闭式管理，配齐总承包企业和劳务企业的劳务员，配备必要的人员进场识别设备和对人员进行综合统计分析管理的计算机设备。

（3）企业要在做好实名制管理的基础上及时办理人员备案手续。当地建设主管部门应当规范程序、提高效率、提供备案服务工作。

（4）通过实名制管理系统的使用，要达到三个目的：

1）准确掌握入场作业人员的基本情况和数量，保证合法用工。

2）加强农民工工资分配管理，保障按月支付不低于当地最低工资标准的月度工资，保障农民工工资足额发放到本人手中。

3）提高建筑企业劳务管理水平，改进企业劳务管理手段，提高劳务管理效率。

2. 实名制系统的管理

（1）施工现场封闭管理

项目部按照相关要求，将施工现场分为施工区和生活区，并进行独立的封闭管理。项目部进出大门24小时设立安全保卫人员，负责核实进入人员。凡初次进入施工现场的人员，首先进入生活区。安全保卫人员要对其进行登记管理，属于务工人员的登记内容包括：本人姓名、身份证号、籍贯、所属单位（队伍），并出示本人身份证明，由其所在分包单位现场负责人签认后，方可进入生活区。无法提供上述登记内容、无身份证明或无所在单位负责人签认的，一律不得进入项目从事施工。安全保卫人员登记后，要将登记人员及时上报项目部安全保卫负责人，通知项目部劳务管理人员核对人员花名册。

（2）进场人员花名册管理

进场人员花名册是实名制管理的基础。项目部劳务管理人员必须要求外施队伍负责人在工人进场前，统一按照主管部门规定的格式制作花名册，报项目部劳务管理人员审验。对于新进场人员项目部劳务管理人员应根据进场人员登记及时与花名册核对，对于同花名册中不符的人员，应要求外施队伍负责人按实际进场人员调整人员花名册，确保进入生活区人员与花名册相一致。劳务分包单位同时应配备持有行政主管部门颁发的劳务员岗位证书的专兼职劳务员，以配合总承包单位的劳务管理人员共同做好实名制管理工作。

(3) 入场安全教育管理

由项目部安全管理人员对进场人员进行入场安全教育，组织学习有关法律法规、管理规定，进行安全知识答卷，对新进场人员进行考核。安全生产教育必须以答卷形式进行考试，考试合格后方可上岗，否则清退出场。参加安全教育人员必须与花名册中人员相一致，不得代笔，凡未进行安全教育或考核不合格的人员，必须予以清退。

(4) 身份证与居住证管理

身份证：凡进入现场的人员，必须提供身份证复印件，由项目部安全管理人员及劳务员留存。没有身份证的必须从户口所在地公安部门开具证明，以证明其身份。无身份证或身份证明的一律不得进入施工现场。项目部劳务管理人员应与安全管理人员及时沟通，保证花名册中人员均持有身份证明。

居住证：在进行入场教育工作的同时，项目部劳务员人员应督促协助外施队伍按规定及时到派出所办理居住证。

(5) 劳动合同签订管理

凡进入施工现场的务工人员，其所在单位必须提供与务工人员签订的劳动合同（或用工书面协议，下同)，劳动合同必须符合行政主管部门提供的最新合同范本样式。项目劳务管理人员必须督促、检查进场的分包企业（用人单位）与每位务工人员签订劳动合同，并留存备案。与务工人员签订的劳动合同必须与花名册相一致，劳动合同签订不得代笔，代笔的视为未签订劳动合同。凡未签订劳动合同的人员，劳务管理人员必须限分包企业（用人单位）在3日内，与每位务工人员签订劳动合同，并留存备案。

(6) 岗位证书管理

项目部劳务管理人员必须要求施工队伍负责人在人员进场后3日内，将务工人员上岗证书进行审验，劳务分包合同签订后7日内办理人员注册备案手续。劳务管理人员必须按照现场花名册审核务工人员持证上岗情况，督促无证人员进行相关培训，及时上报人员上岗证书审验手续。对于无证人员劳务管理人员应要求施工队伍负责人相关培训机构办理培训手续，否则按非法用工予以处罚，施工队伍应在取得证书后及时办理证书审验，劳务管理人员须将务工人员岗位证书以复印件形式进行存档。

(7) 工作卡、床头卡管理

1）由项目部行政后勤管理人员负责落实务工人员工作卡、床头卡发放工作。务工人员具备身份证或身份证明、持有岗位证书及签订劳动合同，完成入场安全教育后，行政后勤管理人员根据进场花名册，为务工人员办理工作卡、床头卡，并与实际进场人员进行核对。每间工人宿舍要按住宿情况，根据“双卡”填写宿舍表。工作卡、床头卡、宿舍表根据人员流动情况随时办理和修改。出现务工人员工作卡、床头卡丢失情况，施工队伍负责人应在3日内为务工人员重新办理工作卡、床头卡，否则将视为非法用工予以处罚。

2）务工人员必须佩戴胸卡，由保安人员登记后方可进出项目部大门。如无胸卡人员离开项目部大门，必须持有劳务分包单位负责人签认的出门条，并进行登记后方可离开项目部。属于撤场人员，安全保卫人员登记后，要将登记人员及时上报项目部安全保卫负责人，通知项目劳务管理人员核减人员花名册。

（8）施工区人员管理

对于进入施工区的务工人员必须具备身份证或身份证明、持有岗位证书及签订劳动合同，完成入场安全教育、办理“双卡”后，由项目部信息录入人员根据各外施队伍具备上述条件的务工人员花名册，进行统一编号，并通过身份识别设备进行信息采集。施工队伍现场负责人要根据项目部统一要求，指定专人负责组织本队伍人员完成信息采集工作。完成信息采集的务工人员，方可进入施工区进行上岗作业。

（9）考勤表与工资表管理

1）分包企业劳务员负责建立每日人员流动台账，掌握务工人员的流动情况，为项目部提供真实的基础资料。项目部劳务员必须要求施工队伍负责人每日上报现场实际人员人数，施工队伍负责人必须对上报人数确认签字，劳务管理人员对比记录人员流动情况。每周要求施工队伍负责人上报施工现场人员考勤，由项目部劳务管理人员与现场花名册进行核对，确定人员增减情况，对于未在花名册中人员，要求施工队伍负责人按规定办理相关手续。

2）项目部每次结算劳务费时，劳务管理人员必须要求施工队伍负责人提供务工人员工资表，并留存备案。工资表中人员必须与考勤相一致，且必须有务工人员本人签字、施工队伍负责人签字和其所在企业盖章，方可办理劳务费结算。项目部根据施工队伍负责人所提供的工资表，按时向务工人员的实名制卡内支付工资。

七、劳务纠纷处理的基本知识

（一）劳务纠纷常见形式

劳务纠纷也称劳动争议，是指劳动法律关系双方当事人即劳动者和用人单位，在执行劳动法律、法规或履行劳动合同过程中，就劳动权利和劳动义务关系或履行劳动合同、集体合同发生的争执。

1. 劳务纠纷的分类

建筑业的劳务纠纷主要集中在建设工程施工合同及劳动合同的订立和履行过程中。常见的形式有：

（1）因资质问题而产生的纠纷

根据《建筑法》和住房和城乡建设部《建筑业企业资质管理规定》等关于建筑施工企业从业资格的规定，从事建筑活动的建筑施工企业应具备相应的资质，在其资质等级许可的范围内从事建筑活动。禁止施工企业向无资质或不具备相应资质的企业分包工程，如果建筑施工企业超越本企业的资质等级许可的业务范围承揽工程，则容易引起纠纷。

（2）因履约范围不清而产生的纠纷

在施工实践中，总包单位与分包商之间因履约范围不清而发生纠纷的现象屡见不鲜。例如：一个分包合同中约定，由总包单位提供垂直运输设备，但在具体施工时，总包单位只提供汽车式起重机而不提供塔式起重机。尤其是在基坑开挖过程中，垂直运输设备对工期的影响巨大，假如不利用塔吊，分包商很有可能无法完成工期目标，但汽车式起重机也属于垂直运输设备，因此，很难认定总包单位违约。造成履约范围不清的主要原因是分包合同条款内容不规范、不具体。分包合同订立的质量完全取决于承包人和分包商的合同水平和法律意识。若承包人、分包商的合同水平和法律意识都比较低或差异大时，则订出的合同内容不全，权利义务不均衡。所有这些都为以后施工过程中产生纠纷埋下隐患。因此，在订立分包合同时，应严格按照《分包合同示范文本》的条款进行订立。

（3）因转包而产生的纠纷

转包是指承包单位承包建设工程，不履行合同约定的责任和义务，将其承包的全部建设工程转给他人或将其承包的全部建设工程肢解后以分包的名义分别转给其他单位承包的行为。建设工程转包被法律所禁止，《民法典》第七百九十一条，《建筑法》第二十八条，《建设工程质量管理条例》第二十五条都规定禁止转包工程。

“分包”与“转包”是建设工程施工过程中普遍存在的现象，承包人将建设工程非法转包、违法分包后，使得劳动关系趋于复杂化，由此引发拖欠劳动者工资进而引发劳务纠纷。

（4）因拖欠农民工工资引发的纠纷

农民工是一个特殊的群体，他们既不是真正的农民，也不是真正的工人，而是一个典型的由经济和社会双重因素造就的特殊弱势群体。近些年来，侵害农民工权利现象频繁出现。在农民工权益受损问题中，“拖欠工资”问题是最引人注目也是最普遍的，也是引发劳务纠纷的重要原因之一。

2. 劳务纠纷的形式

建筑业的劳务纠纷主要集中在建设工程施工合同及劳动合同的订立和履行过程中。常见的形式有：

（1）因合同当事人主观原因造成的合同订立时就存在的潜在纠纷

1）选择订立合同的形式不当

建设工程施工合同有固定价格合同、可调价格合同和成本加酬金价格合同。在订立建设施工合同时，就要根据工程大小、工期长短、造价的高低、涉及其他因素多寡选择合同形式。选择不适当的合同形式，会导致合同争议的产生。

2）合同主体不合法或与不具备相应资质的企业签订劳务分包合同或工程分包合同

①《民法典》规定：合同当事人可以是公民（自然人），也可以是其他组织。也就是说作为建设工程承包合同当事人的发包方和承包人，都应当具有相应的民事权利能力和民事行为能力，这是订立合同最基本的主体资格。

② 总承包企业或专业施工企业与不具备相应资质的企业签订的劳务分包合同。这样的合同，根据《最高人民法院若干审理建设工程施工合同纠纷案件适用法律问题的解释》第 1 条和《民法典》等规定被认定为无效合同。合同无效后的处理：假如劳务分包企业提供劳务的工程合格，劳务分包企业依据《最高人民法院关于审理建设工程施工合同纠纷案件的适用法律问题的解释》第 2 条的规定请求劳务费的，应当得到法律支持；假如仅仅因劳务分包企业提供的劳务质量不合格引起的工程不合格，劳务分包企业请求劳务分包合同约定的劳务价款的，将得不到法律支持，并且还应承担相应的损失。

③ 总承包企业或专业承包企业与劳务分包企业以劳务分包合同名义签订的实质上的工程分包合同。这种合同将依据合同的实际内容及建设施工中的客观事实，及双方结算的具体情况，来认定双方合同关系的本质。其中有的可能会被认定为工程分包合同，那么就要按照工程分包合同的权利义务，来重新确认双方的权利义务。

④ 工程分包企业以劳务分包合同的名义与劳务分包企业签订的实质上的工程再分包合同。这种合同将被认定为无效。工程分包企业因此种行为取得的利润将被法院依据《最高人民法院关于审理建设工程施工合同纠纷案件的适用法律问题的解释》第 4 条的规定收缴，或者由建筑行政管理机关做出同样的收缴处罚。

3）合同条款不全，约定不明确

在合同履行过程中，由于合同条款不全，约定不明确，引起纠纷是相当普遍的现象。当前，一些缺乏合同意识和不会用法律保护自己权益的发包人或承包人，在谈判或签订合同时，认为合同条款太多、烦琐，从而造成合同缺款少项；一些合同虽然条款比较齐全，但内容只作为原则约定，不具体、不明确，从而导致了合同履行过程中产生争议。

4）草率签订合同

建设工程承包合同一经签订，其当事人之间就产生了权利和义务关系。这种关系是法律关系，其权利受法律保护，义务受法律约束。但是目前一些合同当事人，法治观念淡薄，签订合同不认真，履行合同不严肃，导致合同纠纷不断发生。

5）违约责任系统化

有些建设工程施工合同签订时，只强调合同的违约条件，但是没有要求对方承担违约责任，对违约责任也没有做出具体约定，导致双方在合同履行过程中争议的发生。

（2）合同履约过程中的承包人同发包人之间的经济利益纠纷

1）承包人提出索赔要求，发包人不予承认，或者发包人同意支付的额外付款与承包索赔的金额差距极大，双方不能达成一致意见。其中，可能包括：发包人认为承包人提出索赔的证据不足；承包人对于索赔的计算，发包人不予接受；某些索赔要求是承包人自己的过失造成的；发包人引用免责条款以解除自己的赔偿责任；发包人致使承包人得不到任何补偿。

2）承包人提出的工期索赔，发包人不予承认。承包人认为工期拖延是由于发包人拖延交付施工场地、延期交付设计图纸、拖延审批材料和样品、拖延现场的工序检验以及拖延工程付款造成的；而发包人则认为工期拖延是由于承包人开工延误、劳力不足、材料短缺造成的。

3）发包人提出对承包人进行违约罚款，扣除拖延工期的违约金外，要求对由于工期延误造成发包人利益的损害进行赔偿；承包人则提出反索赔，由此产生严重分歧。

4）发包人对承包人的严重施工缺陷或提供的设备性能不合格而要求赔偿、降价或更换；承包人则认为缺陷已改正、不属于承包方的责任或性能试验方法错误等，不能达成一致意见。

5）关于终止合同的争议。由终止合同造成的争议最多，因为无论任何一方终止合同都会给对方造成严重损害。

6）承包人与分包商的争议，其内容大致和发包人与承包人的争议内容相似。

7）承包人与材料设备供应商的争议，多数是货品质量、数量、交货期和付款方面的争议。

（二）劳务纠纷调解程序

1. 劳务纠纷调解的基本原则

（1）合法原则

合法原则是指劳务纠纷处理机构在处理劳务纠纷案件的过程中应当坚持以事实为根据，以法律为准绳，依法处理劳务纠纷。

（2）公正原则

劳务纠纷处理机构必须保证双方当事人处于平等的法律地位，具有平等的权利义务，不得偏袒任何一方。

（3）及时处理原则

及时处理原则是指劳务纠纷案件处理中，当事人要及时申请调解或者仲裁，超过法定期限将不予受理。劳务纠纷处理机构要在规定的时间内完成劳务纠纷的处理，及时保护当事人合法权益，防止矛盾激化，否则要承担相应的责任。

（4）调解为主原则

调解是指在第三方的主持下，依法劝说争议双方当事人进行协商，在互谅互让的基础上达成协议，从而解决争议的一种方法。

2. 劳务纠纷调解的一般程序

（1）申请和受理

劳务纠纷发生后，双方当事人都可以自知道或应当知道其权利被侵害之日起的 30 日内，以口头或者书面的形式向调解委员会提出申请，并填写《调解申请书》。如果是劳动者在 3 人以上并具有共同申请理由的劳务纠纷案件，劳动者当事人一方应当推举代表参加调解活动。调解委员会对此进行审查并做出是否受理的决定。

（2）调解

调解委员会主任或者调解员主持调解会议，在查明事实、分清是非的基础上，依照法律、法规及依法制定的企业规章制度和合同公证调解。在调查和调解时，应进行相应的笔录。

（3）制作调解协议书或调解意见书

调解达成协议，制作调解协议书，写明争议双方当事人的姓名、职务、争议事项、调解结果及其他应说明的事项。调解意见书是调解委员会单方的意思表示，仅是一种简易型的文书，对争议双方没有约束力。若遇到双方达不成协议、调解期限届满而不能结案或调解协议送达后当事人反悔三种情况，则制作调解意见书。

调解委员会调解争议的期限为 30 日，即调解委员会应当自当事人申请调解之日起的 30 日内结束，双方协商未果或者达成协议后不履行协议的，双方当事人在法定期限内，可以向仲裁委员会申请仲裁。

（三）劳务纠纷解决方法

1. 解决劳务纠纷的合同内方法

（1）承担继续履约责任

承担继续履约责任也称强制继续履行、依约履行、实际履行，是指在一方违反合同时另一方有权要求其依据合同约定继续履行。

（2）按合同赔偿损失

按合同赔偿损失也称为违约赔偿损失，是指违约方因不履行或不完全履行合同义务而给对方造成损失，依照法律的规定或者按照当事人的约定应当承担赔偿损失的责任。

（3）支付违约金

支付违约金是指由当事人通过协商预先确定的、在违约发生后做出的独立于履行行为以外的给付，违约金是当事人事先协商好，其数额是预先确定的。违约金的约定虽然属于当事人所享有的合同自由的范围，但这种自由不是绝对的，而是受限制的。《民法典》第五百八十五条规定："约定的违约金低于造成的损失的，人民法院或者仲裁机构可以根据当事人的请求予以增加；约定的违约金过分高于造成的损失的，人民法院或者仲裁机构可以根据当事人的请求予以适当减少。”

(4) 执行定金罚则

《民法典》第五百八十七条规定：“债务人履行债务后，定金应当抵作价款或者收回。给付定金一方不履行约定的债务的，无权要求返还定金；收受定金方不履行约定的债务的，致使不能实现合同目的的，应当双倍返还定金。应当双倍返还定金。”因此，定金具有惩罚性，是对违约行为的惩罚。《担保法》规定，定金的数额不得超过主合同标的额的20%，这一比例为强制性规定，当事人不得违反；如果当事人约定的定金比例超过了20%，并非整个定金条款无效，而只是超出部分无效。

(5) 采取其他补救措施

2. 解决劳务纠纷的合同外方法

发生劳务纠纷，当事人不愿协商、协商不成或者达成和解协议后不履行的，可以向调解组织申请调解；不愿调解、调解不成或者达成调解协议后不履行的，可以向相关主管仲裁委员会申请仲裁；对仲裁裁决不服的，除本法另有规定的外，可以向人民法院提起诉讼。

为了尽可能减少建设工程承包合同争议，最重要的是合同双方要签好合同。在签订合同之前，承包人和发包人应当认真地进行磋商，切不可急于签约而草率从事。其次，在履约过程中双方应当及时交换意见，尽可能将执行中的问题加以得当处理，不要将问题积累，尽量将合同争议解决在合同履约过程中。

(四) 劳务工资纠纷应急预案

1. 劳务工资纠纷应急预案的编制

应急预案的编制应包含以下内容：

(1) 应急预案的目的、编写依据和适用范围

1) 应急预案的目的

应急预案的目的，是为了最大限度降低劳务纠纷突发事件造成的经济损失和社会影响，积极稳妥地处理因劳务纠纷等问题引发的各种群体性事件，有效地控制事态，将不良影响限制在最小范围，保证建安施工企业的正常生产和管理秩序。

2) 应急预案的编写依据

应急预案的编写，要本着确保社会稳定，建立和谐社会，预防为主，标本兼治的原则，按照住房和城乡建设部的相关要求编制。

3) 应急预案的适用范围

① 发生劳务纠纷突发事件，造成一定的经济损失和社会影响的；

② 因劳务纠纷引发的各种群体性事件，造成一定的经济损失和社会影响的。

(2) 应急机构体系及职责

1) 应急机构体系

① 成立各级应急指挥领导小组，领导小组下设应急指挥领导小组办公室，各级领导小组包括集团公司、二级（子）公司和项目部；

② 成立行政保障和法律援助工作组、保稳定宣传工作组，确保应急预案的正常启动；

③ 应急情况紧急联系电话应包括：

领导小组办公室电话及联系人电话；

火警电话：119；

急救电话：120、999；

当地派出所电话；

当地建筑业主管部门电话。

2）工作职责

① 各级领导小组工作职责

A. 总承包单位领导小组职责

领导小组办公室负责分包劳务费拖欠情况及劳务费结算、支付、农民工工资发放情况的摸底排查，纠纷协调、督办，紧急情况处理等指导工作，并与施工单位形成稳定管理体系，与分包队伍上级单位或相关省、市驻京办事处保持联络。处理解决群体性突发事件。

公司法定代表人是群体性突发事件第一责任人，负责组织协调各方面工作，及时化解矛盾，防止发生群体性事件。领导本单位工作组处理群体性突发事件，确保应急资金的落实到位。

B. 总承包单位的子公司领导小组职责

了解各项目部劳务作业人员动态，掌握劳务分包合同履约及劳务费支付情况，督促、检查、排查、通报劳务费结算、兑付情况，加强实名制备案的监督管理工作，及时发现有矛盾激化趋势的事件，负责协助项目部协调纠纷、处理紧急情况；与分包队伍上级单位保持联络，出现应急前兆时应派人到现场与项目部配合随时控制事态发展，保持与领导小组的联系，促使问题及时解决。进入应急状态紧急阶段时，及时向上级报告，并保证有专人在现场，尽可能控制事态，必要时与分包队伍的上级单位、相关省市驻本地建设管理部门联系取得支持，并上报集团公司领导小组。

子、分公司领导小组应做好日常与劳务企业（队伍）人员维护稳定的宣传、教育、沟通、合作交流等工作，与本地区建设行政管理部门、人力资源和社会保障局、公安局、内保局、街道办事处、相关各省市驻本地区建设管理部门、集团公司等劳务企业保持日常联络，以备应急状态时及时发现、处理问题和便于求助。

C. 项目经理部职责

各项目部劳务管理人员应掌握分包合同履约情况、工程量、劳务工作量和劳务费结算、支付、农民工工资发放的具体情况，还应按照“实名制”管理工作要求，将本项目部所有劳务作业队伍的人员花名册、合同备案资料、上岗证、考勤表、工资发放表按规定要求认真收集，归档备案。要认真观察本项目作业人员的思想动态和异常动态，认真做好思想政治工作，对有矛盾激化趋势的事件，应按组织体系及时汇报，及时化解矛盾，防止矛盾升级，不得忽视、隐瞒有矛盾激化趋势的事件发生。出现应急前兆时，原则上由发生群体性事件的项目部组织本项目部人员出面调解处理，并保持与本单位应急小组的联系，随时汇报事态进展。进入应急状态紧急阶段时，项目经理必须到现场，组织本项目部应急小组与劳务企业（作业队伍、作业班组）进行沟通，负责通过各种方式解决纠纷，确保稳定。

② 行政保障和法律援助工作组职责

保证应急领导小组成员通信畅通，准备应急车辆，配合项目部工作，提供法律方面的支持。出现应急前兆时应随时关注并与项目部保持联系，进入应急状态紧急阶段时，应保证备勤车辆、急救器材和药品，上级或地方政府领导到场时，负责相应的接待工作，并为项目部解决纠纷提供法律方面的支持。

③ 保稳定宣传工作组职责

调查劳务企业人员的思想动态，负责协助及时调解矛盾，做好联系媒体宣传工作。出现应急前兆做好相关人员的思想工作，维护稳定，负责接待新闻媒体和协调处理与新闻媒体的关系，负责对新闻媒体发布消息。

(3) 应急措施

1) 在施工单位机关或总承包单位机关办公楼出现紧急情况阶段时，由应急指挥领导小组成员及工作组各司其职，维护现场秩序，进行劝阻和力争谈判解决矛盾。

2) 机关各部门人员在出现紧急情况阶段时，部门内应当至少留一名员工负责保护部门内部的财物、资料。

3) 局势得到控制后，由群体性突发事件工作组和项目部有关人员出面与劳务企业对话，要求对方派代表与总包单位就具体问题进行谈判，除代表外的其他人员应遣散或集中到会议室。

4) 如果对方不能够按总包单位要求进行谈判，并且继续冲击总包单位机关、扰乱总包单位办公秩序，由现场总指挥决定报警，由行保、安全监管部门内勤进行报警。

(4) 责任处理

1) 突发事件的处理

① 突发劳务纠纷事件，要立即上报加强农民工及劳务管理工作领导小组，相关人员按预案要求在第一时间赶到事件发生现场，当即启动应急程序、开展工作。

② 发生纠纷事件的项目经理要协助公司处理突发纠纷事件，相关部门应积极配合。

③ 对突发劳务纠纷事件，要严格控制事态，坚持就地解决的原则。

④ 事件得到控制、平息后，要立即组织恢复生产秩序，采取一切措施消除负面影响。

2) 责任处理

① 对违反各项规章制度，侵犯工人权益的劳务队伍视情节给予警告直至清理出场。

② 按相关责任要求，对发生纠纷事件的总承包企业、总承包二级公司和项目相关责任人，追究责任。

③ 对纠纷事件不上报或瞒报、报告不及时的单位，视情节处以一定数额的罚款，通报批评并追究行政责任。

④ 对措施不得力，贻误时机，造成重大损失或影响的单位和项目经理，除通报批评、处以罚款外，要追究行政责任。

2. 劳务工资纠纷应急预案的组织实施

(1) 突发事件应急状态描述

突发事件应急状态，分为如下四个阶段：

1）前兆阶段：劳务企业（作业队伍、作业班组）向项目部或有关部室索要劳务费、材料费、租赁费、机具费等，出现矛盾并煽动员工以非正常手段解决时；劳务作业人员出现明显不满情绪时；按施工进度劳务作业队伍应撤场但占据施工场地或生活区拒不撤场时；劳务作业人员聚集到建设单位、总承包单位办公地点或围堵建设单位、总承包单位管理人员时；劳务作业人员聚集到项目部干扰妨碍正常办公时。

2）紧急阶段：劳务作业人员聚集到建设单位、总承包单位办公机关，干扰妨碍正常办公时；劳务作业人员聚集到建设单位、总承包单位以外政府部门群访、群诉时；劳务作业人员采取影响社会治安等非正常手段制造影响时。

3）谈判阶段：聚众妨碍正常办公的劳务作业人员情绪得到控制，所属施工单位负责人能与劳务企业负责人或代表正式对话时。

4）解决阶段：与劳务企业负责人或代表达成一致意见且聚集的劳务作业人员已经疏散或退出占据的施工现场时；正常生产、办公秩序得到恢复时。

（2）应急状态的报告程序

当发现出现应急状态的前兆阶段和紧急阶段所描述的情况时，相关工作人员必须向有关部门报告，报告顺序如下：

1）应急状态前兆阶段：

项目部有关人员 → 项目经理 → 上级单位经理办公室 → 应急小组领导
项目经理 → 各工作组；上级单位经理办公室 → 应急小组成员

2）直接进入紧急阶段

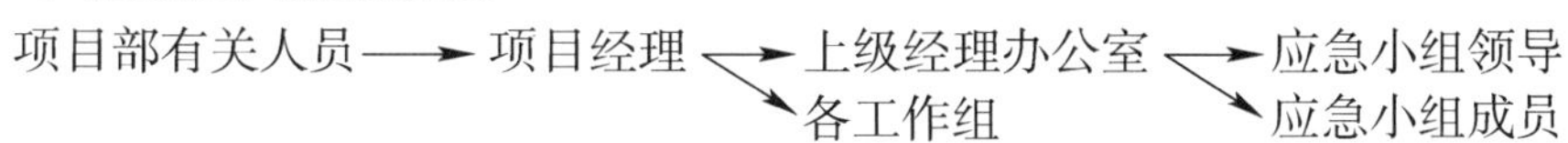

接到报告的项目经理或各级群体性劳务费纠纷突发事件应急工作组应及时核实情况，并迅速向上一级报告，同时，尽可能控制事态发展。出现联络障碍不能按上述顺序报告时，可越级上报，直至报告给应急指挥领导小组。

（3）预案的启动和解除权限

各级突发事件应急领导小组组长接到报告后，应迅速组织应急领导小组成员核实情况，情况属实需要启动本预案时，应由组长宣布进入应急状态，并启动本预案。应急领导小组成员接到通知后组织工作组人员，履行应急职责，并由领导小组组长决定是否向上级主管部门汇报。

事态进入解决阶段后，应急小组组长视实际情况决定解除本预案。

（4）应急资金准备

各施工单位应筹措一定比例资金，作为专项用于协调解决重大群体性事件的应急资金。

八、社会保险的基本知识

（一）社会保险的依据与种类

1. 社会保险的法律依据与制度规定

（1）社会保险的法律依据

社会保险是为丧失劳动能力、暂时失去劳动岗位或因健康原因造成损失的人口提供收入或补偿的一种社会和经济制度。社会保险由政府举办，强制某一群体将其收入的一部分作为社会保险税（费）形成社会保险基金，在满足一定条件的情况下，被保险人可从基金获得固定的收入或损失的补偿，它是一种再分配制度，它的目标是保证物质及劳动力的再生产和社会的稳定。

社会保险法是指国家通过立法设立社会保险基金，使劳动者在暂时或永久丧失劳动能力以及失业时获得物质帮助和补偿的一种社会保障制度。为了规范社会保险关系，维护公民参加社会保险和享受社会保险待遇的合法权益，使公民共享发展成果，促进社会和谐稳定，2010 年 10 月 28 日第十一届全国人民代表大会常务委员会第十七次会议通过，《中华人民共和国社会保险法》自 2011 年 7 月 1 日起施行，根据 2018 年 12 月 29 日第十三届全国人民代表大会常务委员会第七次会议修正。

（2）社会保险制度的制度规定

1）社会保险的基本特征

① 社会性

一方面，社会保险的范围比较广泛，保险对象包括社会上不同层次、不同行业的劳动者或公民；另一方面，社会保险作为一种社会政策，具有保障社会安定的职能。

② 强制性

社会保险由国家立法强制实行，在保险的项目、收费的标准、享受的待遇上，投保人和被保险人都无权进行选择。

③ 缴费性

社会保险通常覆盖就业群体，与受益与工龄和缴费相关联，由此形成社会保险与社会救济的区别。

④ 互济性

社会保险依据调剂的原则集中和使用资金，以解决劳动者由于生、老、病、死、伤、残、失业等造成的生活困难。

⑤ 福利性

社会保险的待遇根据生活的需要确定，国家负担一部分资金，并由政府指定非营利性机构管理。

2）社会保险关系的主体

社会保险领域涉及众多的主体，一般认为下列三类主体较为重要。

① 社会保险机构（保险人）

社会保险机构直接承担管理和实施社会保险，依法向用人单位、劳动者等征收社会保险费，并负责具体运作社会保险项目和向劳动者发放社会保险待遇。其包括社会保险主管机构、经办机构、基金运营机构、监督机构等。主管机构负责制定社会保险政策和组织实施，并对具体业务部门工作进行管理、监督、检查；经办机构负责筹集社会保险基金，确认公民享受社会保险待遇的资格，给付社会保险待遇，组织社会保险服务；社会保险基金运营机构专门负责社会保险基金投资运营。

② 用人单位（投保人）

用人单位是一个广泛的概念，不仅包括各种类型的国家机关、企事业单位，而且包括有雇工的个体工商户。用人单位承担缴纳社会保险费的义务，是社会保险基金的主要缴纳者。有时劳动者也可以是投保人，如灵活就业人员为自己投保社会保险。

③ 劳动者及其亲属（被保险人和受益人）

作为社会保险的被保险人，必须具备以下两个条件：其一，社会保险的被保险人只能是自然人。法人以及其他社会组织，不能成为社会保险的被保险人。其二，社会保险的被保险人一般是具有劳动能力，并有一定收入来源的社会成员。社会保险作为一种社会保障方案，被保险人应当包括可能遭受属于社会保险范围的各类社会风险的社会成员，而不应仅仅限于企业职工。我国社会保险改革的基本目标是逐步将社会保险扩展到包括城镇各类企业职工、个体工商户及其帮工、私营企业主及其雇员以及自由职业者在内的各种社会成员。受益人是指基于与被保险人的一定关系而享有一定保险利益的主体。受益人一般只限于法定范围内的被保险人的直系亲属，世界各国的规定一般主要包括被保险人的配偶以及未成年子女等。受益人享有的保险利益，是在被保险人所得保险待遇以外，或者被保险人死亡后，按法定项目和标准获得物质帮助。受益人享受的待遇标准一般要低于被保险人享有的待遇标准。

2. 基本社会保险

（1）我国养老保险的组成介绍

我国的养老保险由三个部分（或层次）组成。第一部分是基本养老保险，第二部分是企业补充养老保险，第三部分是个人储蓄性养老保险。

1）基本养老金

在我国实行养老保险制度改革以前，基本养老金也称退休金、退休费，是一种最主要的养老保险待遇。国家有关文件规定，在劳动者年老或丧失劳动能力后，根据他们对社会所作的贡献和所具备的享受养老保险资格或退休条件，按月或一次性以货币形式支付的保险待遇，主要用于保障职工退休后的基本生活需要。

1997年，《国务院关于建立统一的企业职工基本养老保险制度的决定》中明确：基本养老保险只能保障退休人员基本生活，各地区和有关部门要在国家政策指导下大力发展企业补充养老保险，同时发挥商业保险的补充作用。目前，按照国家对基本养老保险制度的总体思路，未来基本养老保险目标替代率确定为58.5%。由此可以看出，今后基本养老金主要目的在于保障广大退休人员的晚年基本生活。

2）企业补充养老保险

企业补充养老保险是指由企业根据自身经济实力，在国家规定的实施政策和实施条件下为本企业职工所建立的一种辅助性的养老保险。它居于多层次的养老保险体系中的第二层次，由国家宏观指导、企业内部决策执行。

企业补充养老保险与基本养老保险既有区别又有联系。企业补充养老保险由劳动保障部门管理，单位实行补充养老保险，应选择经劳动保障行政部门认定的机构经办。企业补充养老保险的资金筹集方式有现收现付制、部分积累制和完全积累制三种。企业补充养老保险费可由企业完全承担，或由企业和员工双方共同承担，承担比例由劳资双方协议确定。

3）个人储蓄性养老保险

职工个人储蓄性养老保险是我国多层次养老保险体系的一个组成部分，是由职工自愿参加、自愿选择经办机构的一种补充保险形式。由社会保险机构经办的职工个人储蓄性养老保险，由社会保险主管部门制定具体办法，职工个人根据自己的工资收入情况，按规定缴纳个人储蓄性养老保险费，记入当地社会保险机构在有关银行开设的养老保险个人账户，并应按不低于或高于同期城乡居民储蓄存款利率计息，以提倡和鼓励职工个人参加储蓄性养老保险，所得利息记入个人账户，本息一并归职工个人所有。

（2）职工基本养老保险制度的覆盖范围

1）用人单位及其职工

《社会保险法》第十条第一款规定："职工应当参加基本养老保险，由用人单位和职工共同缴纳基本养老保险费。"为了给逐步扩大职工基本养老保险制度的覆盖范围留下空间，《社会保险法》未对"职工"的范围作明确限定。具体操作可以依据国务院的有关规定执行。

2）灵活就业人员

灵活就业，是与正规就业相对而言的就业状态。按照有关政策文件的规定，主要是指在劳动时间、收入报酬、工作场所、保险福利、劳动关系等方面不同于建立在工业化和现代工厂制度基础上的传统主流就业方式的各种就业形式的总称。灵活就业的形式主要有以下几种类型：非正规部门就业，即劳动标准、生产组织管理及劳动关系运作等均达不到一般企业标准的用工和就业形式。例如，家庭作坊式的就业；自雇型就业，有个体经营和合伙经营两种类型；自主就业，如自由职业者、自由撰稿人、个体演员、独立的经纪人等；临时就业，如家庭小时工、街头小贩、其他类型的打零工者。

随着现代经济社会的发展，就业形式越来越灵活，灵活就业人员越来越多，将灵活就业人员纳入职工基本养老保险覆盖范围，有利于扩大基本养老保险的覆盖面，保护灵活就业人员的社会保险权益。根据《国务院关于完善企业职工基本养老保险制度的决定》规定，城镇个体工商户和灵活就业人员都要参加职工基本养老保险。考虑到很多灵活就业人员流动性大、收入不稳定等情况，《社会保险法》规定，灵活就业人员可以自愿参加职工基本养老保险。《社会保险法》第十条第二款规定：无雇工的个体工商户、未在用人单位参加基本养老保险的非全日制从业人员以及其他灵活就业人员可以参加基本养老保险，由个人缴纳基本养老保险费。

（3）职工基本养老保险制度模式

1）实行社会统筹与个人账户相结合

《社会保险法》第十一条规定：基本养老保险实行社会统筹与个人账户相结合。这一制度模式，是我国认真研究吸取外国经验，经过多年的改革探索和实践后确立的，具有中国特色。自1984年各地开始试行企业职工退休费用社会统筹，到1988年年底全国93%的市县实行了企业退休费用社会统筹。1991年6月，国务院在总结各地实行退休费用社会统筹改革经验的基础上，发布了《关于企业职工养老保险制度改革的决定》，第一次明确基本养老保险费用实行社会统筹，由国家、企业、个人三方共同负担。1993年中共中央十一届三中全会通过的《关于建立社会主义市场经济体制若干问题的决定》提出，“城镇职工养老和医疗保险金由单位和个人共同负担，实行社会统筹和个人账户相结合”。1995年3月，国务院下发了《关于深化企业职工养老保险制度改革的通知》（国发〔1995〕6号），明确了企业职工养老保险应按照社会统筹与个人账户相结合的原则进行改革试点。1997年7月，国务院在总结各地改革试点经验的基础上，下发了《关于建立统一的企业职工基本养老保险制度的决定》，对企业职工基本养老保险制度进行了统一和规范，确立了基本养老保险实行社会统筹与个人账户相结合的制度模式。2005年12月，国务院下发了《关于完善企业职工基本养老保险制度的决定》，进一步提出要逐步做实个人账户，完善社会统筹与个人账户相结合的基本养老保险制度，实现由现收现付制向部分积累制转变。

我国选择“基本养老保险实行社会统筹与个人账户相结合”这一部分积累制的模式，将国际上现收现付和完全积累两种模式的优势集合，实现了优势互补、优化组合，是适合中国国情的。其优点在于：一是既能够保留现收现付模式养老金的代际转移、收入再分配功能，又能够实现完全积累模式激励缴费、提高工作效率的目的；二是既能够减轻现收现付模式福利支出的刚性，又能够克服完全积累模式个人年金收入缺乏相互调剂而导致的过度不均，并保证退休人员的基本生活；三是既能够利用完全积累模式积累资本、应对老龄化危机的制度优势，又能够缓解完全积累模式造成的企业缴费负担过重与基金保值增值的压力。

2）基本养老保险个人账户

实行社会统筹和个人账户相结合的模式，把职工个人账户提到了基本养老保险制度中十分重要的位置。个人账户是职工在符合国家规定的退休条件并办理了退休手续后，领取基本养老金的重要依据。为此，《社会保险法》第十四条规定：个人账户不得提前支取，记账利率不得低于银行定期存款利率，免征利息税。个人死亡的，个人账户余额可以继承。

① 基本养老保险个人账户记账办法。《国务院关于建立统一的企业职工基本养老保险制度的决定》规定，按本人缴费工资11%的数额为职工建立基本养老保险个人账户，个人缴费全部记入个人账户，其余部分从企业缴费中划入。随着个人缴费比例的提高，企业划入的部分要逐步降至3%。《国务院关于完善企业职工基本养老保险制度的决定》规定，从2006年1月1日起，个人账户的规模统一由本人缴费工资的11%调整为8%，全部由个人缴费形成，单位缴费不再划入个人账户。此外，城镇个体工商户和灵活就业人员参加基本养老保险，费用由个人缴纳，其中8%记入个人账户。

② 个人账户资金利率。个人账户从缴费到退休后支取长达数十年，通货膨胀的风险无法避免。通货膨胀会降低个人账户资金的购买力，造成个人账户资金的贬值，如果不能实现保值增值，个人账户资金的养老保障作用就会受到影响。

《国务院关于建立统一的企业职工基本养老保险制度的决定》规定，基本养老保险基金结余额，除预留相当于2个月的支付费用外，应全部购买国家债券和存入专户，严格禁止投入其他金融和经营性事业。个人账户储存额，每年参考银行同期存款利率计算利息。为了应对人口老龄化的挑战，实现养老保险制度的可持续发展，《国务院关于完善企业职工基本养老保险制度的决定》规定，要逐步做实基本养老保险个人账户，“国家制定个人账户基金管理和投资运营办法，实现保值增值”。根据这一规定，基本养老保险个人账户做实后，其实际利率应为投资回报率，而不再根据名义利率来计息。

③ 免征利息税。我国现行“利息税”，实际上是个人所得税的“利息、股息、红利所得”税目，主要是指对个人在中国境内储蓄人民币、外币而取得的利息所得征收的个人所得税。根据1999年11月1日起开始施行的《对储蓄存款利息所得征收个人所得税的实施办法》(国务院令第272号)，不论什么时间存入的储蓄存款，在1999年11月1日以后支取的，1999年11月1日起开始滋生的利息要按20%征收所得税。2007年，国务院决定自2007年8月15日起，将储蓄存款利息所得个人所得税的适用税率由现行的20%调减为5%。2008年10月9日起，国家决定暂免征收利息税。基本养老保险个人账户资金主要用于退休后养老，不同于普通储蓄，所以本法规定免征利息税，体现了国家对社会保险事业的支持。

④ 个人账户不得提前支取。个人账户的建立，是我国企业职工基本养老保险制度改革的关键之一，直接关系到每个职工和离退休人员的切身利益。个人账户资金是职工工作期间为退休后养老积蓄的资金，是基本养老保险待遇的重要组成部分，因此退休前个人不得提前支取，如果提前支取，职工退休后的养老保险待遇就无法保障。1997年，《国务院关于建立统一的企业职工基本养老保险制度的决定》明确规定，个人账户储存额只用于职工养老，不得提前支取。劳动和社会保障部办公厅印发《职工基本养老保险个人账户管理暂行办法》(劳办发〔1997〕116号)进一步规定，只有出现职工离退休、职工在职期间死亡或者离退休人员死亡等情形时，个人账户才发生支付和支付情况变动。

⑤ 个人账户的继承。个人账户资金是职工个人工作期间为退休后养老积蓄的资金，具有强制储蓄性质。因此，个人账户养老金余额可以继承。1997年，《国务院关于建立统一的企业职工基本养老保险制度的决定》规定，职工或退休人员死亡，个人账户中的个人缴费部分可以继承。这样规定是因为：在2006年1月1以前，个人账户是以本人缴费工资11%建立的，其中除了职工本人缴费以外，还有从企业缴费中划转的一部分，而企业缴费不能继承。

(4) 享受养老保险待遇的条件

1) 退出劳动领域。《社会保障最低标准公约》第二十六条规定：“国家法律或条例可规定，对于应该发给某人的津贴，如发现该人从事任何规定的有收益的活动时，可以停发；或其津贴如需要交费才可以享受者，当受益人的收入超过规定数额时可以减发；如属无需缴纳任何费用即可享受者，当受益人的收入或其他收益或这两者加在一起超过规定数额时，也可减发。”可见，劳动者只有退出劳动领域，才能享受基本养老保险待遇，这是国际公认的准则。

2）年龄。年龄是劳动者享受基本养老保险待遇的又一必要条件。一般来说，享受基本养老保险待遇的年龄应当与退休年龄一致。

3）工龄或缴纳年限。工龄或缴纳年限也是享受基本养老保险待遇的必要条件。一般国家都规定，凡是享受养老金支付待遇的人，必须工作满一定年限，并且参加养老保险履行缴费义务一定年限，这两个条件必须同时满足，才能领取养老保险金。

3. 基本医疗保险

基本医疗保险是为补偿劳动者因疾病风险造成的经济损失而建立的一项社会保险制度。通过用人单位和个人缴费，建立医疗保险基金，参保人员患病就诊发生医疗费用后，由医疗保险经办机构给予一定的经济补偿，以避免或减轻劳动者因患病、治疗等所带来的经济风险。

（1）医疗保险的作用

1）能够消除和化解劳动者所遭遇的疾病风险，保证劳动者的基本生活。建立医疗保险制度，一方面，使劳动者在患病期间的医疗费和药费得到补偿；另一方面，对劳动者支付必要病假工资，这样，能够保证劳动者患病后及时获得治疗，并保证其本人及其家属的基本生活，使劳动者解除后顾之忧，尽快恢复健康。

2）有利于调节公民收入之间的差别，体现社会公平。对于每个人来说，患病是不可预测的，而对于一个社会整体来说，可以通过大数法则来测定人们患病的概率，通过建立社会保险，由社会来分担个人的风险，最终达到化解每个人的风险的目的。

（2）城镇职工基本医疗保险

1）覆盖范围

按照《国务院关于建立城镇职工基本医疗保险制度的决定》（国发〔1998〕44 号）的规定，城镇所有用人单位，包括企业（国有企业、集体企业、外商投资企业、私营企业等）、机关、事业单位、社会团体、民办非企业单位及其职工，都要参加基本医疗保险。

劳动和社会保障部《关于贯彻两个条例扩大社会保障覆盖范围加强基金征缴工作的通知》（劳社部发〔1999〕10 号）规定，农民合同制职工参加单位所在地的社会保险，社会保险经办机构为职工建立基本医疗保险个人账户。农民合同制职工在终止或解除劳动合同后，社会保险经办机构可以将基本医疗保险个人账户储存额一次性发给本人。

2）个人缴费

首先，各统筹地区要确定一个适合当地职工负担水平的个人基本医疗保险缴费率，一般为工资收入的 2%。其次，由个人以本人工资收入为基数，按规定的当地个人缴费率缴纳基本医疗保险费。个人缴费基数应按国家统计局规定的工资收入统计口径为基数，即以全部工资性收入，包括各类奖金、劳动收入和实物收入等所有工资性收入为基数，乘以规定的个人缴费率，即为本人应缴纳的基本医疗保险费。最后，个人缴费一般不需个人到社会保险经办机构去缴纳，而是由单位从工资中代扣代缴。

3）建立账户

按照《国务院关于建立城镇职工基本医疗保险制度的决定》（国发〔1998〕44 号）的规定，个人账户的注入资金来自于个人缴费和单位缴费两部分：个人缴费的全部记入个人账户，单位缴费的一部分记入个人账户。单位缴费一般按30%左右划入个人账户。

4）定点医疗

根据劳动和社会保障部等部门《关于印发城镇职工基本医疗保险定点医疗机构管理暂行办法的通知》（劳社部发〔1999〕14号）的规定，参保人员在获得定点资格的医疗机构范围内，提出个人就医的定点医疗机构选择意向，由所在单位汇总后，统一报送统筹地区社会保险经办机构。社会保险经办机构根据参保人的选择意向统筹确定定点医疗机构。

5）费用报销

根据劳动和社会保障部等部门《关于印发城镇职工基本医疗保险定点医疗机构管理暂行办法的通知》（劳社部发〔1999〕14号）规定，参保人员应在选定的定点医疗机构就医，并可自主决定在定点医疗机构购药或持处方到定点零售药店购药。除急诊和急救外，参保人员在非选定的定点医疗机构就医发生的费用，不得由基本医疗保险基金支付。因此，职工如患急病确实来不及到选定的医院医治，自己到附近的医院诊治，持有医院急诊证明，其医药费用，可由基本医疗保险基金按规定支付。

4. 建筑施工企业工伤保险和意外伤害保险

（1）工伤保险

1）工伤保险的作用

① 工伤保险是维护职工合法权利的重要手段。工伤事故与职业病严重威胁广大职工的健康和生命，影响工伤职工工作、经济收入、家庭生活，关系到社会稳定。参加工伤保险，一旦发生工伤，职工可以得到及时救治、医疗康复和必要的经济补偿。

② 工伤保险是分散用人单位风险，减轻用人单位负担的重要措施。工伤保险通过基金的互济功能，分散不同用人单位的工伤风险，避免用人单位一旦发生工伤事故便不堪重负，严重影响生产经营，甚至导致破产，有利于企业的正常经营和生产活动。

③ 工伤保险是建立工伤事故和职业病危害防范机制的重要条件。工伤保险可以促进职业安全，通过强化用人单位工伤保险缴费责任，通过实行行业差别费率和单位费率浮动机制，建立工伤保险费用与工伤发生率挂钩的预防机制，有效地促进企业的安全生产。

2）工伤保险的特点

① 工伤保险对象的范围是在生产劳动过程中的劳动者。由于职业危害无所不在，无时不在，任何人都不能完全避免职业伤害。因此工伤保险作为抗御职业危害的保险制度适用于所有职工，任何职工发生工伤事故或遭受职业疾病，都应毫无例外地获得工伤保险待遇。

② 工伤保险的责任具有赔偿性。工伤即职业伤害所造成的直接后果是伤害到职工生命健康，并由此造成职工及家庭成员的精神痛苦和经济损失，也就是说劳动者的生命健康权、生存权和劳动权受到影响、损害甚至被剥夺了。因此工伤保险是基于对工伤职工的赔偿责任而设立的一种社会保险制度，其他社会保险是基于对职工生活困难的帮助和补偿责任而设立的。

③ 工伤保险实行无过错责任原则。无论工伤事故的责任归于用人单位还是职工个人或第三者，用人单位均应承担保险责任。

④ 工伤保险不同于养老保险等险种，劳动者不缴纳保险费，全部费用由用人单位负

担。即工伤保险的投保人为用人单位。

⑤ 工伤保险待遇相对优厚，标准较高，但因工伤事故的不同而有所差别。

⑥ 工伤保险作为社会福利，其保障内容比商业意外保险要丰富。除了在工作时的意外伤害，也包括职业病的报销、急性病猝死保险金、丧葬补助（工伤身故）。

商业意外险提供的则是工作和休息时遭受的意外伤害保障，优势体现为时间、空间上的广度。比如上下班途中遭遇的意外，假如是机动车交通事故伤害可以由工伤赔偿，其他情况的意外伤害则不属于工伤的保障范围。

2010 年 12 月 20 日，国务院第 136 次常务会议通过了《国务院关于修改〈工伤保险条例〉的决定》，对 2004 年 1 月 1 日起施行的《工伤保险条例》作出了修改，扩大了上下班途中的工伤认定范围，同时还规定了除现行规定的机动车事故以外，职工在上下班途中受到非本人主要责任的非机动车交通事故或者城市轨道交通、客运轮渡、火车事故伤害，也应当认定为工伤。

在赔付方面，医疗费用通常是由工伤保险先报销后，商业保险扣除已赔付部分对剩下的金额进行赔偿。身故或残疾保险金则是分别按照约定额度给付，不存在冲突现象。通常建议将商业意外险作为社保的补充和完善。

3）工伤保险待遇

在国务院《工伤保险条例》中，规定了工伤保险待遇项目和标准，详见第十二章第四节。

（2）意外伤害保险

职工意外伤害保险是法定的强制性保险，也是保护建筑业从业人员合法权益，转移企业事故风险，增强企业预防和控制事故能力，促进企业安全生产的重要手段。

1）建筑意外伤害保险的范围

建筑企业和项目部必须为施工现场从事施工作业和管理的人员，在施工活动过程中发生的人身意外伤亡事故提供保障，办理建筑意外伤害保险、支付保险费。范围应当覆盖工程项目。已在企业所在地参加工伤保险的人员，从事现场施工时仍可参加建筑意外伤害保险。各地建设行政主管部门可根据本地区实际情况，规定建筑意外伤害保险的附加险要求。

2）建筑意外伤害保险的保险期限

保险期限应涵盖工程项目开工之日到工程竣工验收合格日。提前竣工的，保险责任自行终止。因延长工期的，应当办理保险顺延手续。

3）建筑意外伤害保险的投保

施工企业应在工程项目开工前，办理完投保手续。鉴于工程建设项目施工工艺流程中各工种调动频繁、用工流动性大，投保应实行不记名和不计人数的方式。工程项目中有分包单位的由总承包施工企业统一办理、分包单位合理承担投保费用。业主直接发包的工程项目由承包企业直接办理。

4）关于建筑意外伤害保险的索赔

建筑意外伤害保险应规范和简化索赔程序，搞好索赔服务。各地建设行政主管部门要积极创造条件，引导投保企业在发生意外事故后即向保险公司提出索赔，使施工伤亡人员能够得到及时、足额的赔付。各级建设行政主管部门应设置专门电话接受举报，凡被保险人发生意外伤害事故，企业和工程项目负责人隐瞒不报、不索赔的，要严肃查处。

（二）社会保险的管理

1. 社会保险费的征收

社会保险费的征收流程如图 8-1 所示。

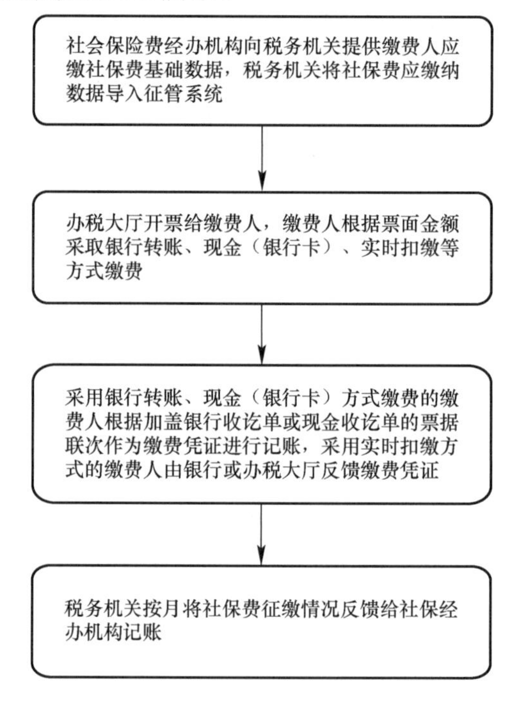

图 8-1　社会保险费征收外部流程图

社会保险费的缴费单位必须按月向社会保险经办机构申报应缴纳的社会保险费数额，经社会保险经办机构核定后，在规定的期限内缴纳社会保险费。缴费单位不按规定申报应缴纳的社会保险费数额的，由社会保险经办机构暂按该单位上月缴费数额的 110%确定应缴数额；没有上月缴费数额的，由社会保险经办机构暂按该单位的经营状况、职工人数等有关情况确定应缴数额。缴费单位补办申报手续并按核定数额缴纳社会保险费后，由社会保险经办机构按照规定结算。

省、自治区、直辖市人民政府规定由税务机关征收社会保险费的，社会保险经办机构应当及时向税务机关提供缴费单位社会保险登记、变更登记、注销登记以及缴费申报的情况。

社会保险费缴费单位和缴费个人应当以货币形式全额缴纳社会保险费。缴费个人应当缴纳的社会保险费，由所在单位从其本人工资中代扣代缴。社会保险费用不得减免。

缴费单位未按规定缴纳和代扣代缴社会保险费的，由劳动保障行政部门或者税务机关责令限期缴纳；逾期仍不缴纳的，除补缴欠缴数额外，从欠缴之日起，按日加收千分之二的滞纳金。滞纳金并入社会保险基金。

征收的社会保险费存入财政部门在国有商业银行开设的社会保障基金财政专户。社会保险基金按照不同险种的统筹范围，分别建立基本养老保险基金、基本医疗保险基金、失业保险基金。各项社会保险基金分别单独核算。社会保险基金不计征税费。

省、自治区、直辖市人民政府规定由税务机关征收社会保险费的，税务机关应当及时向社会保险经办机构提供缴费单位和缴费个人的缴费情况；社会保险经办机构应当将有关情况汇总，报劳动保障行政部门。

此外，社会保险经办机构应当建立缴费记录，其中基本养老保险、基本医疗保险并应当按照规定记录个人账户。社会保险经办机构负责保存缴费记录，并保证其完整、安全。社会保险经办机构应当至少每年向缴费个人发送一次基本养老保险、基本医疗保险个人账户通知单。缴费单位、缴费个人有权按照规定查询缴费记录。

2. 社会保险争议的解决

社会保险不同于一般的商业保险，社会保险争议的解决途径取决于争议本身的性质。《社会保险法》将社会保险争议分别定性为劳动争议与行政争议。2008 年 5 月 1 日起实施的《劳动争议调解仲裁法》也明确指出用人单位与劳动者发生的社会保险争议属劳动争议适用本法。《劳动争议调解仲裁法》规定社会保险案件实行有条件的“一裁终局”，即对因执行国家劳动标准在社会保险方面发生的争议案件的裁决，在劳动者在法定期限内不向法院提起诉讼、用人单位向法院提起撤销仲裁裁决的申请被驳回的情况下，仲裁裁决为终局裁决，裁决书自做出之日起发生法律效力；而个人及其亲属或者参保单位，对社会保险经办机构做出的有关社会保险费征缴和待遇支付决定争议及参保单位、个人及其他有关单位对劳动保障部门做出的行政处罚（涉及社会保险事务管理）决定争议属行政争议，适用行政争议救济方式予以救济。行政争议救济方式即行政复议与行政诉讼。

《社会保险行政争议处理办法》规定，有下列情形之一的，公民、法人或者其他组织可以申请行政复议：

（1）认为经办机构未依法为其办理社会保险登记、变更或者注销手续的。

（2）认为经办机构未按规定审核社会保险缴费基数的。

（3）认为经办机构未按规定记录社会保险费缴费情况或者拒绝其查询缴费记录的。

（4）认为经办机构违法收取费用或者违法要求履行义务的。

（5）对经办机构核定其社会保险待遇标准有异议的。

（6）认为经办机构不依法支付其社会保险待遇或者对经办机构停止其享受社会保险待遇有异议。

（7）认为经办机构未依法为其调整社会保险待遇的。

（8）认为经办机构未依法为其办理社会保险关系转移或者接续手续的。

（9）认为经办机构的其他具体行政行为侵犯其合法权益的。

属于第（2）、（5）、（6）、（7）项情形之一的，公民、法人或者其他组织可以直接向劳动保障行政部门申请行政复议，也可以先向作出该具体行政行为的经办机构申请复查，对复查决定不服，再向劳动保障行政部门申请行政复议。

公民、法人或者其他组织认为经办机构的具体行政行为所依据的除法律、法规、规章和国务院文件以外的其他规范性文件不合法，在对具体行政行为申请行政复议时，可以向劳动保障行政部门一并提出对该规范性文件的审查申请。

公民、法人或者其他组织对经办机构作出的具体行政行为不服，可以向直接管理该经办机构的劳动保障行政部门申请行政复议。

申请人认为经办机构的具体行政行为侵犯其合法权益的，可以自知道该具体行政行为之日起60日内向经办机构申请复查或者向劳动保障行政部门申请行政复议。

申请人与经办机构之间发生的属于人民法院受案范围的行政案件，申请人也可以依法直接向人民法院提起行政诉讼。

下篇 专业技能

九、劳务管理计划与实施

（一）劳务管理计划的编制与实施

劳务管理计划是企业劳务管理人员根据企业自身施工生产需要和劳动力市场供需状况所制定的，从数量和质量方面确保施工进度和工程质量所需劳动力的筛选、引进和管理的计划。

1. 劳务管理计划的主要内容

劳务管理计划应围绕国家、地方政府行政部门对施工企业及劳务分包管理规定和企业（项目）的施工组织设计要求，制定具体工程项目所需劳动力的审核、筛选、组织、培训以及日常监督管理计划，主要包括：

（1）劳务用工人员的配备计划

劳务用工人员的配备计划是指根据工程项目的开、竣工日期和施工部位及工程量，拟定具体施工作业人员的工种、数量以及筛选、组织劳动力进场或调剂的具体时间、渠道和措施。

（2）劳务人员教育培训计划

劳务人员教育培训计划是指对参与项目施工人员进行安全、质量和文明施工教育培训的措施安排。

（3）劳务人员考核计划

劳务人员考核计划是指对分包企业的分包合同的履约情况、管理制度的建立健全及执行情况、劳动合同签约情况以及劳务人员的工资发放情况等劳动用工行为的考核办法和措施安排。

（4）劳务用工应急预案

劳务用工应急预案是指施工现场劳动力短缺、停工待料、劳动纠纷等突发事件处理的应急措施。

2. 劳务管理的过程

一般而言，劳务管理的过程从劳务分包招标开始，经历确定劳务作业队伍、签订劳务分包合同、办理劳务合同备案、实名验证劳务人员资格、劳务作业人员进场、劳务作业过程管理、劳务费用结算与支付、劳务作业人员退场等过程，如图 9-1 所示。

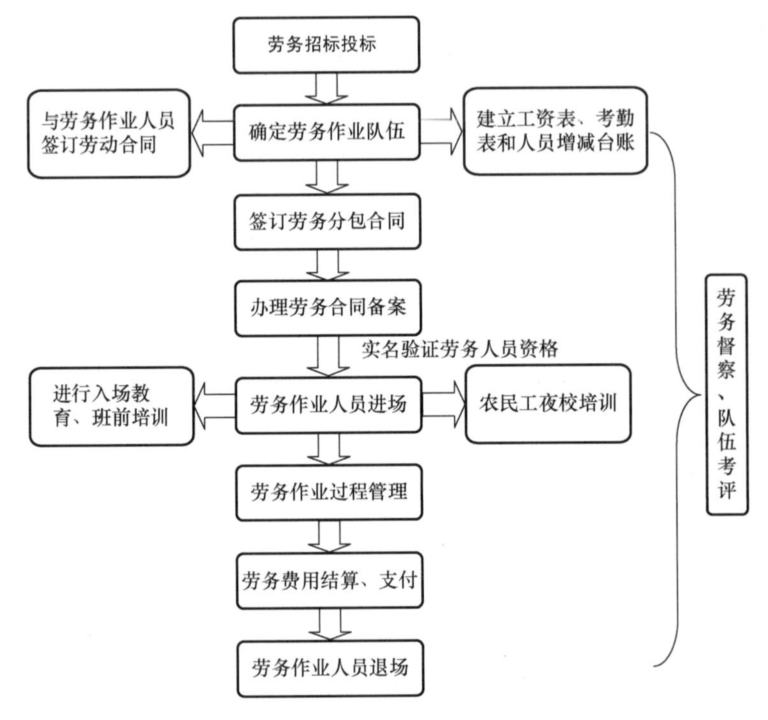

图 9-1　劳务管理流程图

3. 劳务管理计划的实施要求

通过实施劳务管理计划，检查是否符合或达到以下劳务管理计划的任务：

（1）通过劳务管理计划的实施，掌握企业用工需求变化，合理组织和调剂工程所需劳务队伍，确定劳务队伍和施工作业人员引进渠道、进退场时间，从施工作业人员的数量和质量上为企业实现预定目标提供保证。

（2）通过劳务管理计划的实施，使劳务队伍的审核、考察和进场的教育培训和生活后勤管理工作更具有针对性。

（3）通过劳务管理计划的实施，使劳务队伍的日常劳务管理工作更加规范。

（二）劳务用工需求量计划的编制

1. 劳务用工需求量的预测

（1）劳务用工需求量预测的原则

1）劳务需求预测应以劳动定额为依据。

2）劳务需求预测应围绕企业（项目）的施工组织设计中工程项目的开、竣工日期和施工部位及工程量，测算具体劳务需求的工种和数量。

（2）劳动力需求的预测计算方法

1）依据项目工期进度安排，确定工程部位所需的工种以及各个工种的具体劳务人员的需求数量。

2）根据企业（项目）跨年度和在施项目的劳务使用情况，测算可供给的劳务企业的工种、数量，从而计算出企业（项目）的劳务净需求。如某工种的劳务净需求为正数，则需引进新的劳务企业或施工队伍；反之，则过剩，需要精简或调剂。

3）在掌握劳务人员余缺并确定劳务净需求的基础上，编制劳务需求计划。

2. 劳务用工的相关计算方法

（1）平均人数计算

计算公式如下：

平均人数＝用工所需日历工日数÷月度日历日数　　（9-1）

［**例**］ 根据下列日历工日数资料计算。

计划平均人数：

单位	用工所需日历工日数	月度日历日数	计划平均人数
第一项目部	21300	30（4月）	710
第二项目部	2580		86
第三项目部	19500		650
第四项目部	27000		900
第五项目部	22500		750
合计	92880		3096

（2）计划平均人数，计划工资总额和计划实际用工的计算

计划平均人数＝计划用工总工日÷计划工期天数　　（9-2）

计划工资总额＝计划用工总工日×工日单价　　（9-3）

计划实际用工＝计划用工总工日÷计划劳动生产率指数　　（9-4）

［**例**］ 某工程承包作业 5000m^2，计划每平方米单位用工 5 个工日，每个工日单价 40 元，计划工期为 306 天，计划劳动生产率指数为 120%。求计划平均人数，计划工资总额和计划实际用工（保留整数）

［**解**］ 计划平均人数＝计划用工总工日÷计划工期天数＝5000×5÷306＝82 人

计划工资总额＝计划用工总工日×工日单价＝5000×5×40＝1000000 元

计划实际用工＝计划用工总工日÷计划劳动生产率指数

＝5000×5÷120%＝20833 工日

（3）计划工人劳动生产率、计划工资总额和计划平均工资的计算

计划工人劳动生产率＝计划施工产值÷计划平均人数　　（9-5）

计划工资总额＝计划施工产值×百元产值系数　　（9-6）

计划平均工资＝计划工资总额÷计划平均人数　　（9-7）

［**例**］ 某工程队有建安工人 300 人，月计划完成施工产值 3750000 元，百元产值工资系数为 14%，试计算计划工人劳动生产率，计划工资总额和计划平均工资。

［**解**］ 计划工人劳动生产率＝计划施工产值÷计划平均人数

$=3750000\div300=12500$ 元/人

计划工资总额＝计划施工产值×百元产值工资系数

$-3750000\times14\%=525000$ 元

计划平均工资＝计划工资总额÷计划平均人数

$525000\div300=1750$ 元

(4) 劳动定额完成情况指标的计算

1) 指标1：执行定额面指标

执行定额面指标指工人中执行定额工日占全部作业工日的比重。鼓励有条件执行定额的尽量执行定额。

全部作业工日：指出勤工日中扣除开会、出差、学习等非生产工日以及停工工日后的生产作业工日，包括全日加班工日。

〗全部作业工日＝制度内实际作业工日＋加班工日　(9-8)

制度内实际作业工日＝出勤工日－停工工日（非生产工日）

执行定额工日：指全部作业工日中，按定额考核工效，计发奖金或计件工资的实际工日数。

执行定额工日＝全部作业工日－未执行定额工日　(9-9)

执行定额面：指执行定额工日占全部作业工日的比重，计算公式为：

执行定额面＝执行定额工日÷全部作业工日×100%　(9-10)

2) 指标2：定额完成程度指标

定额完成程度指标是指完成定额工日与实用工日（即全部作业工日数）相比的比率，比率越高，定额完成情况越好。

完成定额工日是指本期完成的实际验收工程量按劳动定额计算的所需定额工日数。

$$\text{完成定额工日数}=\sum(\text{完成工作量}\times\text{劳动定额})\quad(9\text{-}11)$$

$$\text{劳动定额完成程度}=\text{完成定额工日数}\div\text{全部作业工日数}\times100\%\quad(9\text{-}12)$$

[**例**] 某队有生产工人100人，7月份病事假72工日，开会学习40工日，公休假日8天，加班450工日，出差、联系材料20工日，其中1人协助炊事班，2人守卫，其余工人没有执行定额的620工日，全月共完成定额工日2025工日。

求：7月份执行定额面及定额完成程度各是多少？(结果保留2位小数)

[**解**] 全部作业工日＝[(月平均人数－非生产人数)×(日历天数－公休天数)]－缺勤工日－非生产工日＋加班工日

$=[(100-1-2)\times(31-8)]-72-40-20+450$

$=2549$ 工日

执行定额工日＝全部作业工日－未执行定额工日＝2549－620＝1929工日

(1) 执行定额面＝1929÷2549×100%＝75.68%

(2) 定额完成程度＝2025÷2549×100%＝79.44%

答：7月执行定额面为75.68%；定额完成程度为79.44%。

3. 劳务用工需求量计划表

(1) 劳务用工需求量计划的主要内容

1）项目部劳动力计划编制的主要内容

① 根据企业（项目）工程组织设计的开竣工时间和具体施工部位及工程量，工程安排所需劳务企业或施工队伍；

② 按工期进度要求及实际劳务需求，编制工程施工部位劳务需求统计表（见表 9-1）；

③ 根据劳务净需求的新增部分，制订具体的补充或调剂计划；

④ 劳务净需求涉及引进新的劳务企业或施工队伍时，劳务需求计划应包括：

A. 引进劳务企业或施工队伍的资质、规模和引进的渠道，通过资质审核、在施工程考察、劳务分包招标投标、分包合同签订、分包合同及分包劳务人员备案等具体内容；

B. 引进企业或施工队伍进场的具体时间以及入场安全教育培训和住宿管理等内容。

2）公司劳动力需求计划编制的主要内容

总承包企业的劳务主管部门应依据本公司生产部门的年度、季度、月度生产计划，制定劳动力招用、管理和储备的计划草案（见表 9-1、表 9-2），汇总本公司各项目部计划需求后形成公司的《劳务管理工作计划表》予以实施，并根据现场生产需要进行动态调整。

（2）劳务用工需求计划表

劳务用工需求计划表 **表 9-1**

序号	工程项目名称	需求队伍类型	需求时限	需求队伍人数	落实人数	缺口人数	解决途径
1							
2							
3							
合计							

（三）劳务培训计划的编制

建筑业是吸纳农村劳动力转移就业的重要行业，但建筑业农民工就业状况不稳定、技能水平低等问题尚未得到根本解决，需要落实企业责任，创新培训方法，健全培训机制，推进建筑业农民工培训工作。

培训计划是从组织的战略出发，在全面、客观地对培训需求分析基础上对培训时间、培训地点、培训者、培训对象、培训方式和培训内容等预先做出的系统设定和安排。

1. 劳务培训需求分析

（1）培训需求分析的含义

培训需求分析就是判断是否需要培训及分析培训内容的一种活动或者过程。需求分析对企业的培训工作至关重要，同时真正有效地实现培训的前提条件，是使培训工作准确、及时和有效完成的重要保证。需求分析具有很强的指导性，它即使确定培训目标、设计培训计划的前提，也是进行培训评估的基础。

表 9-2

________年度建筑施工企业劳动力供应月报表

填报单位（公章）：

序号	项目名称	年 1- 月施工产值及劳动力情况														年 月劳动缺口数			是否申请调剂及方式为：	
		工程项目（项）			开复工面积（万 m^2）			竣工项目（项）	竣工面积（m^2）	施工总产值（万元）			分包企业数	人数		人数	短缺工种名称	短缺工种人数	希望推荐劳务企业调剂（是/否）	希望与劳务基地联系确定（是/否）
		小计	结转	新开	小计	结转	新开			小计	结转	新开		计划数	其中已落实					
	1	2	3	4	5	6	7	8	9	10	11	12	13	14	15	16	17	18		
	合 计																			
其中：																				

填报人：　　　　电话：　　　　填报日期：　　年　月　日

（2）培训需求分析的内容

1）培训需求的层次分析

① 企业层次分析。主要确定企业范围内的培训需求，以保证培训计划符合企业的整体目标与战略要求。通过对企业的外部环境和内部气氛进行分析，包括对政府的产业政策、竞争对手的发展状况、企业的发展目标、生产效率、事故率、疾病发生率、辞职率、缺勤率和员工的行为等进行分析，以发现企业目标与培训需求之间的联系。

② 工作岗位层次分析。主要是确定各个工作岗位的员工达到理想的工作业绩所必须掌握的技能和能力。工作分析、绩效评价、质量控制报告和顾客反应等都为这种培训需求提供了重要的信息。

③ 员工个人层次分析。主要是确定员工目前的实际工作绩效与企业的员工业绩标注对员工技能的要求之间是否存在差距，以便于将来评价培训的结果和评估未来培训的需求。

2）在职员工培训需求分析。由于新技术在生产过程中的应用、在职员工的技能不能满足工作需要等方面的原因而产生的培训需求，通常采用绩效分析法评估在职员工的培训需求。

3）培训需求的阶段分析。主要有目前培训需求分析及未来培训需求分析两种。

① 目前培训需求分析主要是分析企业现阶段的生产经营目标及其实现状况、未能实现的生产任务、企业运行中存在的问题等方面，找出这些问题产生的原因，并确认培训是解决问题的有效途径。

② 未来培训需求分析是为满足企业未来发展过程中的需要而提出培训的要求。

（3）员工培训需求分析的实施过程

1）前期准备工作

培训活动开展之前，培训主管人员就要有意识的收集被培训对象的相关资料，简历背景档案，培训档案应该注重员工素质、员工工作变动情况以及培训历时等方面内容的记录。

2）制定培训需求调查计划

① 确定培训需求调查的内容。培训需求调查的内容不要过于宽泛，这样会浪费时间和费用；对于某一项内容可以从多角度调查，这样易于验证。

② 确定培训需求调查工作的目标、计划。培训需求调查工作应确定一个目标，由培训的特点而定。但由于培训需求调查中的各种客观或主观的原因，使培训需求调查的结果易受其他因素的影响，因此要提高和保证调查结果的可信度。对于重要的、大规模的需求评估，还需要制订一个需求调查工作的计划。

③ 选择合适的培训需求调查方法。根据企业的实际情况以及培训中可利用的资源选择一种合适的培训方法。如面谈法、观察法、问卷调查法和个别会谈结合法。

3）实施培训需求调查工作

在制订了培训需求调查计划后，就要按照计划依次开展工作。实施培训需求调查主要包括以下步骤：

① 由培训部门发出制订计划的通知，请各负责人针对相应岗位工作需要提出培训意向。

② 相关人员根据企业或部门的理想需求与现实需求、预测需求与现实需求的差距，调查、收集来源于不同部门和个人的各类需求信息，整理、汇总培训需求的动机和意愿，并报告企业培训组织部门或者负责人。由企业的组织计划部门、相关岗位、相关部门及培训组织管理部门协商确定培训需求分析。

4）分析与输出培训需求结果

① 对培训需求调查信息进行归类、整理。对收集到的信息进行分类，并根据不同的培训调查内容的需要进行分类，并根据不同的培训调查内容的需要进行信息的归档；同时制作一套表格对信息进行统计，利用直方图、分布曲线图等工具将信息所表现的趋势和分布状况予以直观处理并进行整理。

② 对培训需求进行分析、总结。对收集上来的调查资料进行仔细分析，从中找出培训需求，并对其进行总结。此时应注意个别需求和普遍需求、当前需求和未来需求之间的关系。

③ 撰写培训需求分析报告。对所有的信息进行分类处理、分析总结以后，就要根据处理结果撰写培训需求调查报告，报告结论要以调查的信息为依据，向各部门申报、汇总上来的培训动机、培训需求的结果做出解释并提供评估结论，以最终确定是否需要培训及培训什么。

2. 劳务培训计划的主要内容

（1）劳务培训计划的编制原则

培训计划的制订是一个复杂的系统工程。制订计划之前有许多需要考虑的因素，这些因素直接影响培训计划的质量和效果，计划编制的基本原则有：

1）注重系统性原则

① 全员性。一方面，全员都是受训者，另一方面，全员都是培训者。

② 全方位性。全方位性主要体现在培训的内容丰富，满足不同层次的需求。

③ 全程性。企业的培训过程贯穿于员工职业生涯的始终。

2）理论与实践相结合的原则

① 符合企业要求的培训目的。培训的根本目的是提高广大员工在生产中解决具体问题的能力，从而提高企业的效益。

② 发挥学员学习的主动性。理论与实践相结合的原则决定培训时要积极发挥学员的主动性，强调学员的参与和合作。

3）培训与提高相结合的原则

① 全员培训与重点提高相结合。全员培训就是有计划、有步骤地对在职的各级各类人员都进行培训，这是提高员工素质的必由之路。

② 组织培训和自我提高相结合。在个人成长环境中，组织和个人的因素都是相当重要的。

4）人格素质培训与专业素质相结合的原则

① 从培训的三方面内容，即知识、技能和态度三者必须兼备，缺一不可。

② 从培训的难易程度来看，态度的培训更为困难。

③ 员工的态度也影响培训效果的好坏。

总之，在培训中应将人格素质的训练融入知识技能的学习中，而不是与现实脱节，成为一种形式主义。

5）人员培训与企业战略文化相适应的原则

① 培训应服务于企业的总体经营战略。

② 培训应有助于优秀企业文化的塑造和形成。

③ 培训应有助于企业管理工作的有序和优化。

④ 人员培训必须面向市场。

⑤ 人员培训必须面向时代。

（2）如何编制劳务培训计划

培训计划必须满足组织及员工两方面的需求，兼顾组织资源条件及员工素质基础，并充分考虑人才培养的超前性及培训结果的不确定性。不同的企业，培训计划的内容不一样。劳务培训计划编制的要求见第三章。

（3）劳务培训计划的主要内容

建筑业务工人员培训课程的主要形式可分为分必修课和自选课。必修课主要是：当前城市建设管理的形势和任务；建设职工（相应岗位从业人员）职业道德规范和市民守则；外来从业人员有关政策、建设行业文明施工、安全生产有关常识和法律法规；融入城市生活的文明行为和文明礼仪、个人卫生保健、疾病预防等基本知识；计划生育管理、社会综合治理和有关法律常识；针对工程建设需要的施工技术、操作技能、质量管理标准规范；工程项目建设的重要意义，工程、建设及安全文明工地创建的目标要求等课程。自选课因工地而异，即随着形势发展的新变化，工程进展的新要求，农民工出现的新问题及企业自身需要的内容等设置相应课程。有条件的项目，也可根据农民工的不同层次和需求，开设或组织农民工参加高层次的岗位和学历培训。

建筑业农民工教育培训主要围绕砌筑工、木工、架子工、钢筋工、混凝土工、抹灰工、建筑油漆工、防水工、管道工、电工、电焊工、装饰装修工、中小型建筑机械操作工等 14 个建筑业关键工种开展。包括安全生产常识、职业基础知识和岗位操作技能、普法维权知识、日常城市生活知识培训等，其中，岗位操作技能训练可依托施工现场根据生产实际组织进行。

1）安全生产培训

一般意义上讲，“安全生产”是指在社会生产活动中，通过人、机、物料、环境、动物的和谐运作，使生产过程中潜在的各种事故风险和伤害因素始终处于有效控制状态，切实保护劳动者的生命安全和身体健康。也就是说，为了使劳动过程在符合安全要求的物质条件和工作秩序下进行的，防止人身伤亡财产损失等生产事故，消除或控制危险有害因素，保障劳动者的安全健康和设备设施免受损坏、环境免受破坏的一切行为。

安全生产是安全与生产的统一，其宗旨是安全促进生产，生产必须安全。搞好安全工作，改善劳动条件，可以调动职工的生产积极性；减少职工伤亡，可以减少劳动力的损失；减少财产损失，可以增加企业效益，无疑会促进生产的发展；而生产必须安全，则是因为安全是生产的前提条件，没有安全就无法生产。

2）岗位技能培训。

3）新工艺、新工法和施工技术专题培训。

4）普法维权培训。

包括以下主要内容：

①《劳动合同法》相关法律知识。

② 劳务分包合同知识。

③ 房屋建筑与市政基础设施工程劳务管理。

④ 农民工应当掌握的保障工资收入与取得经济补偿的相关法律知识。

⑤ 女职工和未成年工特殊保护权益。

⑥ 务工人员发生工伤如何维护合法权益。

⑦ 务工人员获得法律援助的办法和途径。

5）城市生活常识培训。

① 交通安全知识。

② 生活安全知识。

③ 文明礼仪常识。

④ 发生违反治安法规行为，影响社会和谐稳定的有关处罚规定。

（4）培训的主要形式

建筑业务工人员教育培训主要通过以下三种形式进行：

1）入场教育和日常现场教育。

2）农民工夜校学习。

3）开展技术大比武活动。

（四）劳务培训计划的实施

1. 落实劳务培训师资、教材、场地、资金

（1）师资

培训教师的选择是培训实施的过程中一项重要内容，教师选择的恰当与否对整个培训活动的效果和质量都有着直接的影响，优秀的教师往往可以使培训更加富有成效。

教师的来源一般来说有两个渠道：一个是外部渠道，另一个是内部渠道。从这两个渠道选择教师各有利弊。

1）外部渠道：

① 比较专业，具有丰富的培训经验，但费用较高。

② 没有什么束缚，可以带来新的观点和理念，但对企业和员工情况不了解，培训的内容可能不实用，针对性不强。

③ 与企业没有直接关系，员工比较容易接受，责任心可能不强。

2）内部渠道：

① 对企业情况比较了解，培训具有针对性，但可能缺乏培训经验。

② 责任心比较强，费用较低，但受企业现有状况的影响比较大，思路可能没有创新。

③ 可以与受训人员进行很好的交流，但员工对教师的接受程度可能比较低。

（2）教材

为了便于受训人员学习，一般都要将培训的内容编辑成教材，培训的内容不同，教材的形式也就不同。一些基础性的培训可以使用公开出售的教材，而那些特殊性的培训则要专门编写教材，教材可以由企业自行进行编写，也可以由培训教师提供，但无论教材的形式如何，都要紧紧围绕培训的内容。

（3）场地

培训场地的选择要根据参加培训的人数、培训的形式来确定，如果采取授课法，就应当在教室或者会议室等有桌椅的地方进行，便于受训人员进行相关记录，如果采用讨论法，就应采用“圆桌形式”的教室布局；而如果是实操法教学或者游戏法教学，就要选择有一定活动空间的地方。此外，培训地点的选择，还应当考虑培训的人数、培训的成本等因素，还应考虑教师授课过程中是否需要投影、白板等设施，准备好并在相应的位置放置。

（4）资金

培训资金又称培训经费，是进行培训的物质基础，是培训工作所必须具备的场所、设施、教师配备等费用的资金保证。能否确保培训经费和能否合理地分配及使用经费，关系到培训的规模、水平及程度，还关系到培训者与培训对象能否有很好的心态来对待培训。

1）培训成本的核算

培训成本即企业在员工培训过程中所发生的一切费用，包括培训之前的准备工作，培训的实施过程，以及培训结束后的效果评估等各项活动的各种费用。培训成本项目的核算有两种：

① 利用会计方法计算培训成本。主要是按照一定的成本科目进行归集计算。目前使用较多的是下列几种项目统计计算培训成本：

A. 培训项目开发或购买成本；

B. 培训教师的课酬、交通、食宿等费用；

C. 培训对象交通及住宿等方面的成本；

D. 设备、设施等硬件的使用成本；

E. 向培训教师和培训对象提供的培训材料成本；

F. 教学辅助人员、管理人员的工资；

G. 培训对象学习期间的工资，因参加培训而损失的生产率或发生的替代成本。

② 利用资源需求模型计算培训成本。资源需求模型是从培训项目开始的准备阶段一直到项目全部终止，按照培训项目设计成本、培训项目实施成本、培训项目需求分析评估成本、培训项目成果的跟踪调查以及效果评估成本等科目进行成本的核算。总之，资源需求模型的方法核算培训成本，有利于分析不同阶段所需设备、设施、人员和材料的成本支出情况；有助于分析不同培训项目成本的总体差异，为科学合理地选择培训项目提供依据；有利于对比不同培训项目成本的总体差异。为科学合理地选择培训项目提供依据；有利于对比不同培训项目的不同阶段发生的费用以突出重点问题，对成本实施有效的监控。

2）培训资金的来源

建筑业务工人员教育培训资金应建立多层次、多资金经费分担机制，确保培训工作顺利开展。按照国家关于教育培训经费管理的有关规定和建筑行业实际情况，对劳务企业管理人员和务工人员开展教育培训工作采取分层次，多渠道资金分担办法。

① 政府出资解决农民工培训经费

对广大农民工的普法教育培训，岗位培训主要由政府出资解决。省（市）建设主管部门协调人力资源和社会保障部门拨付一定的费用，组织开展农民工的普及培训。

② 劳务企业管理人员培训经费由劳务企业和个人承担

对劳务企业经理、施工队长、专业管理人员的岗位资格培训和继续教育，主要由劳务企业或取得岗位资格证书的个人出资解决。

③ 总包企业开展务工人员培训经费由企业教育经费解决

对总承包企业组织进场务工人员开展的普及培训、现场培训和新工艺、新工法培训由企业从教育经费中列支。

④ 行业培训经费由行业协会有偿服务解决

对由省（市）建设主管部门委托行业协会开展的全行业统一培训，由行业协会采取合理有偿服务形式解决培训经费来源。

2. 培训课程的过程管理

培训实施的过程，如图 9-2 所示。

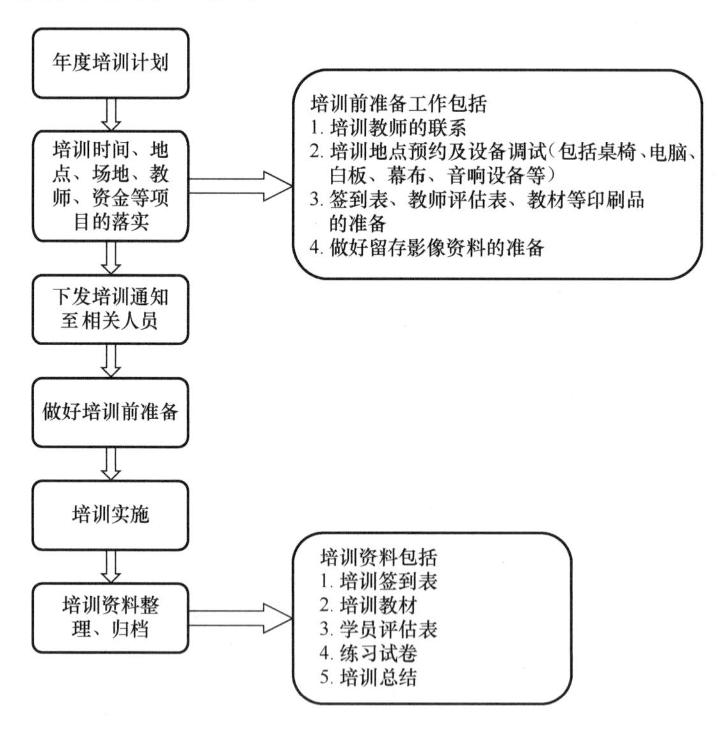

图 9-2 培训实施流程图

3. 培训效果评估与总结

（1）培训评估的含义

培训的评估就是对员工培训活动的价值做出判断。评估技术通过建立培训效果评估指标及评估体系，对培训是否达到预期目标、培训计划是否具有成效等进行检查与评价，然后把评估结果反馈给相关部门作为下一步培训计划与培训需求分析的依据。

（2）培训评估的内容与作用

培训评估实际上是对有关培训信息进行处理和应用的过程。培训评估意义的体现来自于对培训过程的全程评估。全程评估分为三个阶段，即培训前的评估、培训中的评估和培训后的评估。

1）培训前评估的内容和作用。评估内容包括培训需求整体评估，培训对象知识、技能和工作态度评估，工作成效及行为评估，培训计划评估等。

2）培训中评估的内容和作用。评估内容包括：培训对象的态度和持久性、培训的时间安排及强度、提供的培训量、培训组织准备工作评估、培训内容和形式的评估、培训教师和培训工作者评估等。

评估的作用包括保证培训活动按照计划进行及培训执行情况的反馈和培训计划的调整；从培训中找出不足，归纳出教训，及时修正等。

3）培训后评估的内容和作用。评估内容包括培训目标达成情况评估，培训效果效益综合评估，培训工作者的工作绩效评估等。

培训评估的作用有助于树立以结果为本的意识及扭转目标错位的现象，是提高培训质量的有效途径。

（3）员工培训评估的基本步骤

1）评估的可行性分析及需求分析。在对培训项目的评估开始之前，要确定评估是否有价值，评估是否有必要进行，这一过程可以有效地防止浪费。可行性分析包括两方面：一是决定该培训项目是否交由评估者评估；二是了解项目实施的基本情况。两方面内容为以后的评估设计奠定基础。在培训项目开发之前，必须将评估目标确定下来，而需求分析应提供培训项目必须达到的目标，并使这些目标最终得到完善。

2）选定评估的对象。应针对新开发课程的培训需求、课程设计、应用效果等方面，新教师的教学方法、质量等综合能力方面，新的培训方式的课程组织、教材、课程设计等方面进行评估。

3）建立基本的数据库。在进行评估之前，必须将项目执行前后的数据收集齐备。收集的数据最好是多个时段内的数据，以便进行分析比较。

4）选择评估方法。确定培训项目目标之前首先选择评估方法，因为评估方法的选择会影响培训项目目标的制定。只有在确定评估方法的基础上，才能设计出合理的评估方案并选择正确的测量工具，同时对评估的时机和进度做出准确的判断。常用的评估方法有培训前后的测试、学员的反馈意见、对学员进行的培训后跟踪、采取行动计划以及工作的完成情况等。

5）决定评估策略。评估策略决定了与评估有关的谁来评估、在什么地方评估和在什么时候评估的问题。这些关键问题的答案在计划评估时是很重要的，通常应由个人或一个小组负责收集数据比较合适。

6）确定评估目标。培训项目的目标为课程设计者和学员指明了方向；为是否应该实施该培训项目提供了依据。

7）在适当的时候要收集数据，这样可以使评估计划达到预期的效果。

8）对数据进行分析和解释。数据分析有时会对分析人员的能力要求较高。当数据收集齐备并达到预先确定的目标以后，就要对数据进行分析，以及对分析结果进行解释。

9）计算培训项目成本收益。员工培训项目的开展需要投入一定资金，若要考虑培训的经济效益，就要计算投资回报率。通过投资回报率这一重要指标进行衡量和对比。其计算公式如下：投资回报率＝项目净利润/项目成本×100％。

（4）培训总结

培训总结主要以根据实际情况写出公正合理的评估报告为主要形式。评估报告的主要内容如下：

1）导言。说明被评估的培训项目的概况，介绍评估目的和评估性质，撰写者要说明此评估方案实施以前是否做过类似的评估。

2）概述评估实施的过程。

3）阐述评估结果。

4）评估结果和参考意见。

5）附录。包括手机和分析资料用的问卷、部分原始资料等。

6）报告提要。对报告要点的概括，帮助读者迅速掌握报告要点。

十、劳务资格审查

（一）劳务队伍资质验证

劳务员在审验劳务队伍资质时，应注意以下几方面问题：

1. 资格要求

（1）施工作业队所在的劳务企业符合建筑施工工程资质要求。

（2）劳务分包企业的施工作业队属于当地建设主管部门、行业管理协会和企业考核评价合格的队伍。

（3）施工作业队已经完成对进场施工作业人员在建设主管部门备案。

2. 业绩要求

能够信守合同，保证工期、质量、安全，能服从项目经理部日常管理，与项目经理部配合融洽。能够积极配合政府主管部门和项目经理部妥善处理突发事件，保证企业和谐和社会稳定。

3. 政策管理要求

劳务队伍的管理行为符合国家及地方政府法律法规与政策的要求。

（二）劳务人员身份、职业资格的核验

1. 通用要求

（1）劳务作业工人必须与劳务企业签订书面劳动合同或用工书面协议，并在建设主管部门完成人员备案。劳务作业人员进场前必须按要求与劳务企业签订劳动合同或用工书面协议，且一式三份分别由劳务作业人员、劳务企业和总包企业留存归档。

（2）劳务作业工人应当按政府规定进行安全培训和普法维权培训，考核合格后方可入场施工作业。

（3）劳务作业工人应当100%具备相应工种岗位资格证书。

2. 劳务施工队人员持证上岗规范标准

（1）劳务分包企业施工队伍必须配备相应的管理人员，不得低于注册人数的8%，全部管理人员应100%持有国家相关部门颁发的管理岗位证书。

（2）管理人员配备应符合以下标准：

1）每50人必须配备一名专职安全员（50人以下的按50人计算）。

2）每个注册劳务分包企业的法人代表、项目负责人、专职安全员必须具有安全资格证书。

3）队伍人数在百人以上劳务分包企业，必须配备一名专职劳务员，不足百人的可配备兼职劳务员。

（3）一般技术工人、特种作业人员、劳务普工注册人员必须100%持有相应工种的岗位证书。

（4）对于劳务分包工程队伍人数超过50人的，其中级工比例不低于40%、高级工比例不得低于5%。

（5）在施工现场，不得使用未成年工、童工，所有从事施工作业人员年龄不得在55周岁以上，其中登高架设作业人员（架子工）年龄应控制在45周岁以下。

（6）未达到上述标准的劳务分包施工企业应在15个工作日内提交相关资料进行复审，复审不合格，须由劳务主管部门进行补充培训或鉴定。

由于建筑业施工现场用工年龄老化现象日趋严重，部分地方政府规定施工现场可实行柔性用工管理，分岗位确定用工年龄。对于超龄工人，在身体健康前提下，可以合理安排内勤、简单操作或简单管理等类型工作岗位，但不宜从事高危险性、高风险岗位。

3. 证书审验标准和工作流程

（1）证书审验标准

1）专业与劳务分包企业出具的证书版本和格式必须符合国家统一证书核发标准，否则视为假证。

2）证书内文字必须按规定的要求书写，其书写部分不得有涂改、照片处必须加盖钢印，其钢印必须压照片，否则该证书不予承认。

3）特种作业、特种设备、建筑行业起重设备操作人员证书必须在规定的有效时间内，凡过期或未按规定时间进行复检者均为失效证书不予承认。

（2）操作流程

1）专业与劳务分包施工企业办理人员实名制备案前，首先持《合同用工备案花名册》和岗位证书，提交公司（项目）劳务管理部门进行备案人员的证书审验工作。

2）证书审验时专业与劳务分包施工企业负责人或代理负责人必须在场。

3）证书审验合格单位，由公司（项目）劳务管理部门开具“劳务分包企业证书审核注册登记备案证明”；专业与劳务分包企业凭“劳务分包企业证书审核注册登记备案证明”及名册，到公司劳务主管部门办理备案手续。

4）证书审验中、出现专业与劳务分包施工企业职工名册内有无证人员，在15个工作日内提交相关资料进行复审。复审不合格，无证人员必须在总包企业的职业技能培训机构办理无证人员培训注册，待培训或鉴定合格后方可办理证书审验。

（3）各类人员证书规定

1）劳务分包企业管理人员须持住房和城乡建设部《管理人员岗位证书》。

2）技术工人须持人力资源和社会保障部《职业资格证书》或住房和城乡建设部《职业技能岗位证书》。

3）特种设备作业人员或特种作业人员须持国家相关管理部门颁发的特种设备作业人员或特种作业人员操作证书。

4）特种设备的电梯安装人员须持质量技术监督管理局核发的《特种设备作业人员证》。

5）建筑行业起重设备操作人员须持建设部门核发的《建筑施工特种作业人员操作资格证》。

6）劳务普工须持住房和城乡建设部核发的《职业技能岗位证书》。

（4）注意事项

1）对未办理证书审验的专业与劳务分包作业队伍一律不予办理备案手续。

2）将证书审验工作作为劳务管理考核评价工作指标。

3）劳务管理部门应积极配合，督促入场作业队伍及时办理证书审验，对入场人员所持证书不符合规定的，应尽快实施补充培训和参加补充鉴定，确保入场作业队伍尽快完成备案手续。

（三）劳务分包合同的评审

1. 劳务分包合同的主要内容和条款

劳务作业分包，是指施工承包单位或者专业承包单位（即劳务作业的发包人）将其承包工程中的劳务作业发包给具有相应资质或能力的劳务分包单位（即劳务作业承包人）完成的活动。

（1）劳务分包合同的内容和条款

劳务分包合同不同于专业分包合同，其重要条款有：

1）劳务分包人资质情况。

2）劳务分包工作对象及提供劳务内容。

3）分包工作期限。

4）质量标准。

5）工程承包人义务。

6）劳务分包人义务。

7）材料、设备供应。

8）保险。

9）劳务报酬及支付。

10）工时及工程量的确认。

11）施工配合。

12）禁止转包或再分包，等等。

（2）工程承包人的主要义务

对劳务分包合同条款中规定的工程承包人的主要义务归纳如下。

1）组建与工程相适应的项目管理班子，全面履行总（分）包合同，组织实施施工管理的各项工作，对工程的工期和质量向发包人负责。

2）完成劳务分包人施工前期的下列工作：

① 向劳务分包人交付具备本合同项下劳务作业开工条件的施工场地。

② 满足劳务作业所需的能源供应、通信及施工道路畅通。

③ 向劳务分包人提供相应的工程资料。

④ 向劳务分包人提供生产、生活临时设施。

3）负责编制施工组织设计，统一制定各项管理目标，组织编制年、季、月施工计划、物资需用量计划表，实施对工程质量、工期、安全生产、文明施工、计量检测、实验化验的控制、监督、检查和验收。

4）负责工程测量定位、沉降观测、技术交底，组织图纸会审，统一安排技术档案资料的收集整理及交工验收。

5）按时提供图纸，及时交付材料、设备，提供施工机械设备、周转材料、安全设施，保证施工需要。

6）按合同约定，向劳务分包人支付劳动报酬。

7）负责与发包人、监理、设计及有关部门联系，协调现场工作关系。

（3）劳务分包人的主要义务

对劳务分包合同条款中规定的劳务分包人的主要义务归纳如下。

1）对劳务分包范围内的工程质量向工程承包人负责，组织具有相应资格证书的熟练工人投入工作；未经工程承包人授权或允许，不得擅自与发包人及有关部门建立工作联系；自觉遵守法律法规及有关规章制度。

2）严格按照设计图纸、施工验收规范、有关技术要求及施工组织设计精心组织施工，确保工程质量达到约定的标准；科学安排作业计划，投入足够的人力、物力，保证工期；加强安全教育，认真执行安全技术规范，严格遵守安全制度，落实安全措施，确保施工安全；加强现场管理，严格执行建设主管部门及环保、消防、环卫等有关部门对施工现场的管理规定，做到文明施工；承担由于自身责任造成的质量修改、返工、工期拖延、安全事故、现场脏乱造成的损失及各种罚款。

3）自觉接受工程承包人及有关部门的管理、监督和检查；接受工程承包人随时检查其设备、材料保管、使用情况，及其操作人员的有效证件、持证上岗情况；与现场其他单位协调配合，照顾全局。

4）劳务分包人须服从工程承包人转发的发包人及工程师的指令。

5）除非合同另有约定，劳务分包人应对其作业内容的实施、完工负责，劳务分包人应承担并履行总（分）包合同约定的、与劳务作业有关的所有义务及工作程序。

（4）保险

1）劳务分包人施工开始前，工程承包人应获得发包人为施工场地内的自有人员及第三人人员生命财产办理的保险，且不需劳务分包人支付保险费用。

2）运至施工场地用于劳务施工的材料和待安装设备，由工程承包人办理或获得保险，且不需劳务分包人支付保险费用。

3）工程承包人必须为租赁或提供给劳务分包人使用的施工机械设备办理保险，并支付保险费用。

4）劳务分包人必须为从事危险作业的职工办理意外伤害保险，并为施工场地内自有人员生命财产和施工机械设备办理保险，支付保险费用。

5）保险事故发生时，劳务分包人和工程承包人有责任采取必要的措施，防止或减少损失。

（5）劳务报酬

1）劳务报酬可以采用以下方式中的任何一种：

① 固定劳务报酬（含管理费）。

② 约定不同工种劳务的计时单价（含管理费），按确认的工时计算。

③ 约定不同工作成果的计件单价（含管理费），按确认的工程量计算。

2）劳务报酬，可以采用固定价格或变动价格。采用固定价格，则除合同约定或法律政策变化导致劳务价格变化以外，均为一次包死，不再调整。

（6）工时及工程量的确认

1）采用固定劳务报酬方式的，施工过程中不计算工时和工程量。

2）采用按确定的工时计算劳务报酬的，由劳务分包人每日将提供劳务人数报工程承包人，由工程承包人确认。

3）采用按确认的工程量计算劳务报酬的，由劳务分包人按月（或旬、日）将完成的工程量报工程承包人，由工程承包人确认。对劳务分包人未经工程承包人认可，超出设计图纸范围和因劳务分包人原因造成返工的工程量，工程承包人不予计量。

（7）劳务报酬最终支付

1）全部工作完成，经工程承包人认可后14天内，劳务分包人向工程承包人递交完整的结算资料，双方按照本合同约定的计价方式，进行劳务报酬的最终支付。

2）工程承包人收到劳务分包人递交的结算资料后14天内进行核实，给予确认或者提出修改意见。工程承包人确认结算资料后14天内向劳务分包人支付劳务报酬尾款。

3）劳务分包人和工程承包人对劳务报酬结算价款发生争议时，按合同约定处理。

（8）禁止转包或再分包

劳务分包人不得将合同项下的劳务作业转包或再分包给他人。

（9）劳务作业分包企业可采取多种责任制形式组织实施分包作业。

2. 劳务分包合同的主体与形式

（1）劳务分包合同订立的主体

劳务作业发包时，发包人、承包人应当依法订立劳务分包合同。

1）劳务作业发包人是指发包劳务作业的施工总承包或专业承包企业，劳务作业发包人不得将劳务作业发包给个人或者不具备与所承接工程相适应的资质以及未取得安全生产许可证（如有需要）的企业。

2）劳务作业承包人是指承揽劳务作业的具有与所承接工程相适应的资质并取得安全生产许可证（如有需要）的劳务分包企业。劳务作业承包人不得将所承接的劳务作业转包给其他企业或个人。

3）建设单位不得直接将劳务作业发包给劳务分包企业或个人。

（2）劳务分包合同的形式

1）自有劳务承包。指企业内部符合条件的正式职工受聘成为劳务作业管理负责人，劳务人员原则上由该负责人招募，人员的住宿、饮食、交通等由企业统一管理，工资由企业监督该负责人发放或由该负责人编制工资发放表由企业直接发放。

2）零散的劳务承包。指企业临时用工，是为了一个工程项目而临时招用工人。

3）成建制的劳务分包。指以企业的形态从施工总承包企业或专业承包企业承接分项、分部或单位工程的劳务作业。

上述第一、二种形式的施工劳务，一定程度上可以说是临时用工，劳务作业分包的含义主要是指第三种成建制的劳务分包，不能等同其他两种情形。

3. 劳务分包方施工与资源保障能力评价

在劳务分包方施工与资源保障能力评价时，应重点考察申报企业的履约能力，即企业经营、管理、财务能力状况和经营行为及社会信用。具体内容如下：

（1）企业重视基础管理工作，有较高的履约意识和完善的管理体系。

1）有符合本行业和企业特点的较完善的管理制度。

2）有完善的组织管理体系。

3）遵守国家法律法规，注重建筑业法律法规的宣传、教育和学习。

（2）企业依法经营，具备与经营规模相匹配的能力。

1）按照资质的业务范围承揽工程，不转包、不违法分包。

2）不转借企业资质证书和营业执照，不挂靠其他企业投标。

3）不串通投标，不围标。不以行贿、回扣、买标、卖标、窃取商业秘密等不正当手段谋取中标。

4）严格执行各项造价管理规定及各项取费标准的计价原则，不高估冒算。

5）净资产、经营规模和人力资源水平达到资质标准规定的标准要求。

（3）企业注重加强合同履约管理，有较高的履约管理能力。

1）有健全的质量管理体系和责任制，按有关规定进行考核。

2）坚持百年大计，质量第一。严格执行国家和地方强制性技术标准和相关管理规范和规程，工程质量合格率达到百分之百。

3）坚持安全生产，落实安全责任制。贯彻执行安全生产法律、法规和各项安全生产的规章制度，规范“安全许可证”的管理，杜绝和控制各类重大事故的发生。

4）严格执行建设工程施工现场场容卫生、环境保护、生活区设置和管理等标准，做好防尘、防噪、防遗撒等环保工作，达到环境噪声污染防治相关的要求。

5）认真贯彻《建设工程项目管理规范》GB/T 50326，落实项目经理责任制，项目运行规范有效。

6）严格合同履约，依法办理合同的登记和备案。

7）合同台账和档案管理严谨，能够及时准确提供统计数据和有关资料。

8）按照国家地方有关政策规定支付劳务费。

（4）企业财务状况良好。

1）财务制度健全，内控制度完善，照章纳税。

2）企业资产负债率、资产保值增值和效益指标达到规定水平。

（5）遵纪守法，社会信用良好。

1）遵守工商、司法、税收、环保等法律法规。

2）企业法定代理人和主要负责人的个人信用良好。

3）尊重、依法保障消费者、分包企业或农民工的各种权益，依法处理好相关投诉，未发生严重影响社会稳定的事件。

4）银行信用良好。

5）自觉执行人民法院、仲裁机构依法作出的判决和裁定。

4. 劳务分包合同实施的监督管理要求

（1）对劳务分包合同实施的监督管理要求

1）劳务分包管理信息制度要求

省、市建设主管部门建立劳务分包合同管理信息系统，建立劳务分包合同备案、履约信息的记录、使用和公示制度。

市和区县建委通过劳务分包合同管理信息系统，实施劳务分包合同监督管理。

2）劳务分包合同监管体系

省（市）建设主管部门负责全市劳务分包合同的订立、备案、履行等活动的监督管理，区县建设主管部门负责本辖区内劳务分包合同履行过程的监督管理。

省（市）和区县两级建设主管部门应当加强与各省建设行政主管部门驻当地建设管理机构的联系、协调与配合，共同加强对外省市在所在区域建筑施工企业劳务分包合同履行过程的监督管理。

3）劳务分包合同监督检查内容

建设主管部门应当建立劳务分包合同监督检查制度，采取定期检查、巡查和联合检查等方式进行监督检查。检查内容：

① 履行劳务分包合同的合同主体是否合法。

② 发包人、承包人是否另行签订背离劳务分包合同实质性内容的其他协议。

③ 劳务分包合同履行过程中的补充协议。

④ 劳务分包合同备案、网上数据申报以及劳务分包合同履约信息报送情况。

⑤ 劳务分包合同价款支付情况。

⑥ 劳务作业人员备案情况。

⑦ 劳务分包合同是否包括大型机械、周转性材料租赁和主要材料采购等内容。

⑧ 其他应当检查的内容。

（2）建筑劳务分包的禁止性行为和处罚

1）省（市）建设主管部门责令改正，通报批评，记入信息提示系统的禁止性行为。

发包人、承包人有下列情形之一的，市和区县建委可以责令改正，通报批评，并记入市建设行业信用信息提示系统：

① 承包人未按本办法进行劳务分包合同备案的。

② 承包人未按本办法进行劳务分包合同变更备案等手续的。

③ 发包人未按本办法进行解除备案等手续的。

④ 发包人、承包人未按规定建立健全劳务分包合同管理制度、明确劳务分包合同管理机构和设置劳务分包合同管理人员的。

⑤ 承包人未按规定报送劳务分包合同履行数据或者报送虚假劳务分包合同履行数

据的。

⑥ 承包人未按照劳务分包合同的约定组织劳务作业人员完成劳务作业内容的。

⑦ 承包人在收到劳务分包合同价款后未按照合同约定发放工资并将工资发放情况书面报送发包人的。

⑧ 发包人、承包人未按照相关规定对施工过程中的劳务作业量及应支付的劳务分包合同价款予以书面确认的。

⑨ 发包人未按照相关规定支付劳务分包合同价款的。

⑩ 对工程变更或者劳务分包合同约定允许调整的内容以及所涉及的劳务分包合同价款调整，发包人、承包人未及时履行书面签证手续并确认相应劳务分包合同价款的。

⑪ 工程变更或者劳务分包合同约定允许调整的内容涉及劳务分包合同价款调整的，发包人未及时确认变更的劳务分包合同价款，或者确认的变更价款未与工程进度款同期支付的。

⑫ 发包人未按照相关规定要求承包人提交维修保证金的。

⑬ 发包人或者承包人不配合监督检查的。

2）省（市）建设主管部门责令改正，记入地市级建委信息提示系统和注册建造师信用档案、并向社会公布的禁止性行为。

发包人、承包人有下列情形之一的，责令改正，并记入地市级建设行业信用信息警示系统；该项目的项目经理对下列情形负有直接责任的，记入注册建造师信用档案，向社会进行公布：

① 发包人将劳务作业发包给个人或者不具备与所承接工程相适应的资质以及未取得安全生产许可证的企业。

② 发包人将与工程有关的大型机械、周转性材料租赁和主要材料采购发包给承包人的。

③ 发包人、承包人未依法订立书面劳动合同或订立用工书面协议的。

④ 发包人、承包人在未签订书面劳务分包合同并备案的情况下进场施工的。

⑤ 劳务分包合同订立后，发包人、承包人再行订立背离劳务分包合同实质性内容的其他协议。

⑥ 劳务作业全部内容经验收合格后，承包人不按照劳务分包合同约定将该劳务作业及时交付发包人的。

⑦ 发包人、承包人不按照相关规定进行劳务作业验收和劳务分包合同价款结算的。

⑧ 发包人在劳务分包合同价款结算完成后，不按照相关规定的时限支付全部结算价款的。

⑨ 发包人、承包人发生以上所列情形三次以上的。

3）限制其承揽新工程的行为。

发包人或者承包人有下列情形之一的，工程所在地建设行政主管部门可以限制其承揽新的工程或者新的劳务作业。

① 转包劳务作业的。

② 因拖欠劳务分包合同价款或者劳务作业人员工资而引发群体性事件的。

③ 发包人、承包人有以上所列情形三次以上的。

4）因直接发包劳务作业，对建设单位的处罚：

建设单位直接将劳务作业发包给劳务分包企业或者个人的，地级市和区县建委可以责令改正，通报批评，并记入当地建设行业信用信息系统；建设单位拒不改正的，建设主管部门可以限制其新开工程项目。

（四）劳务分包队伍综合评价

1. 劳务分包队伍综合评价的内容

（1）劳务管理：分包队伍管理体系健全，劳务管理人员持证上岗。办理合同备案和人员备案及时，发生工程变更及劳务分包合同约定允许调整的内容及时进行洽商，合同履约情况良好，作业人员身份证复印件、岗位技能证书、劳动合同或书面用工协议齐全且未过有效期，每月按考勤情况按时足额发放劳务作业人员工资，施工队伍人员稳定，根据项目经理部农民工夜校培训计划按时参加夜校培训，服从项目经理部日常管理，保证不出现各类群体性事件，保障企业和社会稳定。

（2）安全管理：安全管理体系健全，人员进场安全教育面达到100%；考核合格率达到100%，按规定比例配备专职安全员，按规定配备和使用符合标准的劳保用品，特种作业人员必须持有效证件上岗，施工中服从管理无违章现象、无伤亡事故。

（3）生产管理：施工组织管理有序，能够按时完成生产计划，施工现场内整齐、清洁，无材料浪费，按规定要求进行成品、半成品保护。

（4）技术质量管理：无质量事故发生，承接工程达到质量标准和合同约定工期要求，严格按照技术交底施工，质量体系健全，严格进行自检，无返工现象。

（5）卫生管理：食堂必须办理卫生许可证，炊事员必须持有健康证且保持良好的个人卫生。食堂食品卫生安全符合规定，无食物中毒。生活责任区干净、整洁。无浪费水电现象。落实职业病防护和卫生防疫相关管理规定。

（6）综合素质：信誉良好、顾全大局，服从项目经理部日常管理，与项目经理部配合融洽。积极配合政府和项目经理部妥善处理突发事件，保证施工生产稳定。

2. 劳务分包队伍综合评价的方法

（1）考评周期

针对不同工程、不同劳务队伍的实际情况，总承包企业各分公司以及项目经理部可结合本单位情况制定相应考核评价周期。

（2）考评方式

由公司劳务主管部门统一部署考评工作，各分公司劳务管理部门组织项目部在规定时间内对所使用作业队伍进行考核，公司劳务主管部门将对重点项目到现场进行配合监督。各分公司应在项目部考评结束后一周内对各劳务队伍考评表进行审核汇总，考评结果上报公司劳务主管部门，公司劳务主管部门将结合考评情况进行现场检查。

（3）结果反馈

1）凡在公司范围内承接劳务分包工程施工的劳务作业队伍，经考评不合格将限期整改，同时要求作业队长参加考核培训。连续两次考评均不合格队伍，公司劳务主管部门将按照不合格队伍予以公布，并移出合格分包方名录。

2）凡属公司当年新引进队伍，考评不合格，公司劳务主管部门将按照不合格队伍予以公布，同时建议分公司劳务管理部门签订合同变更或终止协议，该队伍不得在公司范围内承揽新工程。

3）凡不配合项目部进行考评工作或考评周期内发生严重影响社会稳定的违法行为、聚众围堵事件或恶性恶意讨要事件、责任安全事故和质量事故的劳务作业队伍，公司劳务主管部门将按照不合格队伍予以公布，该队伍不得在公司范围内承揽新工程。

3. 劳务分包队伍综合评价的标准

评价可实行百分制，考评结果95分（含95分）以上为优秀；85～94分为合格；85分以下（含85分）为不合格。各劳务作业队伍的考评结果经确认后，由公司劳务主管部门以书面形式予以公布，并作为公司评定优秀劳务作业队伍的重要依据（各项考核标准见表10-1）。

劳务分包作业队伍考评表　　**表10-1**

劳务作业队伍名称：　　单位和项目部名称：

序号	考评项目		检查标准	分值	得分	存在问题
1	劳务管理	队伍管理体系	队伍管理班子健全，配备工程技术、安全、质量、财务、治安、劳务管理等人员，设专职劳务员，且持有劳务员上岗证	3		
2		劳务分包合同履约监管	作业队伍签订劳务分包合同并及时办理备案，分包合同未过期限，洽商变更复核签认手续，合同履约情况良好	5		
3		人员管理	按规定完成人员备案，身份证、上岗证、劳动合同与花名册所列人员一一对应且无过期，劳动合同有本人签字，人员稳定，增减台账实名记录	5		
4		工资支付	建立健全统一的考勤表，工资表和相关台账，保证农民工工作足额、实名制支付；月度工资发放不低于当地最低工资标准	5		
5		农民工夜校管理	夜校教育记录有本人签字，且每月每人不少于2次	2		
6	安全管理	安全管理体系	安全管理体系健全，按比例配备专职安全员	4		
7		入场教育	人员进场安全教育面达到100%；考核合格率达到100%	4		
8		劳保用品	按规定配备和使用符合标准的劳保用品	4		
9		特种作业	特种作业人员必须持有有效证件上岗	4		
10		事故预防	施工中服从管理，无违章现象、无伤亡事故	4		
11	生产管理	施工组织	施工组织有序，能够按时完成生产计划	5		
12		施工现场	施工现场内整齐、清洁，无材料浪费	5		
13		产品保护	成品、半成品保护良好			
14	质量管理	质量体系	质量监管体系健全	4		
15		质量达标	承接工程达到质量保证和合同约定工期要求	4		
16		技术交底	严格按照技术交底施工	4		
17		质量检验	严格进行自检，无返工现象	4		
18		质量保证	无质量事故发生	4		

续表

序号	考评项目		检查标准	分值	得分	存在问题
19	行政管理	食堂卫生	食堂必须办理卫生许可证，炊事员必须持有健康证且保持良好的个人卫生。食堂食品卫生安全符合规定，无食物中毒	5		
20		生活区管理	生活区管理达到所在地“文明生活区标准”要求	5		
21		资源节约	无浪费水电等资源现象	5		
22		职业病防护	落实职业病防护和卫生防疫相关管理规定	5		
23	综合素质	日常管理	积极配合项目部日常管理，与项目部配合融洽	2		
24		突发事件妥善处理	积极配合政府和项目部妥善处理突发事件，保证社会稳定	3		
25	否决项目	工人工资未及时、足额支付	未按要求及时、足额支付工人工资，引发纠纷或群体性事件	－10		
26		发生工伤事故	未按要求做好安全防护工作，发生伤亡事故	－10		
现场情况说明	受检队伍现场共计　人，其中： 管理人员　人；初级技工　人、中级技工　人、高级技工　人、普工　人。 18～30岁　人，30～45岁　人，45～55岁　人，55岁以上　人。 本省人员　人，外省人员　人，人员来源于省市和自治区　个。					

项目经理（签字）　　　　　　检查人（签字）　　　　　　检查日期　　年　月　日

十一、劳务分包款及人员工资管理

（一）劳务分包款管理

劳务分包合同价款包括工人工资、文明施工及环保费中的人工费、管理费、劳动保护费、各项保险费、低值易耗材料费、工具用具费、利润等。

劳务分包工程的发包人和劳务工程承包人必须在分包合同中明确约定劳务款的支付时间、结算方式以及保证按期支付的相应措施。

对劳务分包款的核实，主要包括以下几个方面：

1. 劳务分包合同价款的确定方式及应用范围

发包人、承包人约定劳务分包合同价款计算方式时，应当在采用固定合同价款、建筑面积综合单价、工种工日单价、综合工日单价四种方式选择其一计算，不得采用“暂估价”方式约定合同总价。

（1）固定合同价款是指在合同中确定一个完成全部劳务分包施工项目所应支付的劳务费用总价，总价被承包人接受以后，一般不得变动。

（2）建筑面积综合单价是指以建筑施工面积（平方米）为计量单位，完成从进场到竣工全部劳务工作量的各工种工人应支付的工资和其他劳务费用的价格（元/平方米）。

一般适用于一个劳务分包单位承担绝大部分劳务工作的情况。建筑面积综合单价通常按地下结构、地上结构、初装修、水暖安装、电气安装、外墙面砖、外墙粉刷等分部分项工程分别计算平方米单价，也可以统一按建筑面积确定平方米单价，有时总包单位还规定将辅材、小型机具和劳保用品所需费用折算成平方米单价，包含在承包价中。

（3）工种工日单价是指按不同作业工种划分的，每完成一个定额工日所应支付的工资价格（元/日），即按定额单价确定各工种的工日单价。

工种工日单价通常用于木工、砌筑、抹灰、石制作、油漆、钢筋、混凝土、脚手架、模板、水暖电安装、钣金、架线等工种。

（4）综合工日单价是指按工日计算（元/日），完成每个分部分项工程对所需使用的各工种应支付的综合劳务费价格。劳务费包含：工人工资、劳动保护费、管理费、各项保险费用、临设费用、文明施工环保费用、利润、税金；不包含以下内容：中小型施工机具、设备费、劳务作业周转费，低值易耗材料费。

综合工日单价通常用于房建结构、装饰工程初装修、装饰工程精装修、机电设备安装、弱电安装、市政管线、市政道桥、市政综合、园林等分部分项工程。

（5）暂估价是指招标阶段直至签订合同协议时，招标人在招标文件中提供的用于支付必然发生但暂时不能确定价格的材料以及专业工程的金额。暂估价包括材料暂估单价和专业工程暂估价。暂估价不适用于劳务分包工程的计价。

2. 劳务分包合同价款构成的主要内容

劳务分包合同价款包括工人工资、文明施工及环保费中的人工费、管理费、劳动保护费、各项保险费、低值易耗材料费、工具用具费、利润等。

3. 劳务分包合同价款必须明确的内容

发包人、承包人在劳务分包合同订立时应当对下列有关合同价款内容明确约定：

（1）发包人将工程劳务作业发包给一个承包人的，正负零以下工程、正负零以上结构、装修、设备安装工程等应分别约定。

（2）工人工资、管理费、工具用具费、低值易耗材料费等应分别约定。

（3）承包低值易耗材料的，应当明确材料价款总额，并明确材料款的支付时间、方式。

（4）劳务分包合同价格风险幅度范围应明确约定，超过风险幅度范围的，应当及时按约定调整。

4. 劳务分包合同价款结算的时间限制

发包人、承包人应当在劳务分包合同中明确约定对劳务作业验收的时限，以及劳务合同价款结算和支付的时限。

（1）发包人、承包人应当在每月20日前对上月完成劳务作业量及应支付的劳务分包合同价款予以书面确认，书面确认时限自发包人收到承包人报送的书面资料之日起计算，最长不得超过3日；发包人应当在书面确认后5日内支付已确认的劳务分包价款。

（2）总承包企业自收到劳务分包承包人依照约定提交的结算之日起28日内完成审核，并书面答复承包人；逾期不答复的，视为发包人同意承包人提交的结算资料。

5. 劳务分包合同价款支付的有关规定

（1）合同价款支付的时间限制

发包人、承包人应当在劳务分包合同中明确约定施工过程中劳务作业工作量的审核时限和劳务分包合同价款的支付时限。

月度审核时限从发包人收到承包人报送的上月劳务作业量之日起计算，最长不得超过3日；支付时限从完成审核之日起计算，最长不得超过5日。

劳务分包工程完工，工程结算程序完成后，发包人应当自结算完成之日起28日内支付全部结算价款。

（2）农民工工资的支付

总承包企业和劳务企业必须每月支付一次劳务企业农民工的基本工资，企业工资月支付数额不得低于最低工资标准，余下未支付部分企业在工程完工后或季度末、年末必须保证足额支付。

建筑施工企业应当在银行建立工资保证金专用账户，专项用于发生欠薪时支付农民工工资的应急保障。

建设单位或施工总承包企业未按合同约定与劳务分包企业结清工程款，致使劳务分包企业拖欠农民工工资的，由建设单位或工程总承包企业先行垫付农民工工资，先行垫付的工资数额以未结清的工程款为限。

（3）支付形式

分包合同价款的支付必须以银行转账的形式办理，付款时总包单位不得以现金方式向分包单位支付劳务费。如果分包单位是外地施工企业的，分包单位还必须向总包单位出具外地施工企业专用发票。

（4）对履行劳务分包合同价款的规定：

1）发包人不得以工程款未结算、工程质量纠纷等理由拖欠劳务分包合同价款。

2）发包人、承包人应当在每月月底前对上月完成劳务作业量及应支付的劳务分包合同价款予以书面确认，发包人应当在书面确认后5日内支付已确认的劳务分包合同价款。

3）承包人应当按照劳务分包合同的约定组织劳务作业人员完成劳务作业内容，在收到劳务分包合同价款按照合同约定发放工资并将工资发放情况书面报送发包人。

附：劳务费结算支付情况汇总表、劳务费结算支付情况月报表、工程项目劳务费结算支付情况月报表（表11-1～表11-3）。

（二）劳务人员工资管理

1. 建设单位关于劳务人员工资支付的责任

建设单位与施工总承包单位依法订立书面工程施工合同，应当约定工程款计量周期、工程款进度结算办法以及人工费用拨付周期，并按照保障农民工工资按时足额支付的要求约定人工费用。人工费用拨付周期不得超过1个月。

建设单位应当按照合同约定及时拨付工程款，并将人工费用及时足额拨付至农民工工资专用账户，加强对施工总承包单位按时足额支付农民工工资的监督。因建设单位未按照合同约定及时拨付工程款导致农民工工资拖欠的，建设单位应当以未结清的工程款为限先行垫付被拖欠的农民工工资。

建设单位应当以项目为单位建立保障农民工工资支付协调机制和工资拖欠预防机制，督促施工总承包单位加强劳动用工管理，妥善处理与农民工工资支付相关的矛盾纠纷。发生农民工集体讨薪事件的，建设单位应当会同施工总承包单位及时处理，并向项目所在地人力资源社会保障行政部门和相关行业工程建设主管部门报告有关情况。

2. 施工总承包单位关于劳务人员工资支付的责任

施工总承包单位与分包单位依法订立书面分包合同，应当约定工程款计量周期、工程款进度结算办法。施工总承包单位应当按照有关规定开设农民工工资专用账户，专项用于支付该工程建设项目农民工工资。开设、使用农民工工资专用账户有关资料应当由施工总承包单位妥善保存备查。

施工总承包单位应当按照有关规定存储工资保证金，专项用于支付为所承包工程提供劳动的农民工被拖欠的工资。工资保证金实行差异化存储办法，对一定时期内未发生工资

表 11-1

______劳务费结算支付情况汇总表

制表单位：总包劳务管理机构

报送时间：次月 5 日前

企业名称：（盖章）

单位：万元

施工单位	累计完成施工产值	结算系数%	结算支付情况					预留账户	
			应结	实际支付		应付未付	支付率%	拨入	余额
				累计	本期				
甲	1	2	3＝1×2	4	5	6＝3－4	7＝4÷3	10	12

主管领导：　　部门领导：　　制表人：　　填报日期：

表 11-2

________劳务费结算支付情况月报表

（二级公司或分公司填报）

制表单位：总包劳务管理机构

报送时间：次月 1 日前

企业名称：（盖章）　　2009 年 1— 月　　单位：万元

类别	项目名称	累计完成施工产值	劳务合同额	结算情况				支付情况			
				结算系数 %	应结	已结	未结	实际兑付		未付	兑付率%
								累计	本期		
甲	乙	1	2	3	4=1×3	5	6=4−5	7	8	9=4−7	10=7÷4
总计											
劳务项目合计											
其中：											
合作项目合计											
其中：											
外埠项目合计											
其中：											
其他											

主管领导：　　部门主管：　　制表人：　　填报日期：

说明：1. 劳务费结算支付情况，按劳务分包项目、合作工程项目、外埠工程项目以及其他工程项目，分类别填报数据。

2. 各类别劳务费以工程项目为单位填报。

3. 各单位工程项目以《××建工集团经营生产综合计划》所列项目为依据。

4. 统计时期为每日历月，月报上报日期次月 5 日之前；年报时期为每日历年，上报日期次年春节前。

________劳务费结算支付情况月报表

（项目部填报）

表 11-3

制表单位：总包劳务管理机构

报送时间：每月 30 日前

填报单位：　　　　2009 年 1— 　月　　　　单位：万元

序号	工程名称	分包企业	施工队长	合同额	结算		支付		余额	备注
					累计	本期	累计	本期		
合计										

主管领导：　　　　填报人：　　　　电话：　　　　报送日期：

拖欠的单位实行减免措施，对发生工资拖欠的单位适当提高存储比例。工资保证金可以用金融机构保函替代。工资保证金的存储比例、存储形式、减免措施等具体办法，由国务院人力资源社会保障行政部门会同有关部门制定。

3. 劳务分包单位关于劳务人员工资支付的责任

劳务分包单位对所招用农民工的实名制管理和工资支付负直接责任。施工总承包单位对分包单位劳动用工和工资发放等情况进行监督。分包单位拖欠农民工工资的，由施工总承包单位先行清偿，再依法进行追偿。工程建设项目转包，拖欠农民工工资的，由施工总承包单位先行清偿，再依法进行追偿。

4. 劳务员核实劳务人员工资发放情况的注意事项

按国务院《保障农民工工资支付条例》和地方政策要求，总承包企业应当做到对劳务企业劳务费月结季清或按分包合同约定执行；同时应监督施工队对农民工工资月清月结或按劳动合同约定执行，确保农民工工资按时足额发放给本人。

劳务企业必须每月支付一次劳务企业农民工的基本工资，企业工资月支付数额不得低于当地最低工资标准，余下未支付部分企业在工程完工后或季度末、年末必须保证足额支付。

建设单位或施工总承包企业未按合同约定与劳务分包企业结清工程款，致使劳务分包企业拖欠农民工工资的，由建设单位或工程总承包企业先行垫付农民工工资，先行垫付的工资数额以未结清的工程款为限。劳务员核实劳务人员工资发放情况，应注意以下几个方面：

（1）核实是否设立农民工工资专用账户

劳务分包企业选定并预约银行网点，完成初始审核后，持营业执照副本及复印件一份（复印件需加盖单位公章）、《代发农民工工资协议书》一式三份，前往选定银行网点办理开户手续，开户手续完成后，银行网点将出具《农民工工资专用账户开立证明书》。如有的劳务分包企业已在银行开立了工资代发账户，可与农民工工资专用账户合并。

（2）核实农民工工资专用账户是否备案

劳务分包企业持《农民工工资专用账户开立证明书》到当地住建部门建筑业管理服务中心领取《建筑业企业档案管理手册》后，按照就近、方便的原则，选择一个区（县）劳动保障行政部门，将银行出具的农民工工资专用账户开立证明书进行备案；劳务分包企业在与劳务发包企业签订劳务分包合同时，必须出具《建筑业企业档案管理手册》，并将农民工工资专用账户的开户银行、账号和企业代码写入劳务分包合同中。

（3）核实是否编制农民工工资表并进行公示和确认

在每月25日前，由劳务分包企业根据所记录的农民工务工情况编制出工资表（纸质版发薪数据文件）报劳务发包企业项目部审核，项目部依据IC系统记录的农民工出勤情况、留存的劳动合同书和所属劳务员跟踪记录的农民工务工情况进行核对，经核实无误后，将工资表（纸质版发薪数据文件）在施工现场和农民工生活区公示三天。公示后对确认的工资表（纸质版发薪数据文件）分别由劳务分包企业、劳务发包企业盖章确认。

（4）核实务工人员工资是否实际支付

1）每月 2 日前，劳务分包企业持加盖本企业公章的代发工资申请单（一式四份）和工资表（发薪数据文件，含电子版和纸质版）递交给开立农民工专用账户所在的银行。银行网点进行审核确认后，将加盖日戳的第四联代发工资申请单退回劳务分包企业。

2）每月 3 日前，劳务发包企业依据确认的工资表（纸质版发薪数据文件）汇总数额，将月度支付的劳务费中用于农民工工资支付的部分直接打入劳务分包企业的农民工工资专用账户中，剩余劳务费可直接支付给劳务分包企业。劳务分包企业应对这两笔收入分别开具发票。

3）银行在对提供的资料和汇入金额核对无误后，每月 5 日将款项打入劳务分包企业所属农民工实名制卡中。

4）银行将农民工工资发放清单分别反馈给劳务分包企业、劳务发包企业，劳务分包企业依据银行反馈的发放清单开具农民工工资部分的劳务费发票。

（5）劳务企业以现金形式支付劳动者工资的，应核实工资是否由施工队长或班组长代发，农民工工资必须本人领取并签字，不得由他人代发代领。

（三）劳务人员个人工资台账管理

1. 考勤表、工资表与工资台账管理的重要性

劳务费结算台账和支付凭证是反映总包方是否按规定及时结算和支付分包方劳务费的依据，也是检查分包企业劳务作业人员能否按时发放工资的依据；劳务作业人员工资表和考勤表，是劳务分包企业进场作业人员实际发生作业行为工资分配的证明，也是总包单位协助劳务分包企业处理劳务纠纷的依据；工资台账是务工人员工资发放明细的记录。因此，劳务费结算台账和支付凭证以及劳务作业人员工资表、考勤表和工资台账应该作为劳务管理重要资料存档备查。

2. 建立考勤表、工资表与工资台账的方法

劳务费结算台账和支付凭证是反映总包方是否按规定及时结算和支付分包方劳务费的依据，也是检查分包企业劳务作业人员能否按时发放工资的依据；劳务作业人员工资表和考勤表，是劳务分包企业进场作业人员实际发生作业行为工资分配的证明，也是总包单位协助劳务分包企业处理劳务纠纷的依据。因此，劳务费结算台账和支付凭证以及劳务作业人员工资表和考勤表应该作为劳务管理重要资料存档备查。建筑施工企业应当对劳动者出勤情况进行记录，作为发放工资的依据，并按照工资支付周期编制工资支付表，不得伪造、变造、隐匿、销毁出勤记录和工资支付表。

（1）劳务管理人员负责建立每日人员流动台账，掌握务工人员的流动情况，为项目部提供真实的基础资料。项目部劳务管理人员必须要求施工队伍负责人每日上报现场实际人员人数，施工队伍负责人必须对上报人数确认签字，劳务管理人员通过对比记录人员流动情况。每周要求施工队伍负责人上报施工现场人员考勤，由项目部劳务管理人员与现场花名册进行核对，确定人员增减情况，对于未在花名册中人员，要求施工队伍负责人按规定办理相关手续。

(2) 项目部每次结算劳务费时，劳务管理人员必须要求施工队伍负责人提供务工人员工资表，并留存备案。工资表中人员必须与考勤相一致，且必须有务工人员本人签字、施工队伍负责人签字和其所在企业盖章，方可办理劳务费结算。项目部根据施工队伍负责人所提供的工资表，按时向务工人员支付工资。

(3) 劳务分包企业每次发放务工人员工资后，应将工资发放情况记入务工人员工资台账相关的台账、表格等见表11-4～表11-8。做到月结月计，账目清楚，以便日后查用。

(四) 违反工资支付的法律责任

根据国务院《保障农民工工资支付条例》第六章的规定，违反农民工工资支付应承担的法律责任如下：

第五十三条　违反本条例规定拖欠农民工工资的，依照有关法律规定执行。

第五十四条　有下列情形之一的，由人力资源社会保障行政部门责令限期改正；逾期不改正的，对单位处2万元以上5万元以下的罚款，对法定代表人或者主要负责人、直接负责的主管人员和其他直接责任人员处1万元以上3万元以下的罚款：

（一）以实物、有价证券等形式代替货币支付农民工工资；

（二）未编制工资支付台账并依法保存，或者未向农民工提供工资清单；

（三）扣押或者变相扣押用于支付农民工工资的银行账户所绑定的农民工本人社会保障卡或者银行卡。

第五十五条　有下列情形之一的，由人力资源社会保障行政部门、相关行业工程建设主管部门按照职责责令限期改正；逾期不改正的，责令项目停工，并处5万元以上10万元以下的罚款；情节严重的，给予施工单位限制承接新工程、降低资质等级、吊销资质证书等处罚：

（一）施工总承包单位未按规定开设或者使用农民工工资专用账户；

（二）施工总承包单位未按规定存储工资保证金或者未提供金融机构保函；

（三）施工总承包单位、分包单位未实行劳动用工实名制管理。

第五十六条　有下列情形之一的，由人力资源社会保障行政部门、相关行业工程建设主管部门按照职责责令限期改正；逾期不改正的，处5万元以上10万元以下的罚款：

（一）分包单位未按月考核农民工工作量、编制工资支付表并经农民工本人签字确认；

（二）施工总承包单位未对分包单位劳动用工实施监督管理；

（三）分包单位未配合施工总承包单位对其劳动用工进行监督管理；

（四）施工总承包单位未实行施工现场维权信息公示制度。

第五十七条　有下列情形之一的，由人力资源社会保障行政部门、相关行业工程建设主管部门按照职责责令限期改正；逾期不改正的，责令项目停工，并处5万元以上10万元以下的罚款：

（一）建设单位未依法提供工程款支付担保；

（二）建设单位未按约定及时足额向农民工工资专用账户拨付工程款中的人工费用；

（三）建设单位或者施工总承包单位拒不提供或者无法提供工程施工合同、农民工工资专用账户有关资料。

表 11-4

________公司劳务作业人员（含施工队长、班组长、农民工）花名册

项目名称（全称）：________ 班组名称：________ ____年____月

编号	姓名	性别	工种（或岗位）	等级	文化程度	籍贯	家庭住址	身份证号	岗位技能证书编号	劳动合同或书面用工协议编号
申明：此表登记劳务作业人员为我单位在该工程全部人数，情况属实。	班组长签字：________；用工企业劳务员签字：________； 用工企业项目负责人（或授权施工队长）签字：________；填表时间：________								用工企业盖章：	

此表由施工班组编制，用工单位（分包）确认、汇总后，每月报总包单位备案。

第________页，共________页

__________公司劳务作业人员（含施工队长、班组长、农民工）考勤表　　　表 11-5

项目名称（全称）：__________　班组名称：__________　______年______月

编号	姓名	工种	上月						本月																									合计
			26	27	28	29	30	31	1	2	3	4	5	6	7	8	9	10	11	12	13	14	15	16	17	18	19	20	21	22	23	24	25	
申明：此表登记劳务作业人员为我单位本月在该工程全部出勤人数，出勤情况属实；我单位已将此表向全体劳务作业人员公示，均无异议。																															总计			

班组长签字：__________	用工企业 劳务员签字：__________	用工企业项目负责人 （或授权施工队长）签字：__________	填表时间：__________	用工企业盖章：

此表由施工班组编制，用工单位（分包）确认、汇总后，每月报总包备案。

第__________页，共__________页

表 11-6

务工人员工资表

项目名称（全称）：________________ 班组名称：__________ ______年______月

序号	姓名	工种	出勤工日	日工资	工资总额	支出部分					未支付数	领款人签字	身份证号	备注
						生活费	预支费	罚款	其他	本月实际支付				
申明：此表登记劳务作业人员为我单位本月在该工程全部人数；工资结算、支付、领取情况属实，均系本人签字。			班组长签字：__________；用工企业劳务员签字：__________； 用工企业项目负责人（或授权施工队长）签字：________；填表时间：________								用工企业盖章：			

此表由用工单位（分包）编制，每月报总包单位备案。

第______页，共______页

劳务作业人员增减台账

表 11-7

单位及项目部名称：________

序号	企业名称	姓名	身份证号	增减情况	来源或去向	日期	备注
1							
2							
3							
4							
5							
6							
7							
8							
9							
10							

项目部负责人签字：　　　　填表日期：　　年　月　日

此表由用工单（分包）编制，每月报总包单位备案。

计：进场人员________人　　　　退场人员________人

注：1. 增减情况中注明此人是“新进场”或“退场”人员；

2. 来源或去向中注明此人进场前所在工地或退场去向；

3.《台账》中所记录人员含项目部所属各劳务分包队伍和专业分包队伍人员，不含项目部管理人员。

务工人员工资台账

表 11-8

项目名称（全称）：________ 班组名称：________ 务工人员姓名：________

序号	姓名	工种	出勤工日	日工资	工资总额	支出部分					未支付数	身份证号	备注
						生活费	预支费	罚款	其他	实际支付			
1													
2													
3													
4													
5													
6													
	合计												

填表人：　　　　劳务人员本人确认签字：

此表由用工单位（分包）编制，每月报总包单位备案。　　　　填表日期：　年　月　日

第五十八条　不依法配合人力资源社会保障行政部门查询相关单位金融账户的，由金融监管部门责令改正；拒不改正的，处2万元以上5万元以下的罚款。

第五十九条　政府投资项目政府投资资金不到位拖欠农民工工资的，由人力资源社会保障行政部门报本级人民政府批准，责令限期足额拨付所拖欠的资金；逾期不拨付的，由上一级人民政府人力资源社会保障行政部门约谈直接责任部门和相关监管部门负责人，必要时进行通报，约谈地方人民政府负责人。情节严重的，对地方人民政府及其有关部门负责人、直接负责的主管人员和其他直接责任人员依法依规给予处分。

第六十条　政府投资项目建设单位未经批准立项建设、擅自扩大建设规模、擅自增加投资概算、未及时拨付工程款等导致拖欠农民工工资的，除依法承担责任外，由人力资源社会保障行政部门、其他有关部门按照职责约谈建设单位负责人，并作为其业绩考核、薪酬分配、评优评先、职务晋升等的重要依据。

第六十一条　对于建设资金不到位、违法违规开工建设的社会投资工程建设项目拖欠农民工工资的，由人力资源社会保障行政部门、其他有关部门按照职责依法对建设单位进行处罚；对建设单位负责人依法依规给予处分。相关部门工作人员未依法履行职责的，由有关机关依法依规给予处分。

第六十二条　县级以上地方人民政府人力资源社会保障、发展改革、财政、公安等部门和相关行业工程建设主管部门工作人员，在履行农民工工资支付监督管理职责过程中滥用职权、玩忽职守、徇私舞弊的，依法依规给予处分；构成犯罪的，依法追究刑事责任。

十二、劳务纠纷处理

（一）编制劳务人员工资纠纷应急预案

1. 劳务人员工资纠纷应急处理的原则

根据原劳动和社会保障部、建设部印发的《建设领域农民工工资支付管理暂行办法》和国务院印发的《保障农民工工资支付条例》的规定，劳务人员工资纠纷应急处理应当遵循以下原则：

（1）先行垫付原则

建设单位或工程总承包企业未按合同约定与建设工程承包企业结清工程款，致使建设工程承包企业拖欠农民工工资的，由建设单位或工程总承包企业先行垫付农民工被拖欠的工资，先行垫付的工资数额以未结清的工程额为限。

（2）优先支付原则

企业因被拖欠工程款导致拖欠农民工工资的，企业追回的被拖欠工程款，应优先用于支付拖欠的农民工工资。

建设单位与施工总承包单位或者承包单位与分包单位因工程数量、质量、造价等产生争议的，建设单位不得因争议不拨付工程款中的人工费用，施工总承包单位也不得因争议不按照规定代发工资。

（3）违法分包承担连带责任原则

建设单位或者施工总承包单位将建设工程发包或者分包给个人或者不具备合法经营资格的单位，导致拖欠农民工工资的，由建设单位或者施工总承包单位清偿。

施工单位允许其他单位和个人以施工单位的名义对外承揽建设工程，导致拖欠农民工工资的，由施工单位清偿。

（4）及时裁决和强制执行原则

农民工与企业因工资支付发生争议的，按照国家劳动争议处理有关规定处理。对事实清楚、不及时裁决会导致农民工生活困难的工资争议案件，以及涉及农民工工伤、患病期间工资待遇的争议案件，劳动争议仲裁委员会可部分裁决；企业不执行部分裁决的，当事人可依法向人民法院申请强制执行。

2. 劳务人员工资纠纷应急预案的主要内容

工资纠纷应急预案的主要内容及编制要求见第七章。

（二）组织实施劳务人员工资纠纷应急预案

1. 劳务人员工资纠纷应急处理的组织管理系统

为最大限度降低劳务工资纠纷突发事件造成的经济损失和社会影响、正常的生产和管理秩序同时本着确保社会稳定，建立和谐社会，预防为主，标本兼治的原则，总承包企业应建立劳务人员工资纠纷应急处理的组织管理系统。

（1）劳务纠纷及突发事件管理机构

成立总承包企业“一把手”为组长的工作领导小组，由最高领导管理劳务纠纷突发事件的领导机构人员组成模式为：

组长：企业董事长（总经理）

副组长：企业主管劳务的副总经理

组员：与劳务相关部门管理人员

（2）职责分类及责任落实到人

1）现场协调，解决方案的落实：×××

2）政策、法制宣传：×××

3）治安保卫现场监督管理：×××

4）劳务资料收集督促：×××

5）情况汇总上报：×××

6）应急情况报警：×××

（3）应急情况报警电话

火警电话：119，急救电话：120、999

工程所在派出所电话：×××××××××

工程所在地建筑业主管部门电话：×××××××××

（4）领导小组下设办公室：电话×××××××××　联系人：×××

2. 劳务人员工资纠纷的主要表现形式和纠纷原因

（1）劳务人员工资纠纷表现形式

1）企业内部矛盾激化。

2）围堵总承包企业和政府机关。

3）聚众上访、提出仲裁和司法诉讼。

（2）劳务人员工资纠纷的主要原因

1）建设单位和总承包单位拖欠工程款引发的工资纠纷。

2）劳务分包单位内部管理混乱、考勤不清和工资发放不及时引发的工资纠纷。

3）总承包单位和劳务分包单位由于劳务合同争议引发的工资纠纷。

4）违法分包引发的工资纠纷。施工企业将工程部分劳务作业发包给“包工头”，劳务作业完成后结算也与“包工头”结算，而且农民工工资一般由“包工头”发放。一旦结算完毕，“包工头”人“跑路”了而农民工工资没有支付，农民工就会向施工企业追讨而发生纠纷。

5）“恶意讨薪”引发的工资纠纷。

3. 解决劳务人员工资纠纷的主要方法和途径

（1）解决劳务人员工资纠纷的主要方法

1）建立公司支付农民工工资的约束和保障机制，从根本上解决农民工工资拖欠问题。一是按照工程合同价款的一定比例向主管部门交纳职工工资保障金，工资保障金在工程合同价款中列支，专款专用。二是公司应及时将工资保障金存入指定银行、专户存储、专款专用。三是公司招收农民工，必须与农民工签订劳动合同或书面用工协议，农民工依法享有劳动报酬、休息休假、劳动安全卫生以及保险福利的权利，并在规定期限内持农民工名册到当地人力和社会保障行政主管部门备案。四是公司应当以货币形式按月足额支付农民工工资，施工工程期限小于一个月的或者双方约定支付工资期限低于一个月的，另其约定。五是在工程建设期间内及工程竣工后，有拖欠农民工工资行为的，由人力资源和社会保障行政主管部门启动工资保障金，及时发放拖欠的农民工工资。

2）建立企业信用档案制度。对存在拖欠农民工工资问题的劳务公司不予使用，挑选工资发放执行有信用的劳务公司。

3）建立日常工作机制和监督机制。通过设立拖欠举报投诉电话，加强对各项目部的监管，促使每个项目部依法支付农民工工资，落实清欠责任，及时兑付农民工工资。

4）建立欠薪应急周转金制度。主要由公司筹备一部分资金，组成欠薪保障应急基金，专门用于应付突发性、群体性的欠薪纠纷。

5）提高农民工的法律维权意识。加强对国家有关法律法规的宣传力度，进一步提高广大农民工的法律法规保护意识。公司应设立农民工工资清欠举报电话，一旦发现有工程款拖欠的，农民工能及时向公司反映，启动应急预案，及时解决。

6）严格“两个规范”做好公司及各项目部劳动队伍管理和用工管理，从源头上杜绝发生农民工工资纠纷事件。

7）完善法律法规，加大执法力度，用法律手段解决工资拖欠问题。一是工资保障金制度。建设工程项目部开工前，公司要按照各省市规定比例足额将工资保障金存入建设部门指定的账户。工程竣工验收合格后如果没有拖欠工资的投诉，公司可以将本息一并支取。如有拖欠工资投诉，建设主管部门从保障基金中划支所欠款项。二是合同管理制度。公司实行分包时，要与分包企业签订合同，承担项目建设中发生的工资发放义务与责任。三是用工签发工票制度。企业如遇特殊情况不能按月发放工资时，向农民工签发工票，作为领取工资的依据，也可以作为农民工讨要被拖欠工资的凭证。四是按月发放工资制度。总承包企业按月凭工票向农民工足额发放工资。五是建立支付农民工工资公告制度。在施工现场设立公告牌、公示投诉电话、地址等相关信息。六是建立企业信用档案制度。对发生拖欠的项目部，公司将给予经济处罚。

（2）解决劳务人员工资纠纷的主要途径

1）由建设单位或总承包单位先行支付。

2）责令用人单位按期支付工资和赔偿金。

3）通过法律途径解决。

根据《劳动法》和国务院《劳动保障监察条例》等规定，用人单位不得克扣或无故拖欠劳动者工资。用人单位克扣或无故拖欠劳动者工资的，由劳动保障行政部门责令支付劳动者的工资报酬，逾期不支付的，责令用人单位按应付金额50%以上1倍以下的标准计算，向劳动者加付赔偿金。

如果务工人员遭遇用人单位的欠薪，应通过合法手段来讨要欠薪，不要以跳楼、堵路等过激行为威胁用人单位，否则一时冲动可能危害生命，还有可能因触犯刑律被追究责任。在用人单位拖欠工资的情况下，可以先与用人单位协商，如果协商无效解决，则可以通过以下法律途径来解决：

① 向当地劳动保障监察机构举报投诉。

② 向当地劳动争议仲裁委员会申请仲裁，需要注意的是，要在劳动争议发生之日起60日内向劳动争议仲裁委员会提出书面申请。

③ 通过法律诉讼途径解决。分三种情况：一是劳动纠纷案件仲裁后一方不服的，可以向法院提出诉讼；二是经仲裁后不服从，劳动仲裁裁决生效后，用人单位不执行的，可申请法院强制执行；三是属于劳务欠款类的可直接向法院提起民事诉讼。

（三）处理劳务纠纷的方式和办法

1. 判断劳务纠纷性质及其原因

（1）劳务纠纷的性质

1）劳务纠纷多发性。劳务纠纷案件在数量上居高不下，每年皆有上升趋势。集体劳动争议上升幅度较大。集体争议呈现突发性强、人数多、处理难度大的特点。

2）经济利益主导性。绝大多数劳资纠纷是由于劳动者的基本劳动经济权益被侵害，而又长期得不到解决所致。通常，劳动关系双方对经济利益的重视程度高于对其他权利的重视程度，由于劳动者处于劳动关系的弱势地位，个人很难为维护权利与用人单位抗衡，因此多从经济利益方面找回损失，而用人单位对违约出走的劳动者，也大多以经济赔偿为由提出申诉。据统计，劳动报酬是引发劳动争议的第一原因，其次是解除或终止劳动合同，再次是自动离职或辞职。

3）劳务纠纷地域集中性。大量的劳动争议案件集中在大中城市、沿海县（市、区），山区县劳动争议数量较少。

4）矛盾激化性。弱势一方的劳动者往往不愿通过正当的法律途径解决纠纷，而是采取集体上访、封堵政府机关，甚至有集体堵塞道路交通的行为。

5）无照经营性。无证无照的家庭作坊与劳动者之间发生的劳资纠纷不断增多。大量无证无照的家庭作坊，雇工人数少则几人，多则几十人，用工不规范，劳务管理混乱，是劳务争议产生和矛盾激化的多发地。

（2）劳务纠纷的原因

施工企业对签订劳务分包合同管理不够重视，合同条款不够完善；劳务分包企业在施工现场没有选派合格的管理人员，对劳务工人的管理不到位，造成进度拖延及质量、安全事故；劳务分包企业雇用的工人未签订劳动合同也未办理工伤、医疗或综合保险等社会保险；无照家庭作坊雇用劳务工人，承揽劳务分包，发生问题时处理不到位；劳务者的权益受侵害又不能适时合理解决；施工企业片面追逐利润，损害劳务者的合法权益；劳务者的弱势地位是其合法权益受侵害的主要原因；施工企业和劳务分包企业双方法律意识淡薄引发劳动争议；劳动关系的日趋多样化、复杂化；政府建设行政主管部门对建筑劳务的动态监管不到位等都是导致劳务纠纷的原因，归类来讲，劳务纠纷产生的原因主要有以下几类：

1）由于未签订劳动合同引发的劳务纠纷

内部施工劳务作业队劳务承包纠纷发生的原因主要是劳动关系和工伤事故。从目前来看，施工劳务作业队所配属的都是农民工，往往都不签订劳动合同。

2）由于违法分包引发的劳务纠纷

“包工头”的劳务分包纠纷发生的原因主要是劳动报酬和劳动关系。施工企业将工程部分项目发包给“包工头”，一旦“包工头”没有支付农民工工资，农民工就会向施工企业追讨而发生纠纷。

3）由于未签或分包合同约定不明确引发的劳务纠纷

成建制的劳务分包纠纷发生的原因主要有以下几种情形：未签订劳务分包合同或虽然签订劳务分包合同但约定不明确。成建制的劳务分包是两个独立法人发生的经济契约关系，通过合同来确定双方的权利和义务。因此，一旦发生工期、质量等问题，由于未签订劳务分包合同或虽然签订劳务分包合同但合同约定不明确，施工企业就很难维护自己的权益。

4）由于“包工头”挂靠成建制企业引起的劳务纠纷

由于项目部在劳务分包过程中，没有认真审查对方当事人授权权限、授权资格及授权人的身份，虽然与成建制企业签订劳务分包合同，实质是与“包工头”发生经济关系，造成与第三方发生纠纷。如果项目部没严格审查或疏忽审查或明知劳务分包企业无相应的资质或能力承担劳务作业的工程量而签订劳务分包合同，都将被判定为无效的劳务分包合同。如果由于劳务分包企业的原因，造成完成的工程量不合格的，项目部所在的施工企业将向工程发包人承担责任。如果在项目部和劳务分包企业签订劳务分包合同时，对资质问题或能力问题都是明知的，那么根据《合同法》第五十八条规定：“双方都有过错的，应当各自承担相应的责任”，项目部所在的施工企业和劳务分包企业都要承担损失。

5）名为劳务分包实为工程分包引起的劳务纠纷

合同名称为劳务分包合同，但是合同内容却是工程分包，目的是规避检查。这种合同将依据合同的实际内容和建设施工中的客观事实以及双方结算的具体情况来认定双方合同关系的本质。被认定为工程分包合同，那么就要按照工程分包合同的权利义务，来重新确认双方的权利义务。如果劳务分包企业未取得建筑施工企业资质或者超越资质规定的，双方签订的合同为无效合同。《最高人民法院关于审理建设工程施工合同纠纷案件的适用法律问题的解释》第一条规定：“建设工程施工合同具有下列情形之一的，应当根据《合同法》第五十二条第（5）项的规定，认定无效：承包人未取得建筑施工企业资质或者超越资质等级的；没有资质的实际施工人借用有资质的建筑施工企业名义的；建设工程必须进行招标而未招标或者中标无效的”。第四条规定：“承包人非法转包、违法分包建设工程或者没有资质的实际施工人借用有资质的建筑施工企业名义与他人签订建设工程施工合同的行为无效。人民法院可以根据《民法典》的规定，收缴当事人已经取得的非法所得”。由此可见，要想从合同名称来规避法律是行不通的，而且可能会带来严重的法律后果。

2. 劳务纠纷处置的主要方式和办法

(1) 劳务纠纷处置的主要方式

发生劳务纠纷，当事人不愿协商、协商不成或者达成和解协议后不履行的，可以向调解组织申请调解；不愿调解、调解不成或者达成调解协议后不履行的，可以向劳动争议仲裁委员会申请仲裁；对仲裁裁决不服的，除另有规定的外，可以向人民法院提起诉讼。

1) 和解和调解

① 和解是指当事人通过自行友好协商，解决合同发生的争议。

② 劳务纠纷的调解是指在劳动争议调解委员会的主持下，在双方当事人自愿的基础上，通过宣传法律、法规、规章和政策，劝导当事人化解矛盾，自愿就争议事项达成协议，使劳动争议及时得到解决的一种活动。调解是由当事人以外的调解组织或者个人主持，在查明事实和分清是非的基础上，通过说服引导，促进当事人互谅互让，友好的解决争议。调解原则适用于仲裁和诉讼程序。

③ 和解和调解的作用。通过和解或调解解决争议，可以节省时间，节省仲裁或者诉讼费用，有利于日后继续交往合作，是当事人解决合同争议的首选方式。但这种调解不具有法律效力，调解要靠当事人的诚意，达成和解后要靠当事人自觉的履行。和解和调解是在当事人自愿的原则下进行的，一方当事人不能强迫对方当事人接受自己的意志，第三方也不能强迫和解。

2) 仲裁

建设工程承包合同当事人如果不愿意和解、调解，或者和解、调解不成功，可以根据达成的仲裁协议，将合同争议提交仲裁机构。

仲裁具有办案迅速、程序简便的特点和优点，而且进入仲裁程序以后，仍然采取仲裁与调解相结合的方法，先调节，后仲裁，首先着力于调解方式解决。经调解成功达成协议后，仲裁庭即制作调解书或根据协议的结果制作裁决书，调解书和裁决书都具有法律效力。

提请仲裁的前提是双方当事人已经订立了仲裁协议，没有订立仲裁协议，不能申请仲裁。仲裁协议包括合同订立的仲裁条款或者附属于合同的协议。合同中的仲裁条款或者附属于合同的协议被视为与其他条款相分离而独立存在的一部分，合同的变更、解除、终止、失效或者被确认为无效，均不影响仲裁条款或者仲裁协议的效力。国内合同当事人可以在仲裁协议中约定发生争议后到国内任何一家仲裁机构仲裁，对仲裁机构的选定没有级别管辖和地域管辖。

3) 诉讼

如果建设工程承包合同当事人没有在合同中订立仲裁条款，发生争议后也没有达成书面的仲裁协议，或者达成的仲裁协议无效，合同的任何一方当事人，包括涉外合同的当事人，都可以向人民法院提起诉讼。在人民法院提起合同案诉讼，应当依照《民事诉讼法》执行。

经过诉讼程序或者仲裁程序产生的具有法律效力的判决、仲裁裁决书或者调解书，当事人应当履行。如果有履行义务的当事人不履行判决、仲裁裁决或调解书，对方当事人可以请求人民法院予以执行。执行也就是强制执行，即由人民法院采取强迫措施，促进义务人履行法律文书确定的义务。

合同当事人在遇到合同争议时，究竟是通过协商，还是通过调解、仲裁、诉讼去解决，应当认真考虑对方当事人的态度、双方之间的合作关系、自身的财力和人力等实际情况，权衡出对自己最为有利的争议解决对策。

（2）劳务纠纷处置的方法

1）积极磋商，争取协商解决

建筑市场发展越来越成熟，与此同时，建筑施工过程中的争议也越来越多。为了保护自己的合法权益，不少建筑施工企业都参照国际惯例，设置并逐步完善了自己的内部法律机构或部门，专职实施对争议的管理，这已经成为建筑施工企业在市场中良性运转的一个重要保障。但是，要防止解决争议去找法院打官司的单一思维，有时通过诉讼解决未必是最经济有效的方法，解决争议过程主要应考虑诉讼成本和效果的问题。由于工程施工合同争议情况复杂，专业问题多，有许多争议法律无法明确规定，往往造成评审法官难以判断、无所适从。在通常情况下，工程合同纠纷案件经法院几个月的审理，由于解决困难，法官也只能采取反复调解的方式，以求调解结案。因此，施工企业也要深入研究案情和对策，争取协商、调解方式解决争议，尽量通过协商谈判的方式解决，以提高争议解决效率。在协商解决中，一个很重要的谈判技巧是：站在对方角度思考问题，这有时往往能决定协商谈判的成败。

2）通过仲裁、诉讼的方式解决纠纷，重视时效，及时主张权利

当事人请求仲裁机构或人民法院保护民事权利，应当在法定的时效期间内，一旦超过时效，当事人的民事实体权利就丧失了法律的保护。因此，建筑施工企业要通过仲裁、诉讼的方式解决建设合同纠纷时，应当特别重视有关仲裁时效与诉讼时效的法律规定，在法定诉讼时效或仲裁时效内主张权利。

① 仲裁时效，是指当事人在法定申请仲裁的期限内没有将起纠纷提交仲裁机关进行仲裁的，即丧失请求仲裁机关保护其权利的权利。在明文约定合同纠纷由仲裁机关仲裁的情况下，若合同当事人在法定提出仲裁申请的期限内没有依法申请仲裁的，则该权利人的民事权利不受法律保护，债务人可依法免于履行债务。

② 诉讼时效，是指权利人在法定提起诉讼的期限内如不主张其权利，即丧失请求法院依诉讼程序强制债务人履行债务的权利。诉讼时效实质上就是消灭时效，诉讼期间届满后，债务人依法可免除其应负之义务。若权利人在诉讼时效期间届满后才主张权利的，丧失了胜诉权，其权利不受司法保护。

法律确定时效制度的意义在于，防止债权债务关系长期处于不稳定状态，催促债权人尽快实现债权，从而避免债权债务纠纷因年长日久难以举证，不便于解决纠纷。

③ 诉讼时效期间的起算和延长

诉讼时效期间的起算，是指诉讼时效期间从何时开始。根据《民法典》的规定，向人民法院请求保护民事权利的诉讼时效期间为 3 年，法律另有规定的，依照其规定。

诉讼时效期间的延长，是指人民法院对于诉讼时效的期限给予适当的延长。《民法典》第一百八十八条规定：诉讼时效期间自权利人知道或者应当知道权利受到侵害以及义务人之日起计算。法律另有规定的，依照其规定。但是，从权利被侵害之日起超过 20 年的，

人民法院不予保护，有特殊情况的，人民法院可以根据权利人的申请决定延长。

3. 解决劳务纠纷的对策

解决建筑施工劳务纠纷的对策主要有：

（1）推行建筑业劳务基地化管理

建筑劳务基地化管理，是指建设行政部门对建筑劳务输出、输入双方的共同管理，是建筑劳务实行统一组织培训、输出、使用、回归、分配等全过程的系统管理。建筑劳务供需双方逐步建立定点定向、专业配套、双向选择、长期合作的新型劳务关系，发挥建筑劳务基地在提供建筑劳务方面的主渠道作用。

（2）施工总承包企业要优选劳务队伍，并实施招标投标管理

项目部提出专业队伍使用申请表，公司根据申请表，一方面起草招标文件，一方面从合格分包商名录中列取拟选投标队伍名单，并填报拟选投标队伍审批表上报主管领导审批。公司根据拟选投标队伍审批结果，组织考察小组进行调查和考察，并填写队伍考察评价记录，负责招标工作。

（3）加强和落实劳务分包合同管理

施工企业要切实加强劳务合同管理。企业要把签订劳务合同作为管理的重点，一定要先签订合同后施工，劳务合同条款要具体和完善，不可完全照搬范本，其合同条款要根据工程的实际情况，明确双方各自的权利和义务，用合同条款的形式监督约束双方。签订合同前组织相关人员进行合同评审，重点评审分包方能力、以往类似工程业绩、分项工程劳务价格和条款的严密性。这样有利于合同双方认真履行合同，减少不必要的纠纷。要求企业将合同送到劳动保障部门鉴定，以便纠正劳务合同中存在的问题，指导企业按照法律法规的规定签订劳务合同。企业要注重分包合同资料的收集，如协议书、图纸、变更设计、验收记录、隐蔽记录、结算单、往来的信件、交底资料、索赔资料等，这些资料均是劳务合同的组成部分。这样可以有效地应对分包方的索赔，对保证分包合同的顺利履行及减少合同纠纷和维护企业利益均具有重要作用。

（4）实施规范化劳务管理，推广建筑业务工人员实名制

劳务企业施工作业人员进入现场后，由项目部统一管理，必须遵循“三证八统一”的管理制度即：身份证、居住证、上岗证，劳动合同或书面用工协议、人员备案证书、工资表、考勤表、花名册、床头卡、工作出入证，项目部建立劳务人员管理档案，分类存放，以备查。

（5）施工企业要切实加强建筑劳务合同实施过程管理

成立劳务分包管理组织机构。鉴于劳务分包管理工作的重要性，实际施工中应成立相应的管理组织机构，明确职责和分工，以对劳务分包工作进行全方位、全过程的管理和监督。选择劳务协作队伍。选择有实力、信誉好、能长期合作的劳务分包队伍，首先要严格审查其营业执照、资质等级证书、安全生产许可证、建筑安全生产特殊岗位操作人员持有的有效证件等。同时，根据以往类似完成工程情况考察其施工能力和信誉情况。实行劳务工长负责制，企业要求劳务分包企业建立以劳务工长为首的施工现场生产管理系统。确定工程劳务分包单价。单价的确定是劳务分包管理工作的关键，每项工程的劳务分包单价必须根据劳务市场行情结合投标报价综合确定。加强对劳务分包队伍的施工过程控制。工程

施工劳务分包过程涉及方方面面，在做好技术、安全交底的同时，应对所施工的工程数量、部位、质量、材料耗用量、进度计划等指标进行细化、分解。其中材料消耗、机具设备管理和施工质量控制应作为管理控制的重点。注重完工总结。分包工程完工后，及时总结分析，通过对管理中的得失检查，为分包工作提供借鉴。年底进行考核评定，评出优秀，列入合格劳务分包商名册，淘汰落后分包队伍。

（6）施工企业要切实加强劳务分包作业人员的考勤管理

项目部严格执行现场考勤管理制度，准确核实劳务队伍的备案花名册人员是否与现场实际人员考勤相吻合，如果实际人员考勤比备案花名册人员多出或减少时应积极督促劳务队长办理人员增减备案手续，如果来不及办理备案手续时，必须登记好人员的进出场台账及考勤记录，留存身份证复印件，并要求其队长在 7 天内补办手续或做清场处理。现场施工人员所有考勤记录（考勤表经项目经理、劳务队长签字，劳务公司盖章），每月由项目劳务员统一收集、整理并按政府要求上传、上报、留存。

（7）施工企业要切实加强劳务分包作业人员的工资发放管理

劳务分包队伍中的劳务人员工资，每月由劳务分包队伍在规定日期做好上月劳务人员的工资清单，在现场公示 3 天无误后，由劳务队长带上所公示的工资清单、考勤记录、工资发放承诺书（加盖单位公章、施工队长签字）报项目经理部审核、签字、确认，然后报公司审核、签字确认后，方可去财务部领取支票。发放工资时由项目部统一组织实施监督发放，督促劳务公司派人进行现场跟踪、监督发放，保证把工资足额发放到农民工手中。工资必须执行月结月清制度，明确作业人员当月应发工资额和实发工资额，领取人必须有本人签字，不得代签（特殊情况除外）。

（8）施工企业要切实加强公司对劳务分包作业人员的档案管理

公司施工管理部门要对劳务用工实行动态管理、规范管理、程序管理，要建立劳务用工合同管理台账或数据信息库，及时协调、处理好劳务分包队伍与劳务人员之间的争议。

（四）工伤事故善后处理

1. 工伤及工伤事故的认定

（1）工伤

关于“工伤”的概念，1921 年国际劳工大会通过的公约中对“工伤”的定义是：“由于工作直接或间接引起的事故为工伤。”1964 年第 48 届国际劳工大会也规定了工伤补偿应将职业病和上下班交通事故包括在内。因此，当前国际上比较规范的“工伤”定义包括两个方面的内容，即由工作引起并在工作过程中发生的事故伤害和职业病伤害。职业病，是指企业、事业单位和个体经济组织的劳动者在职业活动中，因接触粉尘、放射性物质和其他有毒、有害物质等因素而引起的疾病。

（2）工伤认定

根据《工伤保险法》第十四、第十五条规定，进行认定。

2. 工伤或伤亡职工的治疗与抚恤

（1）医疗费

1）职工治疗工伤应当在签订服务协议的医疗机构就医，情况紧急时可以先到就近的医疗机构急救。

2）治疗工伤所需费用符合工伤保险诊疗项目目录、工伤保险药品目录、工伤保险住院服务标准的，从工伤保险基金支付。

3）工伤职工治疗非工伤引发的疾病，不享受工伤医疗待遇，按照基本医疗保险办法处理。

4）住院伙食补助费由所在单位按照本单位因公出差伙食补助标准的70％发给住院伙食补助费。经医疗机构出具证明，报经办机构同意，工伤职工到统筹地区以外就医的，所需交通、食宿费用由所在单位按照本单位职工因公出差标准报销。

（2）误工费（停工留薪期待遇）

1）职工因工作遭受事故伤害或者患职业病需要暂停工作接受工伤医疗的，停工留薪期内，原工资福利待遇不变，由原单位按月支付。

2）停工留薪期一般不超过12个月。伤情严重或者特殊，经设区的市级劳动能力鉴定委员会确认，可以适当延长，但延长不得超过12个月。

3）工伤职工在停工留薪期满后仍需治疗的，继续享受工伤医疗待遇。

（3）护理费

1）生活不能自理的工伤职工在停工留薪期需要护理的，由所在单位负责。

2）工伤职工已经评定伤残等级并经劳动能力鉴定委员会确认需要生活护理的，从工伤保险基金按月支付生活护理费。生活护理费按照生活完全不能自理、生活大部分不能自理或者生活部分不能自理3个不同等级支付，其标准分别为统筹地区上年度职工月平均工资的50％、40％或者30％。各地规定不一。

（4）职工因工致残享受的待遇

第一种情况职工因工致残被鉴定为一级至四级伤残的，保留劳动关系，退出工作岗位，享受以下待遇：

1）从工伤保险基金按伤残等级支付一次性伤残补助金，标准为：一级伤残为24个月的本人工资，二级伤残为22个月的本人工资，三级伤残为20个月的本人工资，四级伤残为18个月的本人工资。

2）从工伤保险基金按月支付伤残津贴，标准为：一级伤残为本人工资的90％，二级伤残为本人工资的85％，三级伤残为本人工资的80％，四级伤残为本人工资的75％。伤残津贴实际金额低于当地最低工资标准的，由工伤保险基金补足差额。

3）工伤职工达到退休年龄并办理退休手续后，停发伤残津贴，享受基本养老保险待遇。基本养老保险待遇低于伤残津贴的，由工伤保险基金补足差额。

职工因工致残被鉴定为一级至四级伤残的，由用人单位和职工个人以伤残津贴为基数，缴纳基本医疗保险费。

第二种情况职工因工致残被鉴定为五级、六级伤残的，享受以下待遇：

1）从工伤保险基金按伤残等级支付一次性伤残补助金，标准为：五级伤残为16个月的本人工资，六级伤残为14个月的本人工资。

2）保留与用人单位的劳动关系，由用人单位安排适当工作。难以安排工作的，由用人单位按月发给伤残津贴，标准为：五级伤残为本人工资的70%，六级伤残为本人工资的60%，并由用人单位按照规定为其缴纳应缴纳的各项社会保险费。伤残津贴实际金额低于当地最低工资标准的，由用人单位补足差额。

经职工本人提出，可以与用人单位解除或终止劳动关系，由用人单位分别以其解除或终止劳动关系时的统筹地区上年度职工月平均工资为基数，支付本人20个月、18个月的一次性工伤医疗补助金和35个月、30个月的一次性伤残就业补助金。

第三种情况职工因工致残被鉴定为七级至十级伤残的，享受以下待遇：

1）从工伤保险基金按伤残等级支付一次性伤残补助金，标准为：七级伤残为12个月的本人工资，八级伤残为10个月的本人工资，九级伤残为8个月的本人工资，十级伤残为6个月的本人工资。

2）劳动合同期满终止，或者职工本人提出解除劳动合同的，由用人单位分别按其解除或终止劳动合同时的统筹地区上年度职工月平均工资为基数，支付本人一次性工伤医疗补助金和一次性伤残就业补助金。一次性工伤医疗补助金的具体标准为：7级16个月，8级14个月，9级12个月，10级10个月；一次性伤残就业补助金的具体标准为：7级25个月，8级20个月，9级15个月，10级10个月。

职工被确诊为职业病的，一次性工伤医疗补助金在上述标准基础上加发50%。

工伤职工距法定退休年龄5年以上的，一次性工伤医疗补助金和一次性伤残就业补助金全额支付；距法定退休年龄不足5年的，每减少1年一次性伤残就业补助金递减20%。距法定退休年龄不足1年的按一次性伤残就业补助金全额的10%支付；达到法定退休年龄的，不支付一次性工伤医疗补助金。

（5）因工死亡赔偿

职工因工死亡，其直系亲属按照下列规定从工伤保险基金领取丧葬补助金、供养亲属抚恤金和一次性工亡补助金。

从2011年1月1日起，安全生产事故中一次性死亡补偿金标准，按上一年度全国城镇居民人均可支配收入的20倍计算。新标准实行后，在生产安全事故中死亡的职工家属最高能获得60万元补偿金，提高近两倍。

（6）非法用工伤亡赔偿

1）一次性赔偿包括受到事故伤害或患职业病的职工或童工在治疗期间的费用和一次性赔偿金，一次性赔偿金数额应当在受到事故伤害或患职业病的职工或童工死亡或者经劳动能力鉴定后确定。

2）劳动能力鉴定按属地原则由单位所在地设区的市级劳动能力鉴定委员会办理。劳动能力鉴定费用由伤亡职工或者童工所在单位支付。

3）职工或童工受到事故伤害或患职业病，在劳动能力鉴定之前进行治疗期间的生活费、医疗费、护理费、住院期间的伙食补助费及所需的交通费等费用，按照《工伤保险条例》规定的标准和范围，全部由伤残职工或童工所在单位支付。

4）伤残的一次性赔偿金按以下标准支付：一级伤残的为赔偿基数的16倍，二级伤残的为赔偿基数的14倍，三级伤残的为赔偿基数的12倍，四级伤残的为赔偿基数的10倍，五级伤残的为赔偿基数的8倍，六级伤残的为赔偿基数的6倍，七级伤残的为赔偿基数的4倍，八级伤残的为赔偿基数的3倍，九级伤残的为赔偿基数的2倍，十级伤残的为赔偿基数的1倍。

5）死亡受到事故伤害或患职业病造成死亡的，按赔偿基数的10倍支付一次性赔偿金。

6）赔偿基数，是指单位所在地工伤保险统筹地区上年度职工年平均工资。

（7）其他情形

1）伤残津贴、供养亲属抚恤金、生活护理费由统筹地区劳动保障行政部门根据职工平均工资和生活费用变化等情况适时调整。调整办法由省、自治区、直辖市人民政府规定。

2）职工因工外出期间发生事故或者在抢险救灾中下落不明的，从事故发生当月起3个月内照发工资，从第4个月起停发工资，由工伤保险基金向其供养亲属按月支付供养亲属抚恤金。生活有困难的，可以预支一次性工亡补助金的50%。职工被人民法院宣告死亡的，按照工伤保险条例第三十七条职工因工死亡的规定处理。

3）工伤职工有下列情形之一的，停止享受工伤保险待遇：

① 丧失享受待遇条件的。

② 拒不接受劳动能力鉴定的。

③ 拒绝治疗的。

④ 被判刑正在收监执行的。

4）用人单位分立、合并、转让的，承继单位应当承担原用人单位的工伤保险责任；原用人单位已经参加工伤保险的，承继单位应当到当地经办机构办理工伤保险变更登记。

5）用人单位实行承包经营的，工伤保险责任由职工劳动关系所在单位承担。

6）职工被借调期间受到工伤事故伤害的，由原用人单位承担工伤保险责任，但原用人单位与借调单位可以约定补偿办法。

7）企业破产的，在破产清算时优先拨付依法应由单位支付的工伤保险待遇费用。

8）职工被派遣出境工作，依据前往国家或者地区的法律应当参加当地工伤保险的，参加当地工伤保险的，其国内工伤保险关系中止；不能参加当地工伤保险的，其国内工伤保险关系不中止。

9）职工再次发生工伤，根据规定应当享受伤残津贴的，按照新认定的伤残等级享受伤残津贴待遇。

10）本人工资是指工伤职工因工作遭受事故伤害或者患职业病前12个月平均月缴费工资。本人工资高于统筹地区职工平均工资300%的，按照统筹地区职工平均工资的300%计算；本人工资低于统筹地区职工平均工资60%的，按照统筹地区职工平均工资的60%计算。

3. 工伤及伤亡保险事项的处理

（1）工伤认定申请主体

1）用人单位申请工伤认定：当职工发生事故伤害或者按照职业病防治法规定被诊断、鉴定为职业病的场合，用人单位应当依法申请工伤认定，此系其法定义务。

2）受伤害职工或者其直系亲属、工会组织申请工伤认定：在用人单位未在规定的期限内提出工伤认定申请的场合，受伤害职工或者其直系亲属、工会组织可直接依法申请工伤认定。据此，此种申请必须满足一个前提条件，那就是用人单位未在规定的期限内提出工伤认定申请。而非职工一发生事故伤害或者一按职业病防治法规定被诊断、鉴定为职业病时就可以由受伤害职工或者其直系亲属、工会组织直接申请工伤认定。此种场合的直接申请工伤认定就受伤害职工或者其直系亲属来说，是其民事权利而非义务。同时，法律授权工会组织也享有工伤认定申请权，以维护受伤害职工的合法权益。

（2）工伤认定管辖

1）劳动保障行政部门。具体地说，应当向统筹地区劳动保障行政部门提出工伤认定申请。

2）依规定应向省级劳动保障行政部门提出工伤认定申请的，根据属地原则应向用人单位所在地设区的市级劳动保障行政部门提出。

（3）工伤认定申请时限

1）用人单位申请工伤认定时限：30 日，自事故伤害发生之日或者被诊断、鉴定为职业病之日起算。遇有特殊情况，经报劳动保障行政部门同意，申请时限可以适当延长。至于何为“特殊情况”及何为“适当延长”由劳动保障行政部门酌情认定、决断。上述期间内，用人单位未申请工伤认定的，受伤害职工或者其直系亲属、工会组织申请工伤认定始得直接申请工伤认定。

2）受伤害职工或者其直系亲属、工会组织申请工伤认定时限：1 年，自事故伤害发生之日或者被诊断、鉴定为职业病之日起算。

（4）工伤认定材料提交

1）填写由劳动保障部统一制定的《工伤认定申请表》。

2）劳动合同文本复印件或其他建立劳动关系的有效证明。

3）医疗机构出具的受伤后诊断证明书或者职业病诊断证明书（或者职业病诊断鉴定书）。

申请人提供材料不完整的，劳动保障行政部门应当当场或者在 15 个工作日内以书面形式一次性告知工伤认定申请人需要补正的全部材料。

（5）受理或不予受理

1）受理条件

① 申请材料完整。

② 属于劳动保障行政部门管辖。

③ 受理时效尚未经过。

④ 申请主体适格。

上述四个条件须同时满足，否则，申请将不会被受理。劳动保障部门受理的，应当书面告知申请人并说明理由。

2）不予受理：应当书面告知申请人并说明理由。

（6）证据的调查核实

1）劳动保障部门根据需要可以对提供的证据进行调查核实。

2）劳动保障部门调查核实，应由两名以上人员共同进行，并出示执行公务的证件。

3）调查核实时，依法行使职权并履行法定保密义务。

4）根据工作需要，委托其他统筹地区的劳动保障行政部门或相关部门进行调查核实。

（7）举证责任

1）原则上，适用谁主张，谁举证。否则，承担举证不能的不利后果。

2）职工或者其直系亲属认为是工伤，用人单位不认为是工伤的情况下，由该用人单位承担举证责任。用人单位拒不举证的，劳动保障行政部门可以根据受伤害职工提供的证据依法作出工伤认定结论。

（8）工伤认定决定

1）认定决定包括工伤或视同工伤的认定决定和不属于工伤或不视同工伤的认定决定。

2）劳动保障行政部门应当自受理工伤认定申请之日起60日内作出工伤认定决定。

3）工伤认定决定应当依法载明必记事项。

4）工伤认定决定应加盖劳动保障行政部门工伤认定专用印章。

（9）送达与抄送

1）劳动保障行政部门应当自工伤认定决定做出之日起20个工作日内，将工伤认定决定送达工伤认定申请人以及受伤害职工（或其直系亲属）和用人单位，并抄送社会保险经办机构。

2）工伤认定法律文书的送达按照《民事诉讼法》有关送达的规定执行。

（10）复议或诉讼

职工或者其直系亲属、用人单位对不予受理决定不服或者对工伤认定决定不服的，可以依法申请行政复议或者提起行政诉讼。

十三、劳务资料管理

（一）收集、整理劳务管理资料

1. 劳务管理资料的种类与内容

（1）总承包企业劳务管理资料和基本内容

1）劳务分包合同

① 劳务分包合同应当由双方企业法定代表人或授权委托人签字并加盖企业公章，不得使用分公司、项目经理部印章。

② 劳务分包合同不得包括大型机械、周转性材料租赁和主要材料采购内容。

③ 发包人、承包人约定劳务分包合同价款计算方式时，不得采用“暂估价”方式约定合同总价。

2）中标通知书和新劳务施工队伍引进考核表

项目部劳务员必须按照下述规定，保存好中标通知书和新劳务施工队伍引进考核表备查：

① 单项工程劳务合同估算价 50 万以上的须进行招标投标选择队伍。

② 新劳务企业、作业队伍引进须进行项目推荐、公司考察、综合评价和集团公司审批手续。

3）劳务费结算台账和支付凭证

劳务费结算台账和支付凭证是反映总承包方是否按规定及时结算和支付分包方劳务费的依据，也是检查分包企业劳务作业人员能否按时发放工资的依据：

① 承包人完成劳务分包合同约定的劳务作业内容后，发包人应当在 3 日内组织承包人对劳务作业进行验收；验收合格后，承包人应当及时向发包人递交书面结算资料，发包人应当自收到结算资料之日起 28 日内完成审核并书面答复承包人；逾期不答复的，视为发包人同意承包人提交的结算资料；双方的结算程序完成后，发包人应当自结算完成之日 28 日内支付全部结算价款。

② 发包人、承包人就同一劳务作业内容另行订立的劳务分包合同与经备案的劳务分包合同实质性内容不一致的，应当以备案的劳务分包合同作为结算劳务分包合同价款的依据。

4）人员增减台账

项目部劳务管理人员根据分包企业现场实际人员变动情况登记造册，是保证进入现场分包人员接受安全教育、持证上岗、合法用工的基础管理工作，必须每日完成人员动态管理，建安施工企业、项目经理部应当按照“八统一”标准做好施工人员实名管理。

5）农民工夜校资料

总承包单位必须建立“农民工夜校”，将农民工教育培训工作纳入企业教育管理体系，其管理资料有：

①“农民工夜校”组织机构及人员名单。

②“农民工夜校”管理制度。

③ 农民工教育师资队伍名录及证书、证明。

④“农民工夜校”培训记录。

6）日常检查记录

① 项目部劳务员对分包方进场人员日常检查记录，是判定分包方该项目实际使用人员与非实际使用人员的重要资料。

② 各项目经理部日常用工检查制度和劳务例会记录。

7）劳务作业队伍考评表

①《劳务作业队伍考评表》。

② 对劳务作业队伍相关月度检查、季度考核、年度评价，分级评价的相关资料及报表。

8）突发事件应急预案

① 项目部突发事件应急预案。

② 定期检测、评估、监控及相应措施的资料记录。

9）总承包企业和二级公司或分公司管理文件汇编。

10）劳务员岗位证书。

11）行业和企业对劳务企业和施工作业队的综合评价资料。

（2）分包企业劳务管理资料和基本内容

1）劳务作业人员花名册和身份证明

① 劳务分包企业提供的进入施工现场人员花名册，是总承包单位掌控进场作业人员自然情况的重要材料。花名册必须包含姓名、籍贯、年龄、身份证号码、岗位证书编号、工种等重要信息。花名册也是总承包方在处理分包方劳务纠纷时识别是否参与发包工程施工作业的依据。因此，劳务员必须将分包企业人员花名册和身份证明作为重要文件收集保管。

② 劳务分包企业提供的进入施工现场人员花名册，必须由分包企业审核盖章，必须由分包企业所属省建管处审核盖章（必要时），必须由当地建设主管部门审核盖章，必须与现场作业人员实名相符。

③《劳动合同法》第七条规定：用人单位自用工之日起即与劳动者建立劳动关系。用人单位应当建立职工名册备查。

2）劳务作业人员劳动合同

① 在处理劳动纠纷过程中，分包企业是否与所使用农民工签订劳动合同，是解决纠纷的重要保障。凡是未与农民工签订劳动合同的纠纷，往往在工资分配、劳动时间、医疗保险、工伤死亡等方面难以有效辨别责任，也是纠纷激化的主要原因。

②《劳动合同法》第十条规定：建立劳动关系，应当订立书面劳动合同。已建立劳动关系，未同时订立书面劳动合同的，应当自用工之日起一个月内订立书面劳动合同。

③ 项目经理部监督劳务企业与作业人员签订《劳动合同》或书面用工协议。

3）劳务作业人员工资表和考勤表

① 劳务作业人员工资表和考勤表，是劳务分包企业进场作业人员实际发生作业行为工资分配的证明，也是总承包单位协助劳务分包企业处理劳务纠纷的依据。因此，劳务作业人员工资表和考勤表应该作为劳务管理重要资料存档备查。

② 建筑施工企业应当对劳动者出勤情况进行记录，作为发放工资的依据，并按照工资支付周期编制工资支付表，不得伪造、变造、隐匿、销毁出勤记录和工资支付表。

4）施工作业人员岗位技能证书

5）施工队长备案手册

劳务企业在承揽劳务分包工程时，应当向劳务发包企业提供《建筑业企业档案管理手册》(以下简称《手册》),《手册》中应当包括拟承担该劳务分包工程施工队长的有关信息。劳务企业也可自愿到建设行政主管部门领取《建筑业企业劳务施工队长证书》。劳务发包企业不得允许《手册》中未记录的劳务企业施工队长进场施工。

6）劳务分包合同及劳务作业人员备案证明

① 劳务分包合同备案证和劳务作业人员备案证是建设行政主管部门和总承包企业对总承包单位发包分包工程及进场作业人员的管理证明，凡是未办理合同备案和人员备案的分包工程及人员，均属违法分包和非法用工。

② 发包人应当在劳务分包合同订立后 7 日内，到建设行政主管部门办理劳务分包合同及施工人员备案。

7）劳务员岗位证书

劳务员岗位证书是总承包单位和劳务分包企业施工现场劳务管理岗位人员经培训上岗从事劳务管理工作的证明。各项目部必须按照建设行政主管部门和总承包企业要求设置专兼职劳务员，经培训持证上岗。

8）行业和企业对劳务企业和施工作业队的信用评价资料

① 建筑行业劳务企业施工作业队伍信用评价等级名录。

② 行业协会颁发的《建筑业施工作业队信用等级证书》或信用评价证明文件。

2. 建立劳务资料目录，并登记造册

将劳务资料分类整理，建立清晰的劳务资料目录，分类归档，登记造册，以便于查找。可以将劳务资料按总承包企业劳务资料管理和分包企业劳务资料管理两个分类来进行归档处理。

（1）总包企业劳务资料管理（表 13-1）

总包企业劳务资料管理内容　　表 13-1

序号	档案盒内目录
1	劳务分包合同
2	中标通知书和新劳务施工队伍引进考核表
3	劳务费结算台账和支付凭证
4	人员增减台账
5	农民工培训资料
6	日常检查记录
7	劳务作业队伍考评表
8	劳务员岗位证书
9	分包企业的综合评价资料

（2）分包企业劳务资料管理

分包企业劳务资料管理　　表 13-2

序号	档案盒内目录
1	劳务人员花名册和身份证明
2	劳务人员的劳动合同
3	劳务人员管理制度
4	劳务人员岗位证书
5	施工队长备案手册
6	劳务人员的工资表和考勤表
7	劳务人员个人工资台账

3. 劳务管理资料日常收集、整理的要求

（1）总承包企业各单位劳务管理部门是劳务档案资料的职能管理部门，应配备档案管理人员。

（2）在劳务管理工作中形成的各项资料，应由档案人员按各类档案归档范围的要求做好日常的收集、整理、保管工作。

（3）档案管理人员应按照年度档案要求进行整理在次年的 5 月底前根据归档计划，将上一年度档案资料按时存档。

（二）编制劳务管理资料档案

1. 劳务管理资料档案的编制要求

（1）劳务资料必须真实准确，与实际情况相符。资料尽量使用原件，为复印件时需注明原件存放位置。

（2）劳务资料要保证字迹清晰、图样清晰，表格整洁，签字盖章手续完备，打印版的资料，签名栏须手签，照片采用照片档案相册管理，要求图像清晰，文字说明准确。

（3）归档的资料要求配有档案目录，档案资料必须真实、有效、完整。

（4）按照“一案一卷”的档案资料管理原则进行规范整理，按照形成规律和特点，区别不同价值，便于保管和利用。

2. 劳务管理资料档案的保管

（1）劳务管理资料档案最低保存年限：合同协议类 8 年，文件记录类 8 年，劳务费发放类 8 年，统计报表类 5 年。

（2）档案柜架摆放要科学和便于查找。要定期进行档案的清理核对工作，做到账物相符，对破损或变质的档案要及时进修补和复制。

（3）要定期对保管期限已满的档案进行鉴定，准确的判定档案的存毁。档案的鉴定工作，应在档案分管负责人的领导下，由相关业务人员组成鉴定小组，对确无保存价值的档案提出销毁意见，进行登记造册，经主管领导审批后销毁。

（4）档案管理人员要认真做好劳务档案的归档工作。劳务档案现代化管理应与企业信息化建设同步发展，列入办公自动化系统并同步进行，不断提高档案管理水平。

（5）档案资料使用统一规格的文件盒、文件夹进行管理保存。

3. 劳务管理资料的安全防护措施

劳务管理资料除了要在编制时做到字迹清晰，表格整洁，签字盖章手续完备外，还需要有良好的安全防护措施，以便于劳务管理资料的查阅并且在长时间的保存年限内完好无损。因此劳务员应该具备制定劳务管理资料安全防护措施的能力。

1. 施工现场人员杂乱，环境恶劣，劳务管理资料不得乱存乱放，查阅后要及时放回档案柜中，以防丢失或损坏。

2. 存放劳务管理资料档案的库房一定要考虑防火防水的措施。在档案装具选择上要考虑把重要的档案放在封闭便携式档案柜中，便于应急处理。

3. 存放劳务管理资料的档案柜架要科学和便于查找。要定期进行档案的清理核对工作，做到账物相符，对破损或变质的档案要及时进行修补和复制。

4. 建立严格的借阅制度，在人员需要借阅劳务管理资料时，借阅人员应该认真填写借阅登记表，并且在使用完毕后迅速归还，假如要求长时间借阅，还需填写登记表，不但如此，续借手续也是不容忽视的一个环节。档案资料管理人员要每间隔一段时间就要提醒借阅人员归还，保证档案资料的完整性。

5. 对重要的劳务管理资料档案进行备份，纸质文件可以通过扫描，缩微等方式进行备份，电子文件可以复制多套保存。

参 考 文 献

［1］ 真金，赵阳，李赞祥. 建筑企业人力资源管理［M］. 北京：北京理工大学出版社，2009.

［2］ 全国一级建造师执业资格考试用书编写委员会. 建设工程项目管理［M］. 北京：中国建筑工业出版社，2022.

［3］ 建设部建筑市场管理司、重庆大学. 中国建筑劳务用工制度改革与创新论文集［M］. 北京：中国建筑工业出版社，2006.

［4］ 董克用，李超平. 人力资源管理概论（第五版）［M］. 北京：中国人民大学出版社，2019.

［5］ 中国建筑业协会. 中国建筑业发展战略与产业政策研究报告［M］. 北京：中国建筑工业出版社，2011.

［6］ 全国一级建造师执业资格考试用书编写委员会. 建设工程经济［M］. 北京：中国建筑工业出版社，2022.

［7］ 韩世远. 合同法总论（第四版）［M］. 北京：法律出版社，2018.

［8］ 尤完，徐贡全. 建筑业企业资质申报指南（第二版）［M］. 北京：中国建筑工业出版社，2018.

［9］ 林义. 社会保险（第五版）［M］. 北京：中国金融出版社，2022.

［10］ 路焕新，李科蕾. 劳动法概论与实务（第五版）［M］. 天津：天津大学出版社，2020.

［11］ 王桦宇. 劳动合同法实务操作与案例精解［M］. 北京：中国法制出版社，2012.

［12］ 剧宇宏. 劳动与社会保障法实务［M］. 北京：中国法制出版社，2012.

［13］ 尤完. 建筑业企业商业模式与创新解构［M］. 北京：经济管理出版社，2017.

［14］ 郭中华，尤完. 建筑施工生产安全事故应急管理指南［M］. 北京：中国建筑工业出版社，2019.

［15］ 尤完，赵金煌，郭中华. 现代工程项目风险管理［M］. 北京：中国建筑业出版社，2021.

［16］ 卢彬彬，郭中华. 中国建筑业高质量发展研究［M］. 北京：中国建筑业出版社，2021.

［17］ 郭中华，姜卉，尤完. 建筑施工安全生产监管模式的事故作用机理及有效性评价［J］. 公共管理学报，2021.10：63-77.

［18］ 邢作国. 我国建筑劳务市场发展趋势分析［J］. 建筑. 2022.17：20-23.